轻松学

胡昭民 / 著

C++编程

案例教学

清华大学出版社
北京

内 容 简 介

本书从初学者的角度循序渐进地从C++语言的基础语法到高级语法进行讲解。全书使用生动的实例和图示，介绍C++面向对象程序设计的基础知识；进而通过案例详解类的高级应用、运算符重载、继承与多态，全面呈现了面向对象程序设计的主要内容。在数据流和文件操作技巧与应用方面，本书还提供了实现相关算法的精选范例，以便读者理解异常处理、C++模板的应用设计方式，并熟悉标准模板函数库的应用。

本书的各章节中贯穿了大量范例程序的讲解和分析，并在每章末尾附带了习题与解答。本书叙述简洁、清晰，具有较强的可操作性，适合作为相关专业的教材，也适合初学者自学。对于具有一定编程经验且希望快速掌握C++语言的从业人员，本书也是一本快速掌握C++语言的读物。

本书为荣钦科技股份有限公司授权出版发行的中文简体字版本。

北京市版权局著作权合同登记号　图字：01-2023-4143

图书在版编目（CIP）数据

轻松学 C++编程：案例教学/胡昭民著. —北京：清华大学出版社，2023.9
ISBN 978-7-302-64650-1

Ⅰ．①轻… Ⅱ．①胡… Ⅲ．①C++语言—程序设计 Ⅳ．①TP312.8

中国国家版本馆 CIP 数据核字（2023）第 177876 号

责任编辑：赵　军
封面设计：王　翔
责任校对：闫秀华
责任印制：杨　艳

出版发行：清华大学出版社
　　　　　网　　　址：http://www.tup.com.cn，http://www.wqbook.com
　　　　　地　　　址：北京清华大学学研大厦 A 座　　　　　　　邮　　编：100084
　　　　　社 总 机：010-83470000　　　　　　　　　　　　　邮　　购：010-62786544
　　　　　投稿与读者服务：010-62776969，c-service@tup.tsinghua.edu.cn
　　　　　质量反馈：010-62772015，zhiliang@tup.tsinghua.edu.cn
印 装 者：河北鹏润印刷有限公司
经　　销：全国新华书店
开　　本：190mm×260mm　　　　　印　　张：24.25　　　　字　　数：654 千字
版　　次：2023 年 10 月第 1 版　　　　　　　　　　　　　　印　　次：2023 年 10 月第 1 次印刷
定　　价：99.00 元

产品编号：099976-01

前 言

C++主要是改良C语言而来，除了保有C语言的主要优点外，C++比C更为简单易学，因为它改进了C中一些容易混淆出错的部分，并且提供了更实用与完整的面向对象设计功能。严格来说，C++融合了传统的程序式语言、面向对象设计以及C++模板3种不同的程序设计方式，使它成为近代最受重视且普及的程序语言。

本书强调理论与实践并重，依照C++功能循序渐进、由浅入深，安排18章介绍C++面向对象程序设计的实务及进阶活用的议题。除了提供可以正确无误地执行的大量程序范例外，各章还提供了上机程序测验单元，可以让学生强化编写与除错能力。另外，本书精心设计了大量的习题，可以协助检验学习成效，本书很适合作为深入学习C++程序设计的教材。本书中所有的C++程序都是以免费的Dev-C++来编译与执行的。

全书分成4部分：

基础语法（第1～4章）

首先简单说明如何进行C++程序的编写、编译、执行与除错，然后介绍变量、常数以及各种数据类型，进而了解各种运算符及流程控制语句。

进阶语法（第5～10章）

首先介绍数组与字符串的声明与综合运用，然后介绍指针与地址的观念与实现，并示范自定义函数、参数传递及函数进阶应用，最后则提到前置处理指令与宏及自定义数据类型。

面向对象（第11～14章）

这部分是本书的重点，笔者以生活化的案例说明类与对象的面向对象程序设计基础知识，介绍了这些入门知识后，再介绍类的进阶应用、运算符重载及继承与多态，来完整呈现面向对象程序设计的精华。

活用技术（第15～18章及附录A～C）

首先介绍数据流及文件的入门观念，探讨各种文件类型的操作技巧与管理。然后介绍异常处理的错误控制机制，同时介绍C++模板的程序设计方式。接着以标准模板函数库来实现各种常见的基础数据结构，包括向量容器、堆栈、队列、集合、映射、排序、查找、链表等。最后安排了数据结构中的树结构和图结构的算法精选范例。附录除提供课后习题参考答案外，还介绍了C++常用函数库及格式化输入输出数据等实用知识点。

为了方便读者学习本书，本书还提供了PPT课件和源代码。请用微信扫描下面的二维码获取，也可按扫描后的页面提示把下载链接转发到你的邮箱中下载。

范例程序   PPT   附录

如果读者在学习和下载本书的过程中遇到问题，可以发送邮件至booksaga@126.com，邮件主题写"轻松学C++编程：案例教学"。

虽然本书力求无误，但疏漏之处在所难免，还望读者不吝指教。

作 者
2023 年 8 月

目　　录

第 1 章

C++入门基础课程

1

对于有志进入信息专业领域的人员来说，程序设计是一门和计算机硬件与软件相关的学科，也是从20世纪50年代之后逐渐兴起的学科。为了应用计算机强大的计算能力，我们必须学会程序设计的基本能力，即编程的能力。而要学会程序设计，首先必须认识程序设计语言。程序设计语言是一种人类用来和计算机沟通的语言，也是人类用来指挥计算机进行计算或运行的指令集合，换句话说，程序设计语言可以将程序设计人员的思考逻辑和语言转换成计算机能够了解的一种语言。程序设计语言让我们与计算机之间的"交谈"不会变成鸡同鸭讲，如图1-1所示。

图 1-1

到了公元1954年，德州仪器（Texas Instruments）公司成功地研究出以硅为半导体材料的商用晶体管，助推了现代计算机制造技术的迅猛发展。一些高级语言（High Level Language）也在这个时期发展出来，取代了以往所使用的机器语言。高级语言是相当接近人类使用的语言的一种程序设计语言，用高级语言开发的程序虽然在执行速度上比用机器语言开发的程序要慢，但是高级语言本身易学易用，因此被广泛应用在商业、科学、教学、军事等相关的软件开发上。Fortran、COBOL、Basic、Pascal、C或C++都是高级语言中的一员，其中C/C++更是其中的翘楚，对现代程序设计的发展有着非凡的贡献。

1.1 认识 C++

C++是由丹麦人Bjarne Stroustrup所设计发明的程序设计语言，C++主要是改良C语言而来的，除了保有C语言的主要优点外，还对C语言中较容易造成程序编写错误的语法进行了改进。最为重要的是，C++引入了面向对象程序设计（Object-Oriented Programming，OOP）的概念，让程序设计的工作更加高效，所编写的程序更容易修改和维护，C++语言让程序代码的重复使用和扩充性更强，因而更能应对日益复杂的系统开发。另外，在C++中还加入了标准库（Standard Library，或称为标准函数库、标准链接库），它提供了一套标准统一的程序开发接口，通过这套完善的标准库，不但让程序开发更加容易，程序代码更为简洁，而且进一步提高了日后程序维护与管理的效率。总之，诸多方面的优点让C++程序开发的整体成本明显降低。

> **提示**　1972年，贝尔实验室的Dennis Ritchie以B语言为基础，持续改善它，除了保留BCLP和B语言中的许多概念外，进一步加入了数据类型的概念以及其他的功能，并将它发表为C语言。在众多平台的主机上都有C语言的编译程序，例如早期的MS-DOS操作系统、当前还在不断提升版本的Windows系列操作系统、UNIX/Linux操作系统、Apple公司的Mac系列操作系统等。因此，程序设计人员能够轻易地跨平台开发程序。C语言开发的程序只需克服少量的平台差异就可以在不同的计算机系统上编译与执行。

C++属于一种编译型语言，也就是使用编译器（Compiler，或称为编译程序）将源代码程序转换为计算机"能懂"的可执行程序。C++可以说是包含整个C语言，也就是说几乎所有的C程序，只要略微修改甚至完全不需要修改，便可正确地在C++的运行环境中编译并执行。因此，C源代码程序可以直接将文件扩展名".c"改为".cpp"，经由C++编译器编译成C++的可执行程序。或许读者心中会有疑问，在学习C++前是否有必要先学会C语言？事实上，学习C++并不需要任何C语言的基础，甚至可以肯定地说，C++比C语言更为简单易学，因为它改进了C语言中一些容易混淆出错的部分，并且提供了更为实用与完整的面向对象程序设计的功能，如图1-2所示。

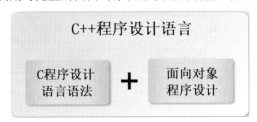

图 1-2

C++中所增加的面向对象程序设计功能适时地解决了大型软件开发时所面临的困境，能充分加强程序代码的扩充性与重用性，开发出功能更复杂的程序组件。C++的这些有利之处使得许多大型系统软件和游戏等都是用C++程序设计语言开发出来的。

1.1.1   面向对象程序设计

在传统程序设计的方法中，主要是以"结构化程序设计"为主，它的核心精神是"自上而下"与"模块化设计"，也就是将整个程序需求的功能自上而下、从大到小逐步分解成较小的单元，即称为模块（Module）。每一个模块完成自己的特定功能，主程序则在组合每个模块后实现整个程序需要的完整功能。不过，一旦主程序需求的功能发生变动，则可能需要同步修改许多模块内的数据与程序代码，这也是结构化程序设计无法充分重复使用已经设计好的程序代码的原因之一。通常结构化程序设计具有3种控制流程（见表1-1），对于一个结构化程序，无论它的结构如何复杂，都可利用这3种基本控制流程来加以表达。

表1-1　结构化程序设计的3种基本控制流程

流程结构名称	概念示意图
顺序结构：逐步编写程序语句	
选择结构：根据某些条件进行逻辑判断	条件成立？　否　是
重复结构：根据某些条件决定是否重复执行某些程序语句	否　条件成立？　是

C++中最让人津津乐道的创新功能无疑就是"面向对象程序设计"。面向对象程序设计的主要设计思想就是将日常生活中随处可见的对象（Object）概念应用在软件开发模式（Software Development Model）中。面向对象程序设计让我们能以一种更生活化、可读性更高的设计思路来进行程序的开发和设计，并且所开发出来的程序也更容易扩充、修改及维护。以此来弥补结构化程序设计的不足，支持面向对象程序设计的语言有C++、Java、Python等。

在现实生活中充满了形形色色的物体，每个物体都可视为一种对象。我们可以通过对象的外部行为（Behavior）运作及内部状态（State）模式来进行详细的描述。行为代表此对象对外所显示出来的运作方法，状态则代表对象内部各种特征的目前状况，如图 1-3 所示。

图 1-3

面向对象程序设计的概念就是认定每一个对象是一个独立的个体，而每个独立的个体都有其特定的功能，对我们而言，无须去理解这些特定的功能实现这个目标的具体过程，只需要将需求告诉这个独立的个体，如果这个个体能独立完成，就直接将此任务交给它即可。面向对象程序设计的重点是强调程序的可读性、重复使用性（Reusability）与扩展性。面向对象程序设计语言还具备如图1-4所示的3种特性。

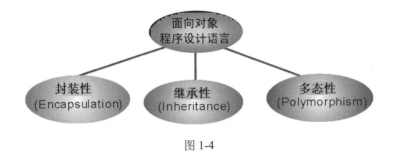

图 1-4

1. 封装性

封装性（Encapsulation）就是利用类（Class）来实现抽象数据类型。类是一种用来具体描述对象状态与行为的数据类型，也可以看成是一个模型或蓝图，按照这个模型或蓝图所产生的实例（Instance）就被称为对象。类与对象的关系如图 1-5 所示。

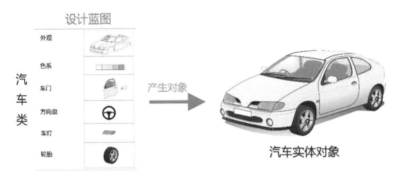

图 1-5

所谓抽象，就是将代表事物特征的数据隐藏起来，并定义一些方法作为操作这些数据的接口，让用户只能接触到这些方法，而无法直接使用数据，也符合信息隐藏的意义，这种自定义的数据类型被称为抽象数据类型。传统程序设计则必须掌握所有的来龙去脉，就时效性而言，传统程序设计便要大打折扣。

2. 继承性

继承性（Inheritance）是面向对象程序设计语言最强大的功能之一，因为它允许程序代码的重复使用（Code Reusability），同时可以表达树结构中父代与子代的遗传现象。继承类似于现实生活中的遗传，允许我们去定义一个新的类来继承现有的类，进而使用或修改继承而来的方法（Method），并可在子类中加入新的数据成员与函数成员。在继承关系中，可以把它单纯视为一种复制（Copy）的操作。换句话说，当程序开发人员以继承机制声明新增的类时，它会先将所引用的父类中的所有成员完整地写入新增的类中。类继承关系的示意图如图 1-6 所示。

图 1-6

3. 多态性

多态性（Polymorphism）也是面向对象程序设计的重要特性，也称为"同名异式"，可让软件在开发和维护时达到充分的延伸性。多态，按照英文单词字面的解释，就是一样东西同时具有多种不同的类型。在面向对象程序设计语言中，多态的定义简单来说就是利用类的继承结构先建立一个基类对象，用户可以通过对象的继承声明将此对象向下继承为派生类对象，进而控制所有派生类的"同名异式"成员方法。简单地说，多态最直接的定义就是让具有继承关系的不同类别对象可以调用相同名称的成员函数，并产生不同的响应结果。

下面详细介绍对象、类、属性和方法。

❖ 对象

对象可以是抽象的概念或一个具体的东西，包括数据及其操作或运算，或称为方法（Method），它具有状态（State）、行为（Behavior）与标识（Identity）。

每一个对象均有其相应的属性（Attribute）及属性值（Attribute Value）。例如，有一个对象称为学生，"开学"是一条信息，可传送给这个对象。而学生有学号、姓名、出生年月日、住址、电话等属性，当前的属性值便是其状态。学生对象的操作或运算行为（在面向对象程序设计中也被称为方法）有注册、选修、转系、毕业等，学号则是学生对象的唯一识别编号（对象标识，OID）。

❖ 类

类是具有相同结构及行为的对象集合，是许多对象共同特征的描述或对象的抽象化。例如，小明与小华都属于人这个类，他们都有出生年月日、血型、身高、体重等类的属性。类中的一个对象有时就称为该类的一个实例。

❖ 属性

属性用来描述对象的基本特征及其所属的性质。例如，一个人的属性可能会包括姓名、住址、年龄、出生年月日等。

❖ 方法

方法是面向对象程序设计中对象的动作或行为，我们在此以人为例，不同的职业，其工作内容也会有所不同，例如学生的主要工作为学习，而老师的主要工作为教书。

1.1.2　算法

一个设计好的程序能否快速而高效地完成预定的任务，取决于数据结构的选择，而程序是否能清楚、正确地把问题解决，则取决于算法。在韦氏辞典中算法被定义为"在有限步骤内解决数学问题的步骤和过程"。如果运用在计算机领域，我们也可以把算法定义成：为了解决某项工作或某个问题所需要的有限数量的机械性或重复性指令与计算步骤。

在日常生活中，许多工作都可以使用算法来描述，例如员工的工作报告、宠物的饲养过程、厨师准备美食的食谱、学生的课程表等，我们平时经常使用的搜索引擎都是基于不断更新的算法来运行的。不过，对于任何一种算法而言，首先必须满足如图1-7所示的5个条件，可参考表1-2中的说明。

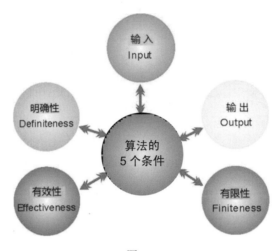

图 1-7

表1-2　算法必须符合的5个条件

算法的特性	内容与说明
输入（Input）	0个或多个输入数据，这些输入必须有清楚的描述或定义
输出（Output）	至少会有一个输出结果，不能没有输出结果
明确性（Definiteness）	每一个指令或步骤必须是简洁明确的
有限性（Finiteness）	在有限的步骤后一定会结束，不会产生无限循环
有效性（Effectiveness）	步骤清晰且可行，能让用户用纸笔计算而求出答案

　　我们认识了算法的定义与条件后，接着要思考一下用什么方法来表达算法比较适当。其实算法的主要目的在于让人们了解所执行工作的流程与步骤，只要清楚地体现出算法的5个条件即可。

　　常用的算法一般可以用中文、英文、数字等文字方式来描述，也就是用自然语言来描述算法的具体步骤。算法当然也可以使用可读性高的高级程序设计语言（如Python、C、C++、Java等）来描述。为了跨程序设计语言，算法也可以用一种伪语言（Pseudo-Language）来描述。

提示　伪语言是一种接近高级程序设计语言的语言，它不能直接放进计算机中执行，一般需要一种特定的预处理器（Preprocessor）或者要用人工编写转换成真正的计算机语言，经常使用的伪语言有SPARKS、PASCAL-LIKE等语言。

　　流程图（Flow Diagram）是一种以图形符号来表示算法的通用方法。表1-3列出了流程图中一些常见的图形符号。

表1-3　流程图中一些常见的图形符号

名　称	说　明	符　号
起止符号	表示程序的开始或结束	
输入/输出符号	表示数据的输入或输出的结果	

（续表）

名　　称	说　　明	符　　号
过程符号	程序中的常规步骤，流程图中最常用的图形	▭
条件判断符号	条件判断的图形	◇
文件符号	导向某份文件	⬭
流向符号	符号之间的连接线，箭头方向表示程序执行的流向	↓ →
连接符号	上下流程图的连接点	○

假如我们要设计一个程序，让用户输入一个整数，而这个程序可以帮助用户判断输入的这个整数是奇数还是偶数，那么这个程序的流程图大致如图1-8所示。

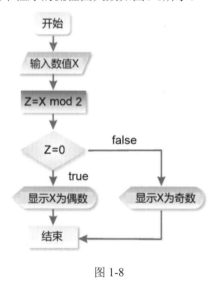

图 1-8

提示　算法和过程（Procedure）有何不同？算法和过程是有区别的，因为过程不一定要满足有限性的要求。如操作系统或计算机上运行的过程，除非宕机，否则永远在等待循环中（Waiting Loop），这也违反了算法5个条件中的有限性。

1.2　第一个 C++程序

学习程序设计语言和学游泳一样，没有捷径，在教练的指导下跳下水先感觉一下才是最快的方法。以笔者多年从事程序设计语言的教学经验来看，对一个程序设计语言的初学者而言，就是多实践，从无到有，在计算机上多编写和测试程序，许多编程高手都是程序编写多了，就越来越厉害了。

早期要编写C/C++程序，首先必须找一种文本编辑器来编辑程序，例如Windows系统下的记事本或Linux系统下的vi编辑器，程序编写好之后再选一种C++的编译器（如Turbo C/C++、MinGW、GCC等）米编译执行。

不过现在不用这么麻烦了，找一个可将程序的编辑、编译、调试与执行等功能整合在一起的集成开发环境（Integrated Development Environment，IDE）即可。C/C++的应用市场相当大，较为知名的IDE有Dev-C++、C++ Builder、Visual C++和GCC等。

现行的几种支持C/C++的IDE虽然各自有一些自定义的语法与特殊功能，然而，对于初学者而言，不需要顾及这些，只要从基本的内容着手，将重点放在语法和逻辑方面即可。目前市面上几乎没有"纯"C++编译器，通常都是与C编译器兼容的，即C/C++编译器。原本的Dev-C++已停止开发，改为发行的非官方版，Orwell Dev-C++是一个功能完整的集成开发环境，它集成了C/C++开发环境和编译器，是开放源码（Open Source Code）的软件，专为C/C++语言所设计，在这个集成环境中可以轻松编写、编辑、调试和执行C/C++语言编写的各种程序。这套软件免费且开源，可从互联网上下载，可以通过搜索引擎搜索"Dev-C++ v5.11中文版免费下载"轻松找到。本书所用的是Dev-C++ 5.11版。

当读者下载好Dev-C++ v5.11安装程序后（假如读者下载的安装程序是Dev-Cpp_5.11_TDM-GCC_4.9.2_Setup），就可以在所下载的目录双击这个安装程序，如果看到的安装界面需要选择语言，请先选择English，如图1-9所示。

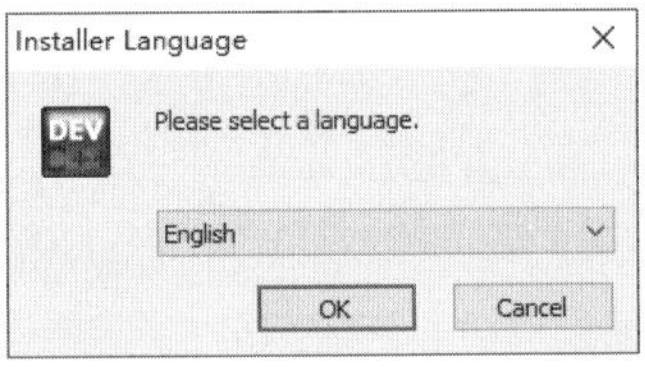

图 1-9

如果看到如图1-10所示的界面，就单击I Agree按钮。

进入如图1-11所示的界面，选择要安装的组件，直接单击Next按钮。

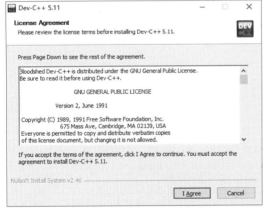

图 1-10

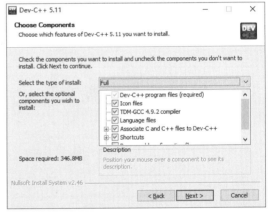

图 1-11

之后会被要求确定要安装的目录，其中Browse按钮用于更换安装路径，如果选用默认的安装路径，直接单击Install按钮即可，如图1-12所示。

接着就会开始复制要安装的文件，如图1-13所示。

当看到如图1-14所示的界面时，就表示安装成功了。

安装完毕后，请在Windows操作系统下的开始菜单中执行Bloodshed Dev C++/Dev-C++程序或直接单击桌面上的Dev-C++快捷方式，进入Dev-C++的主界面。如果主界面是英文版的，可以依次选择菜单选项Tools→Environment Options，并在如图1-15所示的Language选项中选择"简体中文/Chinese"。

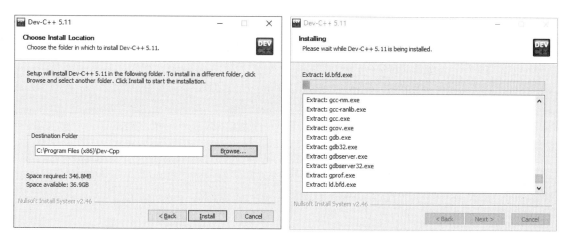

图 1-12　　　　　　　　　　　　　　　　　　图 1-13

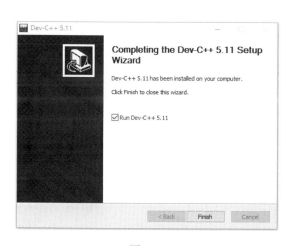

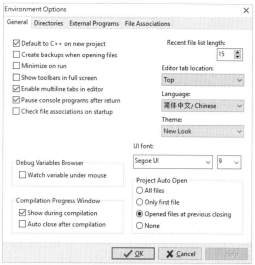

图 1-14　　　　　　　　　　　　　　　　　　图 1-15

更改完毕后，就会出现简体中文的界面，如图1-16所示。

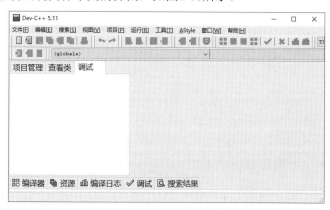

图 1-16

Dev-C++的界面及其主要功能区说明如图1-17所示。

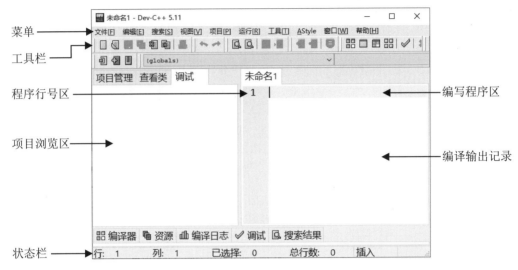

图 1-17

1.2.1　开始编写程序

从编辑与编写一个C++的源程序到让计算机运行出结果，一共要经过编辑、编译、链接与执行4个阶段，如图1-18所示。看起来有点麻烦，实际上很简单，因为这些阶段都可以在Dev-C++上进行，只要动动鼠标就行了。

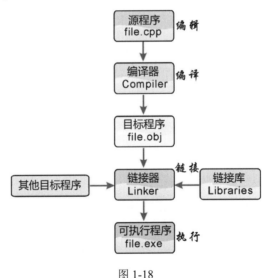

图 1-18

确定已经安装完Dev-C++之后，就可以启动Dev-C++的集成开发环境，顺利启动后，再依次选择菜单选项"文件"→"新建"→"源代码"。打开程序编辑窗口后，就可以在空白的程序编辑区输入程序代码。在编辑区中输入范例程序CH01_01.cpp的程序代码。这里说明一下，在本书中每行程序代码之前的行号都只是为了方便程序内容的解说，请千万不要输入编辑器中。

【范例程序：第一个C++程序CH01_01.cpp】

```
01    #include <iostream>
02
```

```
03   using namespace std;
04
05   int main()
06   {
07       cout<<"我的第一个C++程序。"<<endl;
08       // 打印字符串
09
10       return 0;
11   }
```

1.2.2　保存程序文件

　　程序编写完之后，可依次选择菜单选项"文件"→"保存"或单击工具栏上的▣（保存）按钮，把程序文件命名为CH01_01，并以.cpp作为文件扩展名，就算完成了C++程序的编写，如图1-19所示。

② 程序编写完成后，单击"保存"按钮，并确定存盘的路径和文件名，并以.cpp 作为文件扩展名

① 输入 C++程序代码

图 1-19

　　到目前为止，读者可能对C++的有些语法还一知半解，但是别着急，在学习C++语言之前，先要熟悉整个C++编译器的操作过程，至于C++的语法在后续章节再展开。

1.2.3　编译器

　　编译的主要作用是生成文件名为"*.obj"的目标文件。所谓目标文件，就是程序设计人员的源代码在经过编译器编译后所生成的机器语言代码（机器代码），其中包含计算机直接"明白"的执行指令与操作。不过，因为目标文件只能检查语法上的错误，所以并不能保证程序的执行结果是否正确。

在Dev-C++中要执行编译器，可单击工具栏中的 ⊞ （编译）按钮或依次选择菜单选项"运行"→"编译"，随后会出现如图1-20所示的窗口，代表文件编译成功了。

编译结果没有报错及警告

图 1-20

1.2.4　执行程序

虽然目标文件中已经包含机器语言代码，不过要生成可执行文件通常编译过程中还要多一个步骤，就是需要使用链接器把这个目标文件与链接库（*.lib，或称为函数库、链接函数库）以及其他程序的目标文件相链接，最终生成可执行文件（.exe）。现在就来看看这个范例程序的执行结果，依次选择菜单选项"运行"→"运行"或单击 ▢ （执行）按钮。范例程序CH01_01.cpp的运行结果，如图1-21所示。

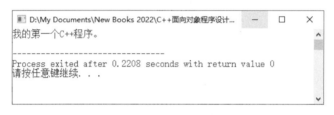

图 1-21

1.2.5　程序错误

如果编译时发生错误，就必须重新编辑源代码以排除错误。事实上，从认识程序设计语言的语法到编写出较大型的程序，我们所面临的最大困难就是程序的查错和调试。当程序越写越大时，要侦测出哪里出错，会更加困难，此时除了平时多累积编写程序的经验外，善用集成开发环境所提供的调试程序是一种很好的方法，集成开发环境通常集成了具有直观用户界面的调试器，方便程序设计人员用于程序的查错和调试。一般来说，程序的错误按照其性质可分为两种：语法错误和逻辑错误。

1. 语法错误

这是在程序开发过程中最常出现的错误。语法上的错误在程序编译时会发生编译时错误（Compile Time Error），就Dev-C++的集成开发环境而言，编译器会将错误显示在"编译日志"窗口中，程序开发人员可以根据窗口中的提示信息迅速找出语法错误的位置并加以修正。

2. 逻辑错误

逻辑错误是程序中最难发现的"臭虫"（Bug）。这类错误在编译时并不会出现任何错误提示信息，必须由程序开发人员自行判断。这与程序开发人员的专业素养、经验和细心程度有着密不可分的关系。例如薪资的计算公式、财务报表等，这些都必须在开发过程中以数据进行实际测试来确保程序执行结果的准确性和精确性。

1.3　程序结构简介

读者依葫芦画瓢地操作了一遍从编写、编译与执行C++程序代码的全过程，相信对C++程序有了一点认识。基本上，编写程序就好像玩积木一样，都是由小到大慢慢地累积和学习的。以下我们将针对上一节的范例程序（CH01_01.cpp）给读者做一个快速的解析：

第01行：包含iostream头文件，C++中有关输入输出的函数都定义在这个iostream库中。

第03行：使用标准链接库的命名空间std。

第05行：main()函数为C++主程序的入口点，其中的int是整数类型。

第07行：cout是C++语言的输出指令，其中endl代表换行。

第08行：C++的注释行。

第10行：因为主程序被声明为int数据类型，所以必须通过return语句返回一个整数值。

C++程序的内容主要是由一个或多个函数组成的，例如我们在CH01_01.cpp中所看过的main()，就是C++中的主函数。函数是多行程序语句的组合，对计算机而言，一行程序语句代表一条完整的指令，C++以分号作为一行程序语句的终止符号。

1.3.1　头文件区

头文件中通常需要包含（引用）一些标准函数或类（来自外部程序），在C++中以预处理器指令"#include"来执行引用（包含）的操作。例如C++的输入（cin）和输出（cout）函数都定义在iostream头文件内，因此在使用这些输入和输出函数之前，需要先将iostream头文件包含在当前程序中，对应的预处理器指令为：

```
#include <iostream>
```

C++的头文件有新旧之分，其中旧式头文件的文件扩展名为".h"，这种方式沿用了C语言头文件的格式，这类头文件适用于C和C++程序的开发，参考表1-4。

表1-4　C/C++的旧式头文件

C/C++的旧式头文件	说　　明
<math.h>	C的旧式头文件，包含数学运算函数
<stdio.h>	C的旧式头文件，包含标准输入输出函数
<string.h>	C的旧式头文件，包含字符串处理函数
<iostream.h>	C++的旧式头文件，包含标准输入输出函数
<fstream.h>	C++的旧式头文件，包含文件输入输出的处理函数

新式的头文件没有".h"的文件扩展名，这类头文件只能在C++程序中使用，参考表1-5。

表1-5　C++的新式头文件

C++的新式头文件	说　　明
\<cmath\>	C的\<math.h\>新式头文件，包含数学运算函数
\<cstdio\>	C的\<stdio.h\>新式头文件，包含标准输入输出函数
\<cstring\>	C的\<string.h\>新式头文件，包含字符串处理函数
\<iostream\>	C++的\<iostream.h\>新式头文件，包含标准输入输出函数
\<fstream\>	C++的\<fstream.h\>新式头文件，包含文件输入输出的处理函数

　　根据头文件所在路径的不同有两种包含文件的方式：第一种是以一对"\<\>"（尖括号）来包含编译环境默认路径下的头文件，另一种是以一对""""（半角双引号）来包含与源程序文件在同一路径下的头文件，具体方式如下：

```
#include <头文件名>    // 要包含的头文件位于编译环境默认的路径下
#include "头文件名"    // 要包含的头文件与源程序文件位于相同的路径下
```

　　通常在编译环境默认路径下的头文件包含C++标准链接库以及编译器所支持的头文件。在安装程序开发工具时，会自动为头文件设置默认路径。当程序进行编译时，如果出现找不到头文件的错误，首先必须检查头文件是否确实存在。如果程序是以"\<\>"方式包含头文件，就必须确认头文件是否位于编译环境的默认路径下；如果程序是以""""的方式来包含头文件，那么进行编译时，只需要确认所包含的头文件是否与源程序文件位于相同的路径下，这种头文件的包含方式常用于包含程序设计人员自己定义的头文件。

1.3.2　程序注释

　　当编写程序时，可以使用注释方式来说明程序的目的以及解释某段程序代码的作用。越复杂的程序，注释就显得越重要，这不仅有助于程序的调试，也能让其他人更容易了解程序，有利于协作编程和后期的维护。C++中通常用双斜线"//"来表示注释，例如：

```
//注释文字
```

　　"//"符号可单独成为一行，也可以跟随在程序语句之后，例如：

```
//声明变量
int a, b, c, d;

a = 1;    // 声明变量a并赋初值
b = 2;    // 声明变量b并赋初值
```

　　由于C语言中的注释方式是将注释文字包含在"/*...*/"符号范围内，因此在C++中也可沿用这种注释方式：

```
/* 声明变量 */
int a, b, c, d;

a = 1;    /* 声明变量a并赋初值 */
b = 2;    /* 声明变量b并赋初值 */
```

　　"//"式注释只可用于单行注释，"/*...*/"式注释则可用于多行注释。使用"/*...*/"注释时必须注意"/*"与"*/"符号的配对问题，由于编译器进行编译时是将第1次出现的"/*"符号与第

1个次出现的"*/"符号视为一组，忽略其中所包含的内容，因此建议读者采用C++格式的"//"式注释，以免不小心忽略了结尾的"*/"符号而引发语法错误。

1.3.3　主程序区——main()函数

C/C++同时也是一种符合模块化设计宗旨的程序设计语言，C/C++程序是由各种函数组成的。所谓函数，就是具有特定功能的程序指令或语句的集合。其中main()函数是主程序的入口点，即程序执行的起点。main函数包含两部分：函数标题以及函数主体，在函数标题之前的部分称为返回类型，函数名称后的括号"()"里面则为系统传递给函数的参数。

返回类型表示函数返回值的数据类型。例如以下语句表示main()会返回整数值给系统，而系统也不需传递任何参数给main函数：

```
int main()                 // 调用main函数时，无参数，但需返回整数
```

也可以将上式写成：

```
int main(void)             // 调用main函数时，无参数，但需返回整数
```

在()中使用void是明确地指出调用main函数时不需传入参数。如果调用main函数时无参数，也不需返回任何值，则可用void返回类型来明确表示不返回任何值，语句如下：

```
void main()                // 调用main函数时，无参数也不返回任何值
```

请注意，上述程序语句虽然语法逻辑正确，但无法通过有些编译器的编译，因此本书中对于所有C++程序中的main()函数都统一声明为返回int类型的数据。

函数主体以一对大括号"{"与"}"来定义它的起止，在函数主体的程序区块中，可以包含多行程序语句，而每一行程序语句要以";"结尾。另外，程序区块结束的位置以右大括号"}"来告知编译器，此外"}"符号之后无须再加上";"作为结束符。

如果善用程序的缩排来区分程序的层级，往往会使得程序代码更易于阅读，例如在主程序中包含子区块，或者子区块中又包含其他的子区块时，通过缩排来区分程序的层级就显得相当重要。通常在编写程序时我们会以Tab键（或者空格键）作为缩排的间距。函数主体的最后一行语句则为：

```
return 返回值;
```

这行语句的主要作用是把返回值返回给系统。如果返回值为0，则表示停止执行程序并且将控制权还给操作系统：

```
int main()      // 函数标题
{// 函数开始
      // 程序区块
      // 程序区块
    return 0;   // 把整数0返回给操作系统
}// 函数结束
```

1.3.4　命名空间

早期的C/C++版本是将所有变量、函数与类等的标识符名称都定义为全局命名空间，由于所有名称都处于同一个命名空间很容易造成名称冲突，因此在ANSI/ISO C++中新加入了所谓的命名空间（Namespace）。

由于各个不同厂商所研发出的不同类库可能会有相同的类名称，因此标准C++新增了命名空间

的概念，用来区分各种定义的名称，使得在不同命名空间的变量、函数、类与对象，即使具有相同的名称，也不会发生冲突。

由于C++的新式头文件几乎都定义于std命名空间中，要使用里面的函数、类与对象，必须加上使用指令using的语句，因此在编写C++程序代码时，几乎都要加上此程序语句。

例如在下面的程序代码中包含<iostream>头文件后，因为命名空间封装的关系，所以无法使用此区域定义的对象。只有加上使用声明后，才可以存取std中<iostream>定义的所有变量、函数、类与对象，如下所示：

```
#include <iostream>
using namespace std;
```

当然，也不是非要设定命名空间为std才行。另外还有一种变通方式，就是在包含头文件之后，如果要使用某种新式头文件所提供的变量、函数、类与对象，直接在前面加上std::。例如：

```
#include <iostream>
…
std::cout << "请输入一个数值: " << endl; // 在每个函数前都必须加上std::
```

1.3.5 输入输出功能简介

C++的基本输入输出功能与C语言相比，可以说更为简化与方便。相信学过C语言的读者都知道C中的基本输入输出功能是以函数形式实现的，必须配合声明的数据类型以不同格式输出，例如printf()函数与scanf()函数。

由于输出格式对于程序设计人员的使用并不方便，因此C++将输入输出格式进行了全新的调整，也就是直接利用I/O运算符实现输入输出，且不必搭配数据格式，全权由系统自行判断，只要包含<iostream>头文件即可。

事实上，在C++中定义了两个数据流输入与输出的对象cin（读作c-in）和cout（读作c-out），分别代表着键盘和终端的输入与输出内容。尤其当程序执行到cin指令时，会停下来等待用户输入。它们的语法如下：

```
cout <<变量1或字符串1 <<变量2或字符串2 <<…<<变量n或字符串n;
cin >>变量1 >>变量2 …>>变量n;
```

其中 "<<" 为串接输出运算符，表示将所指定的变量数据或字符串传送到输出设备，而 ">>" 则为串接输入运算符，它的作用是从输入设备读取数据，并将数据按序赋值给指定的变量。

当使用cout指令进行输出时，可以使用endl进行换行控制或使用表1-6所示的特殊字符进行输出控制。

表1-6   用于输出的特殊字符

字符格式	说　　明
'\0'	产生空格
'\a'	发出 "哔" 的一声
'\b'	退格符，回退一个字符
'\t'	制表符，移到下一个定位点（tab）
'\n'	换行
'\r'	跳到该行的起点（carriage return，即回车）

（续表）

字符格式	说　　明
'\''	插入单引号
'\"'	插入双引号
'\\'	插入反斜杠

1.3.6　程序语句编写格式

程序语句是组成C++程序的基本要件，我们可将C++程序比喻成一篇文章，而程序区块就像是文章的段落，程序语句就是段落中的句子，在结尾时要使用"；"号代表一条程序语句的结束。程序语句所包含的内容相当广泛，如声明、变量、表达式、函数调用、流程控制、循环等。例如范例程序CH01_01.cpp中的第7行：

```
cout<<"我的第一个C++程序。"<<endl;
```

C++的程序语句采用的是自由化格式，也就是说只要不违背基本语法规则，可以让程序设计人员自由安排程序语句的位置。例如每行语句以"；"作为结尾或分隔符，中间的空格符、Tab键、换行符都算是空白区间，也就是可以将一条语句拆成好几行，或将好几条语句放在同一行，以下都是符合C++语法的程序语句：

```
std::cout<<"我的第一个C++程序。"<<endl;      // 合法编写方式
std:: cout<<"我的第一个C++程序。"
<<endl; // 合法编写方式
```

在一条语句中，对于完整不可分割的单元称为token（标记，token是编译专用词），两个token间必须有空格键、Tab键或其他分隔符，必须分开。例如以下都是不合法的程序语句：

```
intmain();
return0;
c out<<"我的第一个C++程序";
```

一个C++程序是由一个或数个程序区块（Block）构成的。所谓程序区块，就是由一对"{}"（大括号）作为起止符，其中包含多行或单行的程序语句。程序区块中的程序语句的格式相当自由，可以将多条程序语句放在一行，或者一条程序语句占据多行。如下就是一个程序区块：

```
{
    cout<<"我的第一个C++程序。"<<endl;
    // 打印字符串
    return 0;
}
```

1.3.7　标识符与保留字

我们先来看一个例子：

```
int a;
```

a其实是由我们自行声明的，它被声明为整数类型的变量，变量声明的语法如下：

```
数据类型 变量名称;
```

有关变量更详细的内容，将在第2章中介绍，在此读者先有个初步的认识即可。在C/C++中所

看到的英文代号不是标识符（Identifier）就是保留字（Reserved Word）。标识符包括常数、变量、函数、结构、联合、枚举等由程序设计人员自行命名的英文代号。

标识符的命名必须遵守一定的规则，包括以英文大写字母、小写字母或下画线作为首字符，但不能以数字作为标识符的首字符。除了首字符的限制外，变量名称中其余字符的组成包括：英文大小写字母、数字和下画线，例如total_sum，但是不可以使用"-,*$@..."等字符。此外，在C++中，标识符名称是区分字母大小写的，例如class、CLASS、Class会被视为不同的标识符。在标识符名称的长度上，只有前63个字符被视为有效的标识符名称。

通常标识符的命名有其惯用的命名方式，当然这并不涉及语法的问题，主要是考虑到程序的可读性。例如变量的命名习惯是以小写字母作为首字符，如salary、bonus等，而常数则是采用大写字母并配合下画线"_"，如KG、MAX_MONEY。至于函数名称则习惯以小写字母开头，如果是由多个英文单词所组成的，那么除了第一个单词首字符为小写外，其他英文单词的首字母都用大写，如calSpeed、addSum等。

标识符命名还有一个重要的限制，就是不可使用与保留字相同的命名，因为每一个保留字对C++的编译器而言，有其所代表的特殊含义，ANSI C++定义了如表1-7所示的保留字，在Dev-C++中会以粗黑体字来显示这些保留字。

表1-7　ANSI C++定义的保留字

保　留　字	保　留　字	保　留　字
asm	false	sizeof
auto	float	static
bool	for	static_cast
break	friend	struct
case	goto	switch
catch	if	template
char	inline	this
class	int	throw
const	long	true
const_cast	mutable	try
continue	namespace	typedef
default	new	typeid
delete	operator	typename
do	private	union
double	protected	unsigned
dynamic_cast	public	using
else	register	virtual
enum	reinterpret_cast	void
explicit	return	volatile
export	short	wchar_t
extern	signed	while

表1-8列出了一些错误的变量名称示例。

表1-8 错误的变量名称示例

变量名称	错误原因
student age	不能有空格
1_age_2	首字符不可以是数字
break	break是C++的保留字
@abc	首字符不可以是特殊符号

1.4 上机编程实践

（1）请设计一个C++程序，使用基本输入输出运算符来输入与输出一个数字。

解答▶ 可参考范例程序ex01_01.cpp。

（2）请设计一个C++程序，使用std::方式来改写范例程序CH01_01.cpp。

解答▶ 可参考范例程序ex01_02.cpp。

 本章习题

问答与实践题（参考答案见附录A）

（1）源程序文件和目标文件的作用分别是什么？

（2）试说明main()函数的作用。

（3）在Dev-C++中，可否声明为void main()？

（4）链接器的功能是什么？

（5）试说明编译器与解释器的不同之处。

（6）当我们将程序编写完毕之后，应如何将程序编译成可执行文件，该可执行文件被存放在哪一个目录中？

（7）C++的编写规则可分为哪4部分？

（8）什么是集成开发环境？

（9）编译阶段的主要工作是什么？

（10）什么是结构化程序设计？

（11）请说明C++的程序注释。

（12）请说明C++程序语句的自由化格式。

（13）什么是命名空间？

（14）请问C++、Visual C++以及C++ Builder三者间是什么关系？

（15）程序的错误按照性质可分为哪两种？

（16）面向对象程序设计语言应该包含哪三种特性？

（17）请指出下列程序代码在编译时会出现什么错误，为什么？

```
#include <iostream>
using namespace std;
intmain()
{
```

```
  int a;
  a=10
  cout >> "a的值为: " >> a >> endl
}
```

（18）请说明什么是"项目"。

（19）开放命名空间有什么缺点？试简述。

（20）请问头文件的包含方式有哪两种？

（21）在程序中使用函数的优点是什么？

（22）如何在程序代码中使用标准链接库提供的函数？

（23）试简述多态性的定义。

（24）请说出以下哪些是合法的标识符名称？

```
@sum
15abc
dollar$
hieight,1
abc123
_APPLE
oRANGE
ttt
```

第 2 章

变量、常数与数据类型

计算机最主要的特色就是具有强大的运算能力，外部数据输入计算机内，通过程序进行运算，最后输出结果。当程序执行时，这些外部数据进入计算机后，当然要有个栖身之处，这时计算机就会分配内存给这些数据，而在程序代码中，我们所定义的变量（Variable）与常数（Constant）就扮演这样的角色。

变量与常数主要用来存储程序中的数据，以便参与程序中的各种运算。不论是变量还是常数，在使用前都必须声明对应的数据类型（Data Type），以便让系统在内存中保留一块区域供其使用。变量和常数两者之间最大的差别在于：变量的值是可以改变的，而常数的值则固定不变，如图2-1所示。

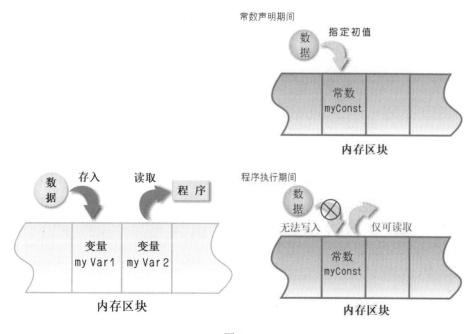

图 2-1

定义变量就像跟计算机订个空房间，这个房间的房号就是内存的地址，房间的大小可以看成是数据类型，当然这个房间的客人是可以随时变动的。而常数所代表的房间就像是被长期租用的，不可以更换住客，直到这个程序运行结束为止。有了这样的基本概念，接下来我们展开介绍C++语言的变量。

2.1　变量简介

变量是程序设计语言中不可或缺的部分，代表可变动数据的内存空间。声明变量的作用就是告知计算机需要多少内存存储空间。在使用变量之前，必须以数据类型作为声明变量的依据并给变量命名。变量具有以下4个要素：

（1）名称：变量在程序中的名字必须符合标识符的命名规则及可读性。

（2）值：程序中变量被赋予的值。

（3）引用位置：变量在内存中存储的位置。

（4）属性：变量在程序中的数据类型，即所谓的整数类型、浮点类型或字符类型等。

变量声明与内存分配

由于变量的内容或值是可以被改变的，因此不同数据类型的变量所占用的内存空间的大小以及可表示的数据范围自然也是不同的。在程序设计语言中，用于存储变量内容的内存的分配方式有两种，详情可参考表2-1中的说明。

表2-1　变量的内存分配方式

内存分配方式	特色与说明
动态分配	变量内存分配的过程是在程序执行时（Running Time），如Basic、Visual Basic、LISP、Python语言等。在执行时才确定变量的类型，被称为动态检查（Dynamic Checking），变量的类型与内存空间可在执行时随时改变
静态分配	变量内存分配的过程是在程序编译时（Compiling Time），如C/C++、Pascal语言等。在编译时才确定变量的类型，被称为静态检查（Static Checking），变量的类型与内存空间在编译时就确定下来了

由于C++属于静态存储分配（Static Storage Allocation）的程序设计语言，必须在编译时确定要分配给变量的内存空间的大小，因此变量一定要事先声明才可以使用。C++变量声明的方式是由数据类型、变量名称和分号三部分所构成的，可分为声明后再赋值与声明时就赋值两种方式，这两种方式的语法如下：

方式1：

数据类型 变量名1, 变量名2, …, 变量名n;

方式2：

数据类型 变量名=初始值;

在C++中的内建数据类型（Build-in Data Type）可分成整数类型、浮点数类型、字符类型和布尔类型4种。在后续章节中，我们还会有更详尽的介绍。变量声明的范例如下：

```
int a;          // 声明变量a，暂时未赋值
int b=12;       // 声明变量b并直接赋初值为12
```

当要一次声明多个相同数据类型的变量时，可以用"，"分隔开变量。例如在下面的例子中就声明了3个整数变量total、department与age，各个声明变量间以"，"符号分隔开，其中将department的初值设置为10：

```
int total,department=10,age;          // 一次声明多个同为整数类型的变量
```

又如：

```
int a,b,c;
int total =5000;  /* int为声明整数的关键字 */
float x,y,z;
int month, year=2003, day=10;
char no='A';
```

通常为了养成良好的程序编写习惯，变量声明语句最好放在程序区块的开始部分，也就是紧接在"{"符号之后（如main函数或其他函数）的位置。至于变量的初始化，最好是在变量声明时就赋初值，以免出现一些不可预期的情况。

【范例程序：CH02_01.cpp】

在这个范例程序中，变量a并没有事先赋予初始值，但是当输出时却打印出了不可预知的数值，这是因为系统尚未清除掉原先那个地址中的内容，所打印出的数值是先前存放在那个位置的数值。

```
01    #include <iostream>
02
03    using namespace std;
04
05    int main()
06    {
07        int a;
08        int b=12;
09
10        cout<<"变量a="<<a<<endl; //打印出未初始化的变量a的值
11        cout<<"变量b="<<b<<endl; //打印出已初始化的变量b的值
12
13        return 0;
14    }
```

执行结果如图2-2所示。

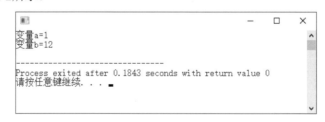

图 2-2

【程序解析】

第07、08行：声明一个没有赋初值的变量a和一个赋初值的变量b。

第10、11行：分别打印出变量a与变量b的值。

2.2 常数

前面介绍过变量可以在程序执行过程中改变它的内容，但常数在程序执行过程中不能改变它的内容。C++也是如此，C++的常数是一个固定的值，在程序执行的整个过程中，常数的值是不能被改变的。例如整数常数45、−36、10005、0，或者浮点数常数0.56、−0.003、3.14159等，都是一种字面常数（Literal Constant），如果是字符常数，则必须用一对单引号"'"引住，如'a'、'c'，字符常数也是一种字面常数。当数据类型为字符串时，必须用一对双引号"""引住字符串，例如"程序设计"、"Happy Birthday"、"荣钦科技"等。下面的示例中的num是一个整数类型的变量，150则是一个字面常数：

```
int  num;
num=num+150;
```

符号常数

常数在程序中的应用如同变量一样，也可以用标识符来表示，唯一不同之处是这个标识符所代表的数据值在整个程序执行过程中是绝对无法改变的，我们称之为符号常数（Symbolic Constant）。符号常数可以放在程序内的任何地方，但是一定要先声明或定义后才能使用。例如在一个计算圆面积的程序中，要用到的圆周率π值就可以用常数标识符来表示。

常数标识符的命名规则与变量相同，不过习惯上会以大写英文字母来作为常数的名称，这样的做法可以提高程序的可读性，对程序的调试与维护都有益。通常我们有两种方式来定义常数：用#define宏指令和const保留字。由于#define是宏指令，并不是程序语句，因此不用加上"="来表示赋值和以"；"作为语句结束符。以下两种方式都可以定义符号常数：

```
const  int radius=10;
#define  PI  3.14159
```

方式1：

```
#define 常数名称 常数值
```

利用宏指令#define来定义。所谓宏指令，又称为替换指令，主要功能是以易于理解的名称取代某些特定常数、字符串或函数，善用宏可以节省不少程序开发的时间。

当使用#define来定义符号常数时，程序会在编译前先调用宏处理器（Macro Processor），以宏的内容来取代宏所定义的标识符，然后才进行编译。就上面的示例而言，就是直接将程序中所有PI出现的地方都替换成3.14159。

> **提示** 由于#define是宏指令，并不是程序语句，因此不用加上"="来表示赋值和以"；"作为语句结束符。

方式2：

```
const 数据类型 常数名称=常数值;
```

使用const保留字来声明，常数名称对应定义的常数值。使用const保留字声明符号常数的方式如下：

```
const float PI=3.14159;
```

2.3 基本数据类型

数据类型用来描述C++程序中所使用的数据分类，不同类型的数据有着不同的特性，它们在内存中所占的空间大小、数据操控的方式等都不同。C++是一种强类型语言，当声明变量时，一定要同时指定数据类型。C++的基本数据类型可分为4类，分别是整数类型、浮点类型、字符类型和布尔类型。

2.3.1 整数

C++的整数与数学上的意义相同，如−1、−2、−100、0、1、2、100等，在C++中整数一般要占用4字节（32位）的存储空间。在声明数据类型时，可以同时赋初值或暂时不赋值。对于整数类型而言，赋予整数初值的表示方式可采用十进制数、八进制数或十六进制数。

在C++中，表示八进制数时必须在数字前以0作为前导字符，例如073，该八进制数对应十进制数的59，即$(073)_8 = (59)_{10}$。以0x为前导时表示的是十六进制数。例如要给整数变量no赋初值80，可以采用下列3种方式：

```
int no=80;      // 十进制
int no=0120;    // 八进制，0120等于十进制数的80
int no=0x50;    // 十六进制，0x50等于十进制数的80
```

整数类型还可以根据short、long、signed和unsigned修饰词来进行不同取值范围的整数定义。对于一个好的程序设计人员而言，应该学会控制程序所占用的内存空间，原则就是"当省则省"，例如有些变量的取值范围很小，声明为int类型要占用4字节，但是加上short修饰词就缩小到只需占用2字节：

```
short int no=58;
```

long修饰词的作用正好相反，需要占用更多的存储空间。在此需要补充一下，我们知道不同的数据类型所占存储空间的大小是不同的，往往也会因为计算机硬件与编译器的位数不同而有差异。在16位的系统（例如DOS、Windows 3.1）下，int类型占用的存储空间为2字节，当一个整数声明为long int时，所占用的存储空间为4字节，增加了一倍。

不过，如果所选的编译器为32位（如Dev-C++、Visual C++等），int数据类型占用的存储空间为4字节，和long int数据类型就没有差别，因为在当前的Dev-C++系统下，声明int或long int的效果是相同的。

有符号整数就是有正负号之分的整数，在整数类型之前加上signed修饰词，那么该变量就可以存储正负数的整数。如果省略signed修饰词，编译器也会默认将该变量声明为有符号整数。这个修饰词看来有些多余，在程序中的唯一好用处是为了提高可读性。声明为signed int类型的变量，它的取值范围为−2147783648~2147483647，声明这类变量的示例如下：

```
signed int no=58;
```

假如在整数类型前加上另一种修饰词unsigned（无符号），那么该变量就只能存储正整数，因为省去了符号，所以它的取值范围可以表示更多的正整数。声明为unsigned int类型的变量，它的取值范围为0~4294967295，声明这类变量的示例如下：

```
unsigned int no=58;
```

此外，英文字母U、u与L、l可直接放在整数字面常数后标示整数为无符号整数和长整数类型：

```
45U、45u          // 把45标示为无符号整数
45L、45l          // 把45标示为长整数
45UL、45UL        // 把45标示为无符号长整数
```

表2-2为各种整数类型的声明方式、占用的存储空间以及数值的取值范围。

表2-2　各种整数类型的声明方式、占用的存储空间以及数值的取值范围

整数类型的声明方式	占用的存储空间（字节数）	最　小　值	最　大　值
short int	2	−32768	32767
signed short int	2	−32768	32767
unsigned short int	2	0	65535
int	4	−2147783648	2147483647
signed int	4	−2147783648	2147483647
unsigned int	4	0	4294967295
long int	4	−2147783648	2147483647
signed long int	4	−2147783648	2147483647
unsigned long int	4	0	4294967295

由于不同的编译器会为不同的整数类型申请不同的存储空间，因此，如果读者不想花精力去记忆这些细节，那么可以使用C++的sizeof()函数来查看各种数据类型或变量所占用的内存空间。Sizeof()函数的语法如下：

```
sizeof(数据类型)
```

或

```
sizeof(变量名称)
```

【范例程序：CH02_02.cpp】

本范例程序分别列举整数修饰词的声明方式，并用八进制、十进制、十六进制数值来赋值，再调用sizeof()函数来显示不同数据类型的变量所占用存储空间的大小（字节数）。

```
01    #include<iostream>
02
03    using namespace std;
04
05    int main()
06    {
07
08        short int number1=0200;        // 声明短整数变量，并以八进制数赋予初值
09        int number2=0x33f;             // 声明整数变量，并以十六进制数赋予初值
10        long int number3=1234567890;   // 声明长整数变量，并以十进制数赋予初值
11        unsigned long int number4=978654321;   // 声明无符号长整数变量，并以十进制数赋予初值
12
13        // 输出各种整数类型的值及其所占用存储空间的大小（字节数）
14
15        cout<<"短整数="<<number1<<" 所占存储空间的大小（字节数）: "<<sizeof(number1)<<endl;
16        cout<<"整数="<<number2<<" 所占存储空间的大小（字节数）: "<<sizeof(number2)<<endl;
```

```
17      cout<<"长整数="<<number3<<" 所占存储空间的大小（字节数）: "<<sizeof(number3)<<endl;
18      cout<<"无符号长整数="<<number4<<" 所占存储空间的大小(字节数):"<<sizeof(number4)<<endl;
19
20
21      return 0;
22  }
```

执行结果如图2-3所示。

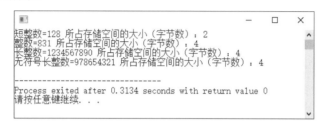

图 2-3

【程序解析】

第08~11行：声明各种整数类型的变量，并分别用八进制、十六进制、十进制数值来赋初值。

第15~18行：调用sizeof()函数来显示不同数据类型的变量所占用存储空间的大小（字节数）。

2.3.2　浮点数

所谓浮点数，是指带有小数部分的数值，也就是数学上的实数。由于C/C++普遍应用于许多科学领域，因此整数所能表现的范围和精度显然不足，这时浮点数就派上用场了。浮点数的表示方式有两种：一种是常规的小数表示法，例如3.14、−100.521；另一种是科学记数法，例如6e-2、3.2E-18。其中e或E代表C/C++中以10为底数的科学记数法。表2-3为常规的小数表示法与科学记数法的对照表。

表 2-3　常规的小数表示法与科学记数法的对照表

常规的小数表示法	科学记数法
0.06	6e-2
−543.236	−5.432360e+02
1234.555	1.234555e+03
3450000	3.45E6
0.000666	0.0006666.66E-4

科学记数法的各个数字与符号间不可有间隔，且其中的e也可用大写的E，随后所接的数字为10的乘方，例如7.6458e3所表示的浮点数为：$7.6458 \times 10^3 = 7645.8$。

在C++中，浮点数又可以分为单精度浮点数（float）、双精度浮点数（double）与长双精度浮点数（long double）3种，它们的差别在于取值范围不同。表2-4列出了3种浮点数数据类型所占用存储空间的大小和取值范围。

表 2-4　3种浮点数数据类型所占用存储空间的大小和取值范围

数据类型	所占存储空间的大小（字节数）	取值范围
float	4	1.17E−38~3.4E＋38（精确到小数点后7位）

（续表）

数据类型	所占存储空间的大小（字节数）	取值范围
double	8	2.25E－308~1.79E+308（精确到小数点后15位）
long double	12	1.2E +/－4932（精确到小数点后19位）

请注意，浮点数数据类型并无有符号与无符号之分，都是可以表示正负带小数部分的有符号数，因此如果在浮点数数据类型之前指定signed或者unsigned修饰词，在编译时将会出现警告提示信息。

通常浮点数默认的数据类型为double，因此在定义浮点常数值时，可以在数值后方加上f或F，直接将数值转换成float类型。如果要将浮点常数值定义为long double类型，则可在数值后方加上l或L字母。例如：

```
7645.8              // 7645.8默认为双精度浮点数
7645.8F、7645.8f    // 把7645.8标示为单精度浮点数
7645.8L、7645.8l    // 把7645.8标示为长双精度浮点数
```

提示 一个好的编程习惯是要学会充分考虑程序代码中的变量或常数所占存储空间的大小。当使用较多字节时，优点是数值有更多的有效位数，缺点则是会影响程序的执行效率和占用较多的系统资源。另外要提醒读者一点，C++虽然有分辨英文大小写字母的特性，但用于表示浮点数精度的后缀字母时，大小写表示同一个含义。

【范例程序：CH02_03.cpp】

在本范例程序中，调用sizeof()函数来显示各种浮点常数与不同精度浮点变量所占用的存储空间的大小。请注意，当定义浮点常数值时，如果未特意标示，则默认以双精度浮点（double）类型存储，所以会占有8字节的存储空间。

```
01   #include <iostream>
02
03   using namespace std;
04
05   int main()
06   {
07     float Num1;                    // 声明float变量
08     double Num2;                   // 声明double变量
09     long double Num3=3.144E10;     // 声明long double变量并赋初值
10
11      Num1=1.742f;
12     Num2=4.159;
13
14     cout<<"3.5678 所占用存储空间的字节数="<<sizeof(3.5678)<<endl;
15     // 打印出3.5678所占用存储空间的大小
16     cout<<"3.5678f 所占用存储空间的字节数="<<sizeof(3.5678f)<<endl;
17     // 打印出3.5678f所占用存储空间的大小
18     cout<<"3.5678L 所占用存储空间的字节数="<<sizeof(3.5678L)<<endl;
19     // 打印出3.5678L所占用存储空间的大小
20     cout<<"-------------------------------------------------------"<<endl;
21     cout << "Num1的值: " << Num1 << endl
22        << "所占用存储空间的大小: " << sizeof(Num1)
23        << " 字节" <<endl <<endl;
24        // 输出float变量的内容及所占用存储空间的大小
25     cout << "Num2 的值: " << Num2 << endl
```

```
26          << "所占用存储空间的大小: " << sizeof(Num2)
27          << " 字节" <<endl <<endl;
28          // 输出double变量内容及所占用存储空间的大小
29      cout<< "Num3 的值: " << Num3 << endl
30          << "所占用存储空间的大小: " << sizeof(Num3)
31          << " 字节" << endl <<endl;
32          // 输出long double变量内容及所占用存储空间的大小
33
34      return 0;
35  }
```

执行结果如图2-4所示。

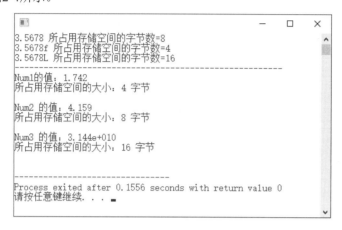

图 2-4

【程序解析】

第07~12行：分别声明单精度、双精度、长双精度浮点数并赋初值。

第14~18行：输出三种浮点常数所占存储空间的大小（字节数）。

第21~31行：输出不同浮点数的内容及其所占存储空间的大小（字节数）。

2.3.3 字符

字符类型（char）包含字母、数字、标点符号及控制符号等，每一个字符占用一字节（8位）的存储空间，字符在内存中仍然是以整数数值的方式来存储的，其实存储的是ASCII编码，例如字符A的ASCII编码值为65，字符0的ASCII编码值为48。

ASCII编码系统是目前最普遍的一种计算机字符编码系统，采用一字节共8位（bit）表示不同的字符，不过它的最左边为校验位（奇偶校验），因而一字节中的8位用于编码的实际上只有7位。也就是说ASCII编码最多可以表示2^7＝128个不同的字符。ASCII编码方式如图2-5所示。

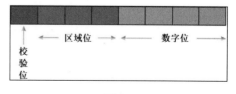

图 2-5

在C++中声明字符类型时，必须以一对单引号"'"将字符引起来。字符类型因为是以整数方式存储的，所以它的取值范围是−128~127，与整数类型一样，字符类型也可以使用signed与unsigned修饰词，它们的取值范围如表2-5所示。

表 2-5　三种字符数据类型所占用的存储空间的大小和取值范围

数据类型	所占存储空间的大小（位数，比特）	最小值	最大值
char	8	−128	127
signed char	8	−128	127
unsigned char	8	0	255

在C++中，字符串常数则是使用一对双引号""""""将字符串引起来，即以双引号作为字符串的起止符，如"student"。由于字符串不属于基本数据类型，因此先不展开说明，后续章节会再详加介绍。字符类型变量的声明方式如下：

```
char 变量名称=ASCII编码;
```

或者

```
char 变量名称='字符';
```

例如：

```
char  ch=65;
```

或者

```
char  ch='A';
```

当然，我们也可以使用"\x"作为前导符的十六进制ASCII编码或"\"作为前导符的八进制ASCII编码来表示字符（用于给字符变量赋值），例如：

```
char  ch='\x41';      // 十六进制ASCII编码表示字符A
char  ch=0x41;        // 十六进制数值表示字符A
char my_ch='\101';    // 八进制ASCII编码表示字符A
char my_ch=0101;      // 八进制数值表示字符A
```

2.3.4　转义字符

转义字符（Escape Character）是一种用来执行某些特殊控制功能的字符方式，格式是以反斜杠字符"\"作为前导符，表示反斜杠之后的字符将转义为原来字符的意义或代表另一个新功能。之前的范例程序中所使用的'\n'就表示将进行换行。表2-6列举了C++语言中的常用转义字符。

表 2-6　C++语言中的常用转义字符

转义字符	说　　明	十进制 ASCII 编码	八进制 ASCII 编码	十六进制 ASCII 编码
\0	字符串终止符	0	0	0x00
\a	警告字符，使计算机发出"哔"的一声	7	007	0x7
\b	退格符（Backspace），回退一格	8	010	0x8
\t	水平制表符	9	011	0x9
\n	换行符	10	012	0xA
\v	垂直制表符	11	013	0xB
\f	换页符	12	014	0xC
\r	回车符	13	015	0xD
\"	显示双引号	34	042	0x22

（续表）

转义字符	说　　明	十进制 ASCII 编码	八进制 ASCII 编码	十六进制 ASCII 编码
\'	显示单引号	39	047	0x27
\\	显示反斜杠	92	0134	0x5C

此外，前面也提过可以使用"\0oo"模式来表示八进制的ASCII编码，其中每个o表示一个八进制数字。"\xhh"模式可表示十六进制的ASCII编码，其中每个h表示一个十六进制数字。

【范例程序：CH02_04.cpp】

本范例程序将演示一个小技巧，将转义字符"\""的八进制ASCII编码赋值给ch字符变量，再将ch所表示的双引号打印出来，最后在屏幕上会显示带有双引号的""图格新知""字样，并使用"\a"发出"哗"的一声。

```cpp
01   #include <iostream>
02
03   using namespace std;
04
05   int main()
06   {
07       char ch=042;      // 双引号的八进制ASCII编码
08       // 打印出字符和它的ASCII编码
09
10       cout<<"打印出八进制042所代表的字符 = "<<ch<<endl;
11       cout<<"双引号的应用-> "<<ch<<"图格新知"<<ch<<endl;  // 双引号的应用
12       cout<<'\a';       // 发出"哗"的一声
13
14       return 0;
15   }
```

执行结果如图2-6所示。

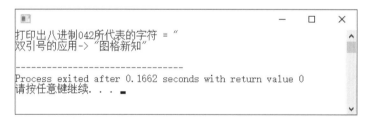

图 2-6

【程序解析】

第07行：声明一个字符变量，并以八进制ASCII编码方式把双引号赋值给这个字符变量。

第10行：打印出字符变量所代表的双引号。

第11行：双引号的应用。

第12行：发出"哗"的一声。

2.3.5　布尔数据类型

布尔数据类型（bool）是一种表示逻辑的数据类型，它只有两种值：true（真）与false（假），这两个值若被转换为整数，则分别为1与0，每一个布尔变量占用一字节的存储空间。C++的布尔变量声明方式如下：

方式1：

```
bool 变量名1, 变量名2, … , 变量名N;   // 声明布尔变量
```

方式2：

```
bool 变量名 = 数据值;              // 声明并给布尔变量赋初值
```

方式2中的数据值可以是0、1，或true、false其中之一，也可以是其他数值，但是布尔变量的最终值只会是true或false。C++将0视为假值，将非0值视为真值。可以把C++的true和false认为是预先定义好的布尔常数值，分别代表1与0。以下举几个例子来说明：

```
bool Num1 = 1;       // 声明布尔变量，并赋初值为1，即赋值为true
bool Num2 = 0;       // 声明布尔变量，并赋初值为0，即赋值为false
bool Num3 = true;    // 声明布尔变量，并赋初值为true
bool Num4 = false;   // 声明布尔变量，并赋初值为false
bool Num5 = 128;     // 128为非零值，相当于赋值为true
bool Num6 = -43;     // -43为非零值，相当于赋值为false
```

【范例程序：CH02_05.cpp】

本范例程序将演示各种布尔变量的声明方式以及输出布尔运算的结果。把布尔变量赋值为true或false之后，C++会自动把它们转换为整数1或0。

```
01   #include <iostream>
02
03   using namespace std;
04
05   int main()
06   {
07
08       bool Num1= true;           // 声明布尔变量，并赋初值为true
09       bool Num2= 0;              // 声明布尔变量，并赋初值为0
10       bool Num3= -43;            // -43为非零值，相当于赋值为true
11       bool Num4= Num1>Num2;      // 将条件表达式的结果赋值给num4，该例中相当于赋值为true
12
13       cout<<"Num1="<<Num1<<" Num2="<<Num2<<endl;
14       cout<<"Num3="<<Num3<<" Num4="<<Num4<<endl;
15
16       return 0;
17   }
```

执行结果如图2-7所示。

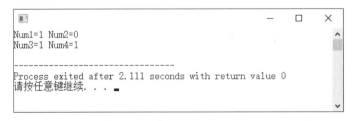

```
Num1=1 Num2=0
Num3=1 Num4=1

------------------------------
Process exited after 2.111 seconds with return value 0
请按任意键继续. . .
```

图 2-7

【程序解析】

第08行：声明布尔变量，并赋初值为true。

第09行：声明布尔变量，并赋初值为0。

第10行：−43为非零值，结果为true。

第11行：将条件表达式的结果赋值给num4，该例中相当于赋值为true。

2.4　上机编程实践

（1）请设计一个C++程序，使用两种常数声明方式来声明圆的半径和圆周率 π 值，然后打印出圆的面积。

解答▶ 可参考范例程序ex02_01.cpp。

（2）请设计一个C++程序，分别以字符、十进制、八进制与十六进制的数值与ASCII编码方式赋值给字符变量ch，验证是否得到相同的结果。

解答▶ 可参考范例程序ex02_02.cpp。

（3）请设计一个C++程序，输出执行以下表达式之后a与b的结果。

```
a=b=c=100;
a=a+5;
b=a+b+c;
```

解答▶ 可参考范例程序ex02_03.cpp。

（4）请设计一个C++程序，输出两数比较与逻辑运算符的组合运算结果，请特别留意运算符的运算规则和优先次序。

解答▶ 可参考范例程序ex02_04.cpp。

（5）请设计一个C++程序，当a=b=5时，当经过以下表达式运算之后，输出a与b的值。

```
a+=5;
b*=6;
cout<<"a="<<a<<" b="<<b<<endl;
a+=a+=b+=b%=4;
cout<<"a="<<a<<" b="<<b<<endl;
```

解答▶ 可参考范例程序ex02_05.cpp。

（6）在C++中可以调用sizeof()函数来查看各种数据类型或变量所占存储空间的大小，请设计一个程序，查看以下变量salary与sum所占存储空间的大小。

```
int salary=100;      // 声明为整数类型
float sum=100.99;    // 声明为浮点数类型
```

解答▶ 可参考范例程序ex02_06.cpp。

（7）所谓溢出，就是该类型的数据超出了取值范围。本章介绍过短整数类型的数值取值范围是−32768~+32767，如果我们给短整数所赋的值超过这个范围，那么系统会如何处理呢？请设计一个C++程序，分别给3个短整型变量赋值32767、32768、32769，然后观察它们的输出结果。

解答▶ 可参考范例程序ex02_07.cpp。

（8）由于每一个字符数据都可以转换为一个整数值，因此字符间可以进行加法运算。请设计一个C++程序，演示字符的加法运算，当字符运算后的数值超过字符类型可表示的最大值255时，看看会输出什么样的结果，并说明原因。

解答▶ 可参考范例程序ex02_08.cpp。

 本章习题

问答与实践题（参考答案见附录A）

（1）在C++中，什么是变量，什么是常数？

（2）有一个用于输入个人信息的程序，但是无法顺利通过编译，编译器指出下面这条程序语句出了问题，请指出问题所在。

```
cout<<"请输入生日"ex. 64/05/26": ";
```

（3）请将整数值45以C++中的八进制数与十六进制数来表示。

（4）输出"Hello! World!"字符串，通常是学习程序设计的第一个范例，然而有个初学者运行这个程序出现了问题，请问问题出在哪里？

```
01    #include <iostream>
02    using namespace std;
03    int main()
04    {
05        cout<<"Hello! World!"
06        return 0;
07    }
```

（5）请说明以下的Result值是多少，是否符合运算上的精确值？如果不符合，该如何修改？

```
int i=100, j=3;
float Result;
Result=i/j;
```

（6）请问以下程序代码中，s+1的打印结果是什么？

```
short int  s=32767;

cout<<"s+1="<<s+1<<endl;
```

（7）什么是ASCII编码？试说明。

（8）在声明字符类型时必须以一对单引号"'"将字符引起来，请问C++中字符变量的声明有哪两种？

（9）C++中的浮点数有哪3种，它们所占用的存储空间的大小是多少，它们的取值范围是多少？

（10）在C++中如何处理整型数值溢出的情况？试说明。

（11）请问好的程序设计习惯为什么要考虑变量或常数所占存储空间的大小？

（12）声明unsigned类型的变量有什么特点？

（13）在C++中除了可以直接以十进制数来给整型变量赋值外，还能以八进制或十六进制数来给变量赋值，请简单说明规则。

第 3 章

表达式与运算符

3

在程序中，经常将变量或常数等操作数（Operand）结合系统预先定义好的运算符（Operator）来进行各种算术运算（如+、−、*、/等）、逻辑判断（如AND、OR、NOT等）与关系运算（如>、<、=等），并求出最后的结果。程序中这些操作数和运算符的组合被称为表达式。其中=、+、*、/等被称为运算符，而变量A、x、y、c及常数10、3等被称为操作数。例如以下为C++的表达式：

```
x=100*2*y-a+0.7*3*c;
```

3.1 表达式的表示法

在程序设计语言中，根据运算符在表达式中的位置可以把表达式分为以下三种：

（1）中序法：运算符在两个操作数中间，例如A+B、(A+B)*(C+D)等。

（2）前序法：运算符在操作数的前面，例如+AB、*+AB+CD等。

（3）后序法：运算符在操作数的后面，例如AB+、AB+CD+*等。

C++的表达式使用的是中序法，其中包括运算符的优先级与结合性的问题，我们将在后续章节逐一说明。

表达式分类

C++的表达式按照运算符处理操作数的个数不同，可分为一元运算表达式、二元运算表达式和三元运算表达式三种。接下来我们简单介绍这些表达式的特性与范例。

- 一元运算表达式：由一元运算符所组成的表达式，在运算符左侧或右侧仅有一个操作数。例如−100（负数）、tmp--（递减）、sum++（递增）等。

- 二元运算表达式：由二元运算符所组成的表达式，在运算符两侧都有操作数。例如A+B（加）、A=10（赋值）、x+=y（结合加法的复合赋值）等。

- 三元运算表达式：由三元运算符所组成的表达式。由于此类型的运算符仅有"?:"（条件）运算符，因此三元运算表达式又被称为条件表达式。例如a>b ? 'Y':'N'。

3.2 认识运算符

在C++中，操作数包括常数、变量、函数调用或其他表达式。运算符的种类相当多，有赋值运算符、算术运算符、比较运算符、逻辑运算符、递增递减运算符以及位运算符等。读者可别小看这些运算符，它们对程序的执行有着举足轻重的影响。

在尚未正式介绍运算符之前，先来谈谈运算符的优先级。一个表达式中往往包含许多运算符，如何来安排彼此间执行的先后顺序，就需要根据优先级来建立运算规则。

记得小时候我们在上数学课时，最先背诵的口诀就是"先乘除，后加减"，这就是优先级的基本概念。事实上，当我们遇到有一个以上运算符的C++表达式时，首先需要区分运算符与操作数。

3.2.1 运算符的优先级

接下来就按照运算符的优先级执行表达式的运算，当然也可使用"()"括号来改变优先级。最后按照从左到右的顺序运用运算符的结合性，也就是遇到相同优先级的运算符从最左边的操作数开始进行运算。表3-1是C++中各种运算符的优先级列表。

表 3-1   C++中各种运算符的优先级

运算符的优先级	说　　明
()	括号，从左到右
[]	方括号，从左到右
!	逻辑运算"非"（NOT）
−	负号
++	递增运算
−−	递减运算，从右到左
~	位逻辑运算符，从右到左
++、−−	递增与递减运算符，从右到左
*	乘法运算
/	除法运算
%	求余数运算，从左到右
+	加法运算
−	减法运算，从左到右
<<	位左移运算
>>	位右移运算，从左到右
>	比较运算：大于
>=	比较运算：大于或等于
<	比较运算：小于
<=	比较运算：小于或等于
==	比较运算：等于
!=	比较运算：不等于，从左到右
&	位运算"与"（AND），从左到右
^	位运算"异或"（XOR）
|	位运算"或"（OR），从左到右

（续表）

运算符的优先级	说　　明
&&	逻辑运算"与"（AND）
‖	逻辑运算"或"（OR），从左到右
?:	条件运算符，从右到左
=	赋值运算，从右到左

3.2.2　赋值运算符

记得笔者在初学计算机时，最不能理解的就是等号"="在程序设计语言中的含义。例如我们常看到下面这样的语句：

```
sum=5;
sum=sum+1;
```

以往我们都认为那是传统数学上相等或等于的概念，sum=5还说得通，但是sum=sum+1这条语句就让人一头雾水了！其实"="在计算机程序设计语言中主要用于赋值，我们可以想象成当声明变量时会先申请内存，变量相当于指定了内存的地址，等到使用赋值运算符"="赋值时，才把指定的数值存储在该内存地址中。sum=sum+1的实际含义是将sum变量中的数值加1后，再重新赋值给sum变量。

据此，"="被称为赋值运算符，至少由两个操作数组成，主要作用是将等号右方的值赋给等号左方的变量。以下是赋值运算符的语法：

变量名 = 数值 或 表达式;

在赋值运算符"="右侧可以是常数、变量、函数或表达式，最终都是将值赋给它左侧的变量；而赋值运算符左侧也仅能是变量，不能是数值、函数或表达式等。例如：

```
a=5;
b=a+3;
c=a*0.5+7*3;
x-y=z;    // 这是不合法的，因为赋值运算符左侧只能是变量
```

此外，C++的赋值运算符除了一次赋值一个数值给变量外，还能够把同一个数值同时赋给多个变量。例如：

```
int a,b,c;
a=b=c=100;    // 把同一个值同时赋给多个变量
```

此时表达式的执行过程会从右到左，也就是变量a、b及c的值都是10。

3.2.3　算术运算符

算术运算符是最常用的运算符，主要包含数学运算中的四则运算，以及递增、递减、正数、负数等。算术运算符及其说明如表3-2所示。

表 3-2　算法运算符及其说明

算术运算符	功能说明	用　　法	执行结果（A=25，B=7）
+	加	A＋B	25+7=32
－	减	A－B	25−7=18

（续表）

算术运算符	功能说明	用　　法	执行结果（A=25，B=7）
*	乘	A * B	25*7=175
/	除	A / B	25/7=3
%	求余数	A % B	25%7=4
+	正号	+A	+25
−	负号	−B	−7

"＋ −*/"运算符与数学中的运算方法相同，优先级为"先乘除，后加减"。正负号运算符主要表示操作数的正值和负值，通常常数为正数时可以省略"＋"号，例如"a=5"与"a=+5"的含义是相同的。负号除了标明负数外，也可以使得原来为负数的数值变成正数，例如其值为负数的变量前的负号。

求余数运算符"%"则是计算两数相除后的余数，而且这两个操作数必须为整数、短整数或长整数类型。例如：

```
int a=10, b=7;
cout << a%b;  // 执行结果为3
```

> 提示　求余数运算符 "%"用来计算两个整数相除后的余数，如果要求两个浮点数的余数呢？这时就要调用C++函数库中的fmod(a,b)函数，其中a、b为浮点数。但别忘了还要将cmath头文件包含进来。

【范例程序：CH03_01.cpp】

本范例程序会打印出A、B两个操作数及其运用各种算术运算符进行计算的结果。

```
01   #include <iostream>
02
03   using namespace std;
04
05   int main()
06   {
07     int A=21,B=6;
08     // 算术运算符的各种运算与结果
09       cout<<"A=21,B=6"<<" A+B="<<A+B<<endl;
10       cout<<"A=21,B=6"<<" A-B="<<A-B<<endl;
11       cout<<"A=21,B=6"<<" A*B="<<A*B<<endl;
12       cout<<"A=21,B=6"<<" A/B="<<A/B<<endl;
13       cout<<"A=21,B=6"<<" A%B="<<A%B<<endl;//余数运算符的使用
14
15       return 0;
16   }
```

执行结果如图3-1所示。

【程序解析】

第07行：声明两个变量作为操作数。

第13行：求余数运算符的使用。

图 3-1

3.2.4 关系运算符

关系运算符的作用是比较两个数值之间的大小关系，通常用于流程控制语句。当使用关系运算符时，它的结果只有布尔类型的真（true或1）与假（false或0）两种值。表3-3为关系运算符及其说明。

表 3-3 关系运算符及其说明

关系运算符	功能说明	用 法	执行结果（A=5，B=2）
>	大于	A>B	5>2，结果为true
<	小于	A<B	5<2，结果为false
>=	大于或等于	A>=B	5>=2，结果为true
<=	小于或等于	A<=B	5<=2，结果为false
==	等于	A==B	5==2，结果为false
!=	不等于	A!=B	5!=2，结果为true

提示 在C++中表示相等关系使用"=="运算符，"="是赋值运算符，这种差异很容易造成程序代码编写时的疏忽，请读者多加注意，在日后程序查错和调试时，这可是热门的小bug！

【范例程序：CH03_02.cpp】

本范例程序打印出两个操作数及其运用各种关系运算符进行计算的结果，以0表示结果为假（false），1表示结果为真（true）。

```
01   #include<iostream>
02
03   using namespace std;
04
05   int main()
06   {
07       int a=11,b=15;           // 声明两个操作数
08       //关系运算符的运算关系
09       cout<<"a=11 , b=15\n"<<endl;
10       cout<<"---------------------------------------------"<<endl;
11       cout<<"比较结果为真，则为1；比较结果为假，则为0。\n"<<endl;
12       cout<<"a>b，比较结果为 "<<(a>b)<<endl;
13       cout<<"a<b，比较结果为 "<<(a<b)<<endl;
14       cout<<"a==b，比较结果为 "<<(a==b)<<endl;
15       cout<<"a!=b，比较结果为 "<<(a!=b)<<endl;
16       cout<<"a>=b，比较结果为 "<<(a>=b)<<endl;
17       cout<<"a<=b，比较结果为 "<<(a<=b)<<endl;
18
19       return 0;
20   }
```

执行结果如图3-2所示。

【程序解析】

第07行：声明两个操作数。

第12~17行：将a与b值的各种比较结果的布尔值输出。

图 3-2

3.2.5 逻辑运算符

逻辑运算符运用在逻辑判断表达式中，用于控制程序的流程，通常用于两个表达式之间的关系判断，因此经常与关系运算符配合使用，结果仅有真（true）与假（false）两种布尔值，在输出时同样对应数值1与0。C++中的逻辑运算符共有三种，如表3-4所示。

表 3-4   逻辑运算符及其说明

逻辑运算符	功能说明	用 法
&&	逻辑"与"（AND）	a>b && a<c
||	逻辑"或"（OR）	a>b || a<c
!	逻辑"非"（NOT）	!(a>b)

1. && 运算符

当&&运算符两边的表达式都为真（true或1）时，它的执行结果才为真，任何一边为假（false或0）时，它的执行结果都为假。&&运算符的真值表如表3-5所示。

表 3-5   && 运算符的真值表

A	B	A && B
1	1	1
1	0	0
0	1	0
0	0	0

2. \|\| 运算符

||运算符两边的表达式只要其中一边为真（true或1），它的执行结果就为真。||运算符的真值表如表3-6所示。

表 3-6 ||运算符的真值表

A	B	A || B
1	1	1
1	0	1
0	1	1
0	0	0

3. !运算符

!运算符是一元运算符，它会将表达式的结果求反，也就是返回与操作数相反的值。!运算符的真值表如表3-7所示。

表 3-7　!运算符的真值表

A	!A
1	0
0	1

下面直接通过例子来看逻辑运算符的使用方式：

```
01   int result;
02   int a=5,b=10,c=6;
03   result = a>b && b>c;      // a>b的返回值与条件表达式b>c的返回值进行逻辑"与"运算
04   result = a<b || c!=a;     // a<b的返回值与c!=a的返回值进行逻辑"或"运算
05   result = !result;         // 将result的值进行逻辑"非"运算
```

上述例子中，第03、04行语句分别以运算符&&和||组合两个条件判断表达式，并将运算后的结果存储到整数变量result中，由于&&与||运算符的优先级比关系运算符>、<、!=等的优先级低，因此运算时会先计算条件判断表达式的值，之后再进行AND或OR的逻辑运算。

第05行语句则是以!运算符进行NOT逻辑运算，取得变量result的反值（true的反值为false，false的反值为true），并将结果值重新赋给变量result，这条语句执行后的结果会使得变量result的值与原来的值相反。

3.2.6　位运算符

C++的位运算符能够针对整数和字符数据的位（二进制位，即bit）进行逻辑运算与位移运算，通常分为位逻辑运算符与位位移运算符两种，请看以下的说明。

1. 位逻辑运算符

位逻辑运算符和3.2.5节所提到的逻辑运算符并不相同，逻辑运算符是对整个表达式的结果数值进行判断，而位逻辑运算符则是特别针对整数本身的各个位值进行计算。C++语言提供了4种位逻辑运算符，它们分别是&（位逻辑"与"）、|（位逻辑"或"）、^（位逻辑"异或"）与~（位逻辑"非"）。

1）&（位逻辑"与"）

执行&运算时，对应的两个位都为1时，运算结果才为1，否则为0。例如a=12，则a&38得到的结果为4，因为12的二进制值为0000 1100，38的二进制值为0010 0110，两者按位执行&运算后，结果为二进制数的0000 0100，即十进制数的4。具体演算过程如图3-3所示。

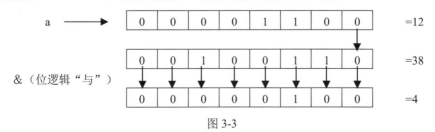

图 3-3

2）|（位逻辑"或"）

执行|运算时，对应的两个位只要任意一个位为1，运算结果就为1，也就是只有两个位都为0，结果才为0。例如a=12，则a|38得到的结果为46，如图3-4所示。

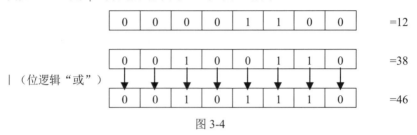

图 3-4

3）^（位逻辑"异或"）

执行^运算时，对应的两个位只要任意一个位为1，运算结果就为1，但是如果同时为1或0，结果就为0。例如a=12，则a^38得到的结果为42，如图3-5所示。

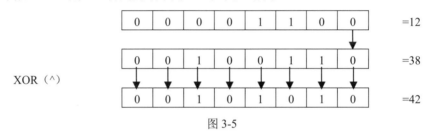

图 3-5

4）~（位逻辑"非"）

~运算符的作用是按位求反，也就是0与1互换。例如a=12，它的二进制数为0000 1100，由于所有位都会进行0与1的互换（求反），因此运算后的结果为-13，对应的二进制数为1111 0011（补码形式，计算机中负数是以补码存储的，补码是负数的原码取反加1，就是负数的原码先求反，得到反码，反码再加1得到负数的补码），如图3-6所示。

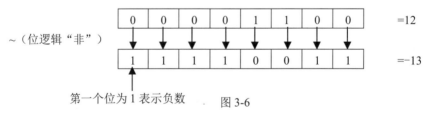

图 3-6

2. 位位移运算符

位位移运算符用于将整数的位向左或向右移动指定的位数，C++提供了两种位逻辑运算符，分别是<<（左移运算符）与>>（右移运算符）。

1）<<（左移运算符）

<<（左移运算符）可将操作数的各个二进制位向左移动n位，左移后超出存储范围的部分即舍去，右边空出的位补0。左移运算符的语法如下：

```
a<<n
```

例如表达式12<<2，整数12的二进制值为0000 1100，向左移动2位后成为0011 0000，也就是十进制数的48，如图3-7所示。

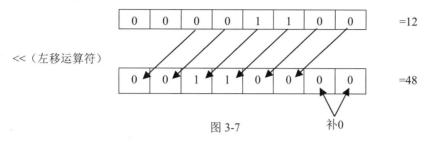

图 3-7

2）>>（右移运算符）

>>（右移运算符）与<<（左移运算符）相反，可将操作数的各个二进制位向右移n位，右移后超出存储范围的部分即舍去。在此要注意，这时右边空出的位，如果数值是正数，则补0，如果数值是负数，则补1。右移运算符的语法如下：

```
a>>n
```

例如表达式12>>2。整数12的二进制值为0000 1100，向右移动2位后成为0000 0011，也就是十进制数的3，如图3-8所示。

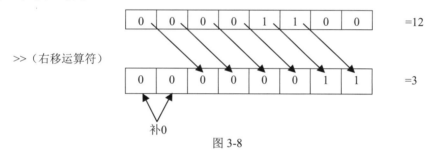

图 3-8

接下来讨论负数与<<（左移运算符）与>>（右移运算符）的关系，如果是-12<<2与-12>>2，那么结果是什么呢？首先求出-12的二进制值，方法如下：

（1）12的二进制值如下：

| 0 | 0 | 0 | 0 | 1 | 1 | 0 | 0 | =12 |

（2）求反码，这时将1改为0，0改为1：

| 1 | 1 | 1 | 1 | 0 | 0 | 1 | 1 |

（3）求补码。在计算机中数值都是以补码方式存储的，正数的补码就是原码，即原码、反码及补码是"三位一体"的，就是完全一样的。而负数的补码是反码加1，负数的原码、反码和补码是不同的。在上一步已经求得-12的反码，那么只要反码加1即可得到补码：

| 1 | 1 | 1 | 1 | 0 | 1 | 0 | 0 | =-12 |

接下来，进行-12<<2的运算，这时左移2位，超出存储范围的部分即舍去，右边空出的位补0，得到如下的二进制数：

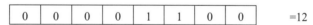

这时将此数减1，可得到补码：

减1 | 1 | 1 | 0 | 0 | 1 | 1 | 1 | 1 |

然后求反，也就是将1改为0，0改为1，我们知道是负数，所以所得的结果是-48：

| 0 | 0 | 1 | 1 | 0 | 0 | 0 | 0 | =-48

如果是-12>>2的运算，-12的二进制值（补码形式）如下：

| 1 | 1 | 1 | 1 | 0 | 1 | 0 | 0 | =-12

右移2位，右移后超出存储范围的部分即舍去，而右边空出的位，如果数值是正数，则补0，如果数值是负数，则补1，本例为负数，因此右边补1：

| 1 | 1 | 1 | 1 | 1 | 1 | 0 | 1 |

这时将此数减1，得到补码：

减1 | 1 | 1 | 1 | 1 | 1 | 1 | 0 | 0 |

然后求反，也就是将1改为0，0改为1，我们知道是负数，所以所得的结果为-3：

| 0 | 0 | 0 | 0 | 0 | 0 | 1 | 1 | =-3

【范例程序：CH03_03.cpp】

本范例程序使用两个整数13与57来进行6种位运算符的相关运算。读者不妨尝试先在纸上进行手算，而后运行程序来验证结果，看看是否真正掌握了位运算符的各种运算。

```cpp
01  #include<iostream>
02
03  using namespace std;
04
05  int main()
06  {
07      int a=13,b=57;
08
09      //标示a与b的二进制表示法
10      cout<<"a=13, 它的二进制值为00001101"<<endl;
11      cout<<"b=57, 它的二进制值为00111001"<<endl;
12      cout<<"----------------------------------"<<endl;
13      cout<<"位运算符的运算范例"<<endl;
14      cout<<"----------------------------------"<<endl;
15      //位运算符的运算关系
16      cout<<"13 & 57 ="<<(a&b)<<endl;          //&位运算符
17      cout<<"13 | 57 ="<<(a|b)<<endl;          //|位运算符
18      cout<<"13 ^ 57 ="<<(a^b)<<endl;          //^位运算符
19      cout<<"~57 ="<<(~b)<<endl;               //~位运算符
20      cout<<"13>>2 ="<<(a>>2)<<endl;           //>>位运算符
21      cout<<"13<<2 ="<<(a<<2)<<endl;           //<<位运算符
22
23      return 0;
24  }
```

执行结果如图3-9所示。

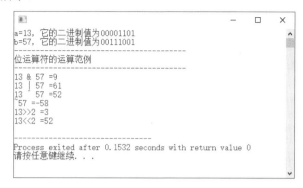

图 3-9

【程序解析】

第10、11行：打印出整数变量a和b中存储的整数对应的二进制值。

第16~21行：把位运算符各种示范运算的结果打印出来。请注意，参与位运算的操作数只能是整数。

3.2.7　递增与递减运算符

本小节要介绍的运算符相当有趣，就是C++中特有的++（递增运算符）和--（递减运算符）。它们是针对变量操作数加减1的简化写法，属于一元运算符，可增加程序代码的简洁性。按照运算符在操作数前后位置的不同，虽然都是对操作数执行加减1的运算，还是要分为前置型和后置型两种。

1. 前置型

++或--运算符放在变量的前方，是将变量的值先进行+1或-1的运算，再输出变量的值。例如：

```
++变量名;
--变量名;
```

2. 后置型

++或--运算符放在变量的后方，是先将变量的值输出，再执行+1或-1的操作。例如：

```
变量名++;
变量名--;
```

在此要特别说明前置型与后置型的不同，请读者仔细分辨，例如以下是采用前置型的程序段：

```
int a,b;

a=5;
b=++a;
cout<<"a="<<a<<" b="<<b;
```

由于采用了前置型递增运算符，必须先执行a=a+1的操作（结果a的值为6），再执行b=a的赋值操作，因此最终会打印出"a=6　b=6"。

那么下面的后置型程序段的结果有何不同呢？

```
int a,b;

a=5;
b=a++;
cout<<"a="<<a<<" b="<<b;
```

由于采用了后置型递增运算符，必须先输出b=a（把变量a的值5赋给变量b），再执行a=a+1的操作，因此会打印出"a=6　b=5"。递减运算符的情况类似，只不过是执行减1的操作，读者可自行研究。

【范例程序：CH03_04.cpp】

以下范例程序将示范前置型递增运算符、前置型递减运算符、后置型递增运算符、后置型递减运算符在运算前后的执行过程，读者比较执行结果后，自然就能够融会贯通，知道两者的差别所在。

```
01    #include<iostream>
02
03    using namespace std;
04
05    int main()
06    {
07      int a,b;
08
09       a=5;
10        cout<<"a="<<a;
11      b=++a;
12      cout<<" 前置型递增运算符: b=++a 后 a="<<a<<",b="<<b<<endl;
13      // 前置型递增运算符
14      cout<<"-------------------------------------------"<<endl;
15       a=5;
16        cout<<"a="<<a;
17      b=a++;
18      cout<<" 后置型递增运算符: b=a++ 后 a="<<a<<",b="<<b<<endl;
19       // 后置型递增运算符
20        cout<<"-------------------------------------------"<<endl;
21       a=5;
22        cout<<"a="<<a;
23      b=--a;
24      cout<<" 前置型递减运算符: b=--a 后 a="<<a<<",b="<<b<<endl;
25      // 前置型递减运算符
26        cout<<"-------------------------------------------"<<endl;
27       a=5;
28        cout<<"a="<<a;
29      b=a--;
30      cout<<" 后置型递减运算符: b=a-- 后 a="<<a<<",b="<<b<<endl;
31      // 后置型递减运算符
32        cout<<"-------------------------------------------"<<endl;
33
34
35      return 0;
36    }
```

执行结果如图3-10所示。

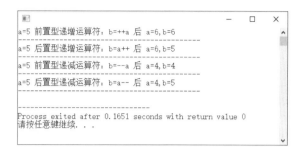

图 3-10

【程序解析】

第11行：前置型递增运算符。

第17行：后置型递增运算符。

第23行：前置型递减运算符。

第29行：后置型递减运算符。

3.2.8 复合赋值运算符

在C++中还有一种复合赋值运算符，是由赋值运算符与其他运算符结合而成的，并不属于基本运算符。先决条件是"="号右边的源操作数必须有一个和"="左边接收赋值结果的操作数相同（注意这个源操作数只能是变量），如果一个表达式含有多个复合赋值运算符，则运算过程必须从右边开始，逐步执行到左边。

以"A += B;"语句为例来说明，它就是语句"A=A+B;"的简洁写法，表示先执行A+B的计算，再将计算结果赋值给变量A。复合赋值运算符及其说明如表3-8所示。

表 3-8 复合赋值运算符及其说明

复合赋值运算符	功能说明	用 法
+=	加法赋值运算	A += B
−=	减法赋值运算	A −= B
*=	乘法赋值运算	A *= B
/=	除法赋值运算	A /= B
%=	余数赋值运算	A %= B
&=	逻辑位"与"赋值运算	A &= B
|	逻辑位"或"赋值运算	A |= B
^=	逻辑位"非"赋值运算	A ^= B
<<=	位左移赋值运算	A <<= B
>>=	位右移赋值运算	A >>= B

3.3 数据类型转换

在C++的数据类型中，如果不同数据类型参与运算时会造成数据类型不一致，这时候C++所提供的数据类型转换（Data Type Conversion）功能就派上用场了。数据类型转换功能可以分为自动类型转换与强制类型转换两种。

3.3.1 自动类型转换

自动类型转换是由编译器来判断应转换成哪种数据类型，因此也被称为隐式转换。在C++编译器中，表达式中的类型转换会将类型数值范围大的作为优先转换的对象，就是采用扩大转换原则——占用存储空间少的数据类型转换为占用存储空间多的数据类型。

以下是数据类型的转换顺序：

```
double > float > unsigned long > long > unsigned int > int
```

在此以下面的示例进行说明（见图3-11）：

```
double=int / float + int * long
```

再如以下的程序片段：

```
int i=3;
float f=5.2;
double d;

d=i+f;
```

具体的类型转换方式如图3-12所示。

赋值运算符左右的数据类型不相同时，以赋值运算符左边的数据类型为主。以上述示例来说，赋值运算符左边的数据类型大于右边的数据类型，所以转换上不会有问题；相反，如果赋值运算符左边的数据类型小于右边的数据类型，则会发生部分的数据被舍去的情况，例如将float类型的数据赋值给int类型的数据，可能会损失小数点后的精度。

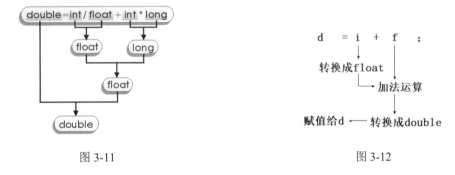

图 3-11   图 3-12

如果表达式使用char数据类型，在计算表达式的值时，编译器会自动把char数据类型转换为int数据类型，不过并不会影响变量的数据类型和长度。至于布尔类型与字符及整数类型，由于并不兼容，因此不可以进行类型转换。

【范例程序：CH03_05.cpp】

本范例程序利用浮点数与整数的加法过程来示范自动类型转换的结果。

```
01   #include<iostream>
02
03   using namespace std;
04
05   int main()
06   {
07       int i=26;
```

```
08      float f=1115.2;
09      double d;
10
11      // 打印出各数据类型变量的初始值
12      cout<<"i="<<i<<"  f="<<f<<endl;
13      d=i+f; //数据类型转换与浮点数与整数的加法
14      cout<<"------------------------------"<<endl;
15      cout<<"d="<<d<<endl;
16      cout<<"------------------------------"<<endl;
17
18      return 0;
19  }
```

执行结果如图3-13所示。

图 3-13

【程序解析】

第07~09行：声明各种数据类型的变量并赋初值。

第13行：将整数i与单精度浮点数f相加后，把结果赋值给双精度浮点类型的变量d。

第15行：打印自动类型转换后的运算结果。

3.3.2　强制类型转换

除了由编译器自行转换的自动类型转换之外，C++也允许用户强制转换数据类型，即显式类型转换。例如想得到两个整数相除的更精确的结果时，可以用强制类型转换，把参与运算的整数转换成浮点数。

如果要在表达式中强制转换数据类型，对应的语法如下：

(强制转换类型名称)　表达式或变量；

例如以下程序片段：

```
int a,b,avg;
avg=(float)(a+b)/2; // 将a+b的值转换为浮点数类型
```

请注意，括住转换类型名称的小括号是绝对不可以省略的，当浮点数转换为整数时不会采用"四舍五入"的原则，而是直接舍弃小数部分。另外，在赋值运算符左边的变量也不能强制进行类型转换，例如：

```
(float)avg=(a+b)/2;   // 这是不合法的语句
```

【范例程序：CH03_06.cpp】

本范例程序输出了强制类型转换前后的平均成绩，除了求取整数相除的结果外，还要求取转换为浮点数后相除的新结果。

```
01    #include<iostream>
02
03    using namespace std;
04
05    int main()
06    {
07        int score1=78,score2=69,score3=92;
08        int sum=0;
09
10        sum=score1+score2+score3;
11        cout<<"总分为:"<<sum<<endl;
12        cout<<"原来的平均成绩为:"<<sum/3<<endl;//不转换数据类型
13        //强制转换数据类型
14        cout<<"强制转换数据类型后的平均成绩为:"<<(float)sum/3<<endl;
15
16        return 0;
17    }
```

执行结果如图3-14所示。

图 3-14

【程序解析】

第07行：声明变量并赋初值。

第12行：不进行数据类型的转换，以整数类型计算平均值并打印出来。

第14行：通过(float)sum/3强制转换数据类型为浮点数，再求出新的平均成绩并输出。

3.3.3 强制类型转换运算符简介

以上两种类型转换的方式在C/C++中都适用，而使用C++的强制类型转换运算符指定数据的类型转换则是C++独有的强制类型转换方式。当程序以强制类型转换运算符进行强制类型转换的操作时，便会抑制原先应该进行的数据类型转换。C++中定义了如表3-9所示的4个强制数据类型转换运算符。

表 3-9　C++中的强制数据类型转换运算符

强制数据类型转换运算符	功能说明
static_cast	转换数据类型
const_cast	转换指针或引用的常数
dynamic_cast	转换类继承体系中的对象指针或引用
reinterpret_cast	转换无关联的数据类型

下面我们仅以转换数据类型的static_cast运算符来示范说明如何使用C++的强制数据类型转换运算符。使用static_cast运算符的语法如下：

```
static_cast<数据类型>(表达式或变量)
```

【范例程序：CH03_07.cpp】

本范例程序用于说明如何以static_cast运算符将变量two从double类型转换为int类型。

```
01    #include <iostream>
02
03    using namespace std;
04
05    int main()
06    {
07        int  one = 9;
08        double two = 7.6;
09        one = one + static_cast<int>(two);  // 强制数据类型转换运算符的应用
10
11        cout<<"one="<<one<<endl;
12
13        return 0;
14    }
```

执行结果如图3-15所示。

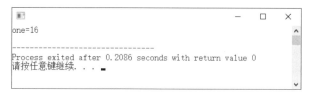

图 3-15

【程序解析】

第07、08行：分别声明一个整数类型与一个双精度浮点数类型的变量。

第09行：用强制数据类型转换运算符把变量two内的值从浮点数类型强制转换为整数类型，请注意，变量two内存储的值仍为双精度浮点数。

3.4　上机编程实践

（1）请设计一个程序，声明如下的变量并执行如下的运算，再输出A、B、C的值。

```
int A,B,C;
A=5,B=8,C=10;
A=B++*(C-A)/(B-A);
```

解答▶ 可参考范例程序ex03_01.cpp。

（2）如何设计一个程序，可以将数据的第一字节的二进制位全部反转。提示：使用^运算符。任意一位与1进行异或运算，由于异或运算具有互斥性，因此若原位为0，则0^1得1，若原位为1，则1^1得0，应用此运算即可进行位反转。

解答▶ 可参考范例程序ex03_02.cpp。

（3）请使用C++编写满足以下描述的程序语句：

① 声明三个整数变量。

② 显示"请输入三个整数（例如10 20 30）"。

③ 提取用户输入的三个整数。

④ 输出用户输入的值。

解答▶ 可参考范例程序ex03_03.cpp。

（4）假设某道路全长765米，现欲在桥的两旁每17米插上一面旗，如果每面旗需210元，请设计一个C++程序计算共要花费多少元。

解答▶ 可参考范例程序ex03_04.cpp。

（5）请设计一个C++程序，可输入学生的三科成绩，并利用表达式计算三科成绩的总分与平均分，最后输出这三科成绩、总分及平均分。

解答▶ 可参考范例程序ex03_05.cpp。

（6）请设计一个C++程序，能够让用户输入准备兑换的金额，并能输出所能兑换的100元、50元与10元纸币的数量。

解答▶ 可参考范例程序ex03_06.cpp。

（7）请设计一个C++程序，输入任何一个三位数以上的整数，并利用求余数运算符（%）所编写的表达式来输出它的百位数的数字。例如输入4976则输出9，输入254637则输出6。

解答▶ 可参考范例程序ex03_07.cpp。

（8）请设计一个C++程序，利用<<（左移运算符）与>>（右移运算符）求取8888向右移5位后，再左移5位后的值。

解答▶ 可参考范例程序ex03_08.cpp。

 **本章习题**

问答与实践题（参考答案见附录A）

（1）C++的数据类型转换功能一般可分为自动类型转换与强制类型转换。请问还有哪一种是C++独有的强制类型转换方式。

（2）请排出下列运算符的优先级：

　　① +　　　　② <<　　　　③ *　　　　④ +=　　　　⑤ &

（3）请问下面程序的输出结果是什么？

```
01  #include <iostream>
02
03  using namespace std;
04
05  int main()
06  {
07      int a=23,b=20;
08      cout << (a & b) << endl;
09      cout << (a | b) << endl;
```

```
10      cout << (a ^ b) << endl;
11      cout << (a && b) << endl;
12      cout << (a || b) << endl;
13      return 0;
14  }
```

（4）请问下面程序的输出结果是什么？

```
01  #include <iostream>
02
03  using namespace std;
04
05  int main()
06  {
07      int A=23,B=0,C;
08      C=A&B&&B&C;
09      cout<<"C="<<C<<endl;
10      return 0;
11  }
```

（5）下面这个程序进行除法运算，如果想得到正确的结果，该如何改进？

```
01  #include <iostream>
02
03  using namespace std;
04
05  int main(void)
06  {
07      int x = 10, y = 3;
08      cout<<"x / y = "<< x/y<<endl;
09      return 0;
10  }
```

（6）请问下面程序的输出结果是什么？

```
01  #include <iostream>
02
03  using namespace std;
04
05  int main()
06  {
07      int a,b;
08
09      a=5;
10      b=a+++a--;
11      cout<<"b = "<<b<<endl;
12      return 0;
13  }
```

（7）如何求两个浮点数的余数？

（8）已知a=2，b=3，c=4，d=5，e=9，f=2，请问经过以下表达式后，a、b、c、d、e、f的值分别是多少？

```
a+=b+--c*(d+e)/f++;
```

（9）请说明以下转义字符的含义。

　　　① '\t'　　　　　② '\n'　　　　　③ '\"'　　　　　④ '\"'　　　　⑤ '\\'

（10）在C++中可以使用哪个函数来显示各种数据类型或变量所占存储空间的大小？试举例说明。

（11）求下列位采用运算符表达式的计算结果。

　　　① 105 & 26　　　　② 10<<3　　　　③ 105 ^ 26　　　　④ ~10

（12）请说明下列复合赋值运算符的含义。

　　　① +=　　　　　　② -=　　　　　　③ %=

（13）请问C++中的"=="运算符与"="运算符有什么不同？

（14）请问下面程序的输出结果是什么？

```
01  int a,b;
02  a=40;
03  b=30;
04  cout << " a && b = " << (a && b) << endl;
05  cout << " !a = " << (!a) << endl;
06  cout << "(a < 50) && (b > 40) = " << ((a < 50) && (b > 40)) << endl;
```

（15）请问下面程序的输出结果是什么？

```
01  int a,b;
02  a=100;
03  b=30;
04  cout << "a+b-90*4/2-(a+100) = " << a+b-90*4/2-(a+100) << endl;
05  cout << "(a*3/2+90)-(b+50*2)/2 = " << (a*3/2+90)-(b+50*2)/2 << endl;
```

（16）请简述关系运算符。

（17）试简述C++的6个基本关系运算符。

第 4 章

流程控制结构

4

程序设计语言经过不断发展，结构化程序设计（Structured Programming）慢慢成为程序开发的主流趋势，它的主要原则是将问题自上而下、从大到小逐步分解成较小的单元（模块化），再分别进行开发。C++是符合模块化设计原则的程序设计语言。C++程序就是由各种函数（模块）所组成的。此外，程序的基本流程控制结构有三种：顺序结构（Sequential Structure）、选择结构（Selection Structure）和重复结构（Repetition Structure）。也就是说，对于一个结构化设计的程序，无论它的整体程序结构如何复杂，都是由这三种基本流程控制结构所组成的。

4.1　顺序结构

顺序结构就是自上而下一条程序语句接着一条程序语句地执行程序，像高速公路汽车顺序行驶一样（见图4-1），对应逐条执行的程序语句如图4-2所示。

图 4-1

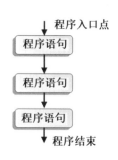

图 4-2

我们知道程序语句是C++程序中最基本的执行单元，而每一条程序语句都必须加上分号";"来表示该条语句的结束。在C++程序中可以使用一对大括号"{}"将多条程序语句括起来，形成程序区块，或称为复合程序语句，它的语法如下：

```
{
    程序语句1;
    程序语句2;
    程序语句3;
    ...
}
```

在C++程序中，复合语句也可以改写成如下形式：

```
{程序语句1；程序语句2；程序语句3；…}
```

如果在复合语句中又包含一层甚至多层复合语句，这样的形式被称为嵌套，可能有如下形式：

```
{
    程序语句1；
    {
        程序语句2；
        程序语句3；
        …
    }
}
```

4.2　选择结构

选择结构是一种条件控制结构，其中包含条件判断表达式，如果条件为真（true），则执行某些语句，如果条件为假（false），则执行另一些语句，就像开车走到了一个十字路口，根据不同的目的地选择不同的方向（见图4-3），在程序中根据不同的情况选择不同的执行路径，如图4-4所示。

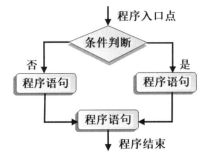

图 4-3 图 4-4

选择结构的条件语句是让程序根据条件的成立与否来选择应该执行的程序语句。C++提供了5种条件控制语句，分别为if、if-else、条件运算符、if-else if以及switch控制语句。

4.2.1　if 条件语句

if条件语句是最简单的一种选择结构，先判断条件表达式的结果是否成立，再根据结果来决定所要执行的程序语句，它的语法如下：

```
if(条件判断表达式)
{
    程序区块；
}
```

例如以下的C++程序片段：

```
if(score>=60)
{
    cout<< "成绩及格！"<<endl;
}
```

如果{}程序区块内仅包含一条程序语句，则可省略大括号，可改写为：

```
if(score>60)
    cout<<"成绩及格！"<<endl;
```

if条件语句的流程图如图4-5所示。

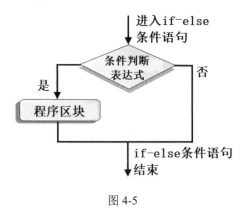

图 4-5

4.2.2　if-else 条件语句

if-else条件语句提供了两种不同的选择，可以比单纯使用两条if条件语句来实现两种不同的选择节省一次判断的时间。if-else语句的作用是当if的条件判断表达式成立时，就执行程序区块内的语句；如果不成立，就会执行else后的程序区块内的语句，它的语法如下：

```
if(条件判断表达式)
{
    程序区块1;
}
else
{
    程序区块2;
}
```

如果if-else{}程序区块内仅包含一条程序语句，则可省略大括号，对应的语法如下：

```
if (条件判断表达式)
    程序语句1;
else
    程序语句2;
```

图4-6为if-else条件语句的流程图。

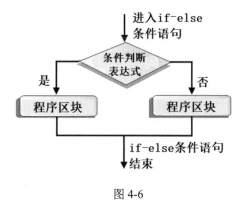

图 4-6

【范例程序：CH04_01.cpp】

本范例程序使用if else条件语句来判断所输入的语文成绩是否及格，如果大于或等于60，则打印"本科成绩及格！"，否则打印"本科成绩不及格！"。

```cpp
01  #include <iostream>
02
03  using namespace std;
04
05  int main()
06  {
07      int score=0;        // 声明整数变量并赋初值
08
09      cout<<"请输入语文成绩: ";
10      cin>>score;         // 输入语文成绩
11
12      if(score>=60)   // if-else条件语句
13        cout<<"本科成绩及格！"<<endl;
14      else
15          cout<<"本科成绩不及格！"<<endl;
16
17      return 0;
18  }
```

执行结果如图4-7所示。

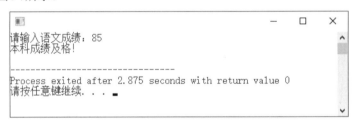

图 4-7

【程序解析】

第10行：输入语文成绩。

第13行：当输入的成绩大于或等于60时，就会执行此行的语句。

第15行：当输入的成绩小于60时，则执行此行的语句。

4.2.3 if-else if 条件语句

在某些条件复杂的情况下，有时会出现if条件语句所包含的复合语句中又有另外一层if条件语句。这样多层的选择结构被称为嵌套if条件语句。在C++中，并非每个if中都会有对应的else，不过每个else一定有对应的if，就是else前面距离最近的一个if。

if-else if条件语句是一种多选一的条件语句，让程序的执行流程在if和else if中选择符合条件判断表达式的程序区块（或程序语句），如果前面的条件判断表达式都不符合，就会执行最后的else语句。可以把if-else if看成是一种嵌套的if else结构，它的语法如下：

```cpp
if(条件判断表达式1)
{
```

```
            程序区块1;
    }
    else if(条件判断表达式2)
    {
            程序区块2;
    }
    ...
    else{
            程序区块n;
    }
```

在C++中并没有else if这样的语法，以上语法结构只是在if else语句后接上if。为了增加程序的可读性以及避免错误，最好将对应的if-else以大括号"{}"括在一起，并且使用程序语句的缩排来增加可读性。if-else if条件语句的流程图如图4-8所示。

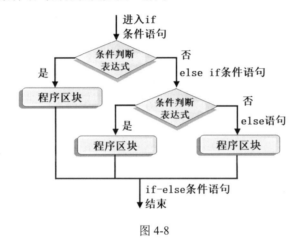

图 4-8

【范例程序：CH04_02.cpp】

本范例程序用于成绩判断，使用嵌套if条件语句来实现，对于输入的分数超出0~100分的范围时，显示输入的成绩不符合分数有效范围的提示信息。

```
01   #include <iostream>
02
03   using namespace std;
04
05   int main()
06   {
07       int Score;                          // 定义整数变量Score用于存储学生的成绩
08
09     cout << "输入学生的分数：";
10      cin >> Score;
11
12     if ( Score > 100 )                     // 判断分数是否超过了100
13         cout << "输入的分数超过了100！" << endl;
14      else if ( Score < 0 )                 // 判断分数是否低于0
15         cout << "怎么会有负的分数？" << endl;
16      else if ( Score >= 60 )               // 输入的分数介于0~100
17         // 判断是否及格
18         cout << "得到 " << Score << " 分，还不错呀！";
19      else
```

```
20          cout << "不太理想喔，只考了 " << Score << " 分。";          // 分数不及格的情况
21      cout << endl;                                                    // 换行
22
23      return 0;
24  }
```

执行结果如图4-9所示。

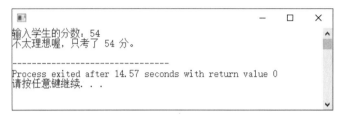

输入学生的分数：54
不太理想喔，只考了 54 分。

Process exited after 14.57 seconds with return value 0
请按任意键继续. . .

图 4-9

【程序解析】

第07行：定义整数变量Score，用来存储学生成绩。

第12~15行：使用嵌套if条件语句，输入的分数超过限定值范围时，会显示输入错误的提示信息。

第16、20行：只有输入的分数在限定值范围内时，这部分程序语句才会执行，并按照成绩是否及格来显示相关的提示信息。

4.2.4　条件运算符

条件运算符是C++中唯一的一种三元运算符，它和if-else条件语句功能一样，因而可以用来替代简单的if-else条件语句，让程序代码看起来更为简洁，它的语法如下：

```
条件表达式 ? 程序语句1 : 程序语句2；
```

条件表达式的结果如果为真，就执行"?"后面的程序语句1；如果不成立，就执行":"后面的程序语句2。如果以if-else来实现，就等同于下面语句的形式：

```
if (条件表达式)
    程序语句1；
else
    程序语句2；
```

例如以下使用if-else语句来判断所输入的数字为偶数还是奇数：

```
if(num%2)                        // 如果整数除以2的余数不等于0
    cout<<"您输入的数字为奇数。";  // 则提示输入的是奇数
else
    cout<<"您输入的数字为偶数。";  // 则提示输入的是偶数
```

如果改为条件运算符来实现同样的功能，可以用如下语句：

```
(num%2) ? cout<<"您输入的数字为奇数。" : cout<<"您输入的数字为偶数。";
```

【范例程序：CH04_03.cpp】

本范例程序使用条件运算符来判断所输入的数字为奇数还是偶数，并打印出判断的结果。

```
01    #include<iostream>
02
03    using namespace std;
04
05    int main()
06    {
07        int num;
08        // 判断数字为奇数还是偶数
09        cout<<"请输入数字: ";
10        cin>>num; // 输入数字
11
12        // 使用条件运算符
13        (num%2) ? cout<<"您输入的数字为奇数。"<<endl : cout<<"您输入的数字为偶数。"<<endl;
14
15        return 0;
16    }
```

执行结果如图4-10所示。

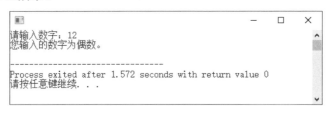

图 4-10

【程序解析】

第13行：将条件运算符"?:"应用于程序语句中可代替简单的if-else条件语句。当输入的数字不能被2整除时，打印出所输入的数字为奇数的提示信息；当输入的数字能被2整除时，则打印出所输入的数字为偶数的提示信息。

4.2.5　switch 条件语句

当我们在编写程序代码时，特别是进行多重选择的时候，过多的if-else条件语句经常会造成程序维护上的困难，容易让人看得眼花缭乱。于是C++提供了一种switch条件语句，以便程序代码能更加简洁明了。与if-else if条件语句最大的不同之处在于：switch语句必须根据同一个表达式的不同结果（不同的值）来选择所要执行的case语句，它的语法如下：

```
switch(表达式)
{
    case 结果1:
        程序区块1;
        break;
    case 结果2:
        程序区块2;
        break;
    …
    Default:
        程序区块3;
}
```

首先要注意的是switch条件表达式的结果必须是整数类型或字符类型。在switch条件语句中，如果结果值匹配，则执行该值对应case内的程序区块中的语句。当执行完case程序区块后，并不会直接离开switch语句，还是会往下继续执行其他case语句与default语句，这样的情形被称为跌落（Falling Through）现象。因此，在每个case程序区块的最后必须加上一条break语句来结束switch语句，才可以避免跌落现象，除非程序逻辑需要执行多个case的程序区块。

default语句可放在switch条件语句的任何位置，如果都找不到吻合的结果值，最后才会执行default语句，只有把default语句放在最后，才可以省略default语句内的break语句。另外，switch（表达式）语句中的小括号是绝对不能省略的。

switch条件语句的流程图如图4-11所示。

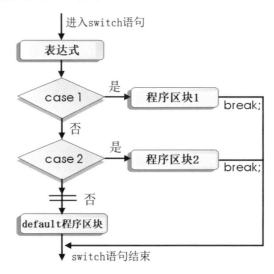

图 4-11

【范例程序：CH04_04.cpp】

本范例程序使用switch条件语句来判断输入的旅游地点，并显示所选旅游行程的报价。输入字符时，英文大小写字母可代表同一地点。注意使用break语句的特性设置多重的case条件。

```cpp
01  #include <iostream>
02
03  using namespace std;
04
05  int main()
06  {
07      char select;
08
09      cout<<"(A) 意大利"<<endl;
10      cout<<"(B) 法国"<<endl;
11      cout<<"(C) 日本"<<endl;
12      cout<<"请输入您要旅游的地点: ";
13      cin>>select;              // 输入字符并存入变量
14
15      switch(select)
16      {
17          case 'a':
```

```
18        case 'A':                // 如果select等于'A'或'a'，显示相应的报价信息
19            cout<<"★意大利5日游：10000。"<<endl;
20            break;                // 跳离switch语句
21        case 'b':
22        case 'B':                // 如果select等于'B'或'b'，显示相应的报价信息
23            cout<<"★法国7日游：12000。"<<endl;
24            break;                // 跳离switch语句
25        case 'c':
26        case 'C':                // 如果select等于'C'或'c'，显示相应的报价信息
27            cout<<"★日本5日游：8000。"<<endl;
28            break;                // 跳离switch语句
29        default:                 // 如果select不等于ABC或abc中的任何一个字母
30            cout<<"选项错误！"<<endl;
31    }
32
33    return 0;
34 }
```

执行结果如图4-12所示。

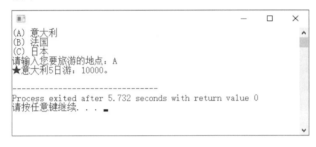

图 4-12

【程序解析】

第15行：根据输入的select字符决定执行哪一行的case程序区块。

第17~30行：例如当输入字符为a或A时，会输出"★意大利5日游：10000。"的字符串。Break语句代表跳离switch语句，不会执行下一条case语句。

第30行：若输入的字符不符合所有的case条件，则会执行default后的程序区块。

4.3 重复结构

重复结构就是一种循环控制结构，根据所设立的条件重复执行某一段程序语句，直到条件判断不成立，才会跳出循环。对于程序中需要重复执行的程序语句，都可以交由循环来完成。循环主要由两个基本要素组成：

（1）循环执行的主体，由程序语句或复合语句组成。

（2）循环的条件，决定循环何时停止执行。

例如想让计算机在屏幕上打印出100个字符A，并不需要大费周章地编写100条cout语句，这时只需要使用重复结构就可以轻松完成。C++提供了for、while以及do-while三种循环语句，表4-1列出了这三种循环语句的特性及使用时机。

表 4-1   C++三种循环语句的特性和使用时机

循环种类	功能说明
for语句	适用于计数式的循环条件控制，用于已事先知道循环要执行的次数这类情况
while语句	循环次数为未知，必须满足特定条件，才能进入循环，同样，只有不满足循环条件，循环才会结束
do-while语句	至少先执行一次循环内的语句，再检查是否满足循环的条件

4.3.1   for 循环语句

for循环又被称为计数循环，是程序设计中较常使用的一种循环形式，用于重复执行固定次数的循环，不过必须事先设置循环控制变量的起始值、执行循环的条件判断表达式以及循环控制变量按增减值更新。它的语法如下：

```
for(循环控制变量的起始值；条件判断表达式；循环控制变量按增减值更新)
{
    程序区块；
}
```

执行步骤说明如下：

步骤 01   设置循环控制变量的起始值。

步骤 02   如果条件判断表达式的结果为真（true），则执行 for 循环内的语句。

步骤 03   执行完成之后，增加或减少循环控制变量的值，可根据需求来进行控制，再重复步骤 02。

步骤 04   如果条件判断表达式的结果为假（false），则跳离 for 循环。

图4-13为for循环语句的流程图。

图 4-13

【范例程序：CH04_05.cpp】

本范例程序是利用for循环来计算1加到10的累加值，是相当经典的for循环教学范例。

```
01   #include <iostream>
02
03   using namespace std;
04
05   int main()
06   {
07       int i,sum=0;
08
09       for (i=1;i<=10;i++)                        // for循环
10           sum+=i;                                // sum=sum+i
11
12       cout<<"1+2+…+10 = "<<sum<<endl;            // 打印出sum的值
13
14       return 0;
15   }
```

执行结果如图4-14所示。

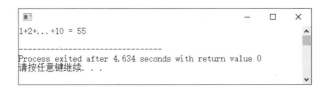

图 4-14

【程序解析】

第07行：声明循环控制变量i，也可以在第09行的for循环中声明循环控制变量的同时设置初值。但请注意，如果直接在循环中声明i，那么i是一种局部变量，也就是只能在for循环内的程序区块中进行存取。

第09行：循环重复条件为i小于或等于10，i每次的递增值为1，所以当i大于10时，这个for循环就终止了。

第10行：将i的值累加并存储到变量sum中。

此外，还要强调一点，在for循环中的三个控件必须以分号";"隔开，而且一定要设置终止循环的条件以及循环控制变量的递增或递减值，否则会造成无限循环（死循环）。事实上，for循环语句还可以有许多变化。例如以上范例程序中的for循环语句还可以改写成以下几种形式。

（1）在声明变量时，可直接赋予起始值而省略for循环语句的循环变量起始值的设置部分，不过分号绝对不可省略，代码如下：

```
int i=1,sum=0;              // 声明变量并赋初值
for (; i<=10; i++)          // 省略变量起始值的设置，但分号不可省略
{
    sum+=i;                 // 累加语句
}
```

（2）for循环语句可以简化为单行，例如上面程序中的累加语句可以合并到循环控制变量按增加值更新的控件中，代码如下：

```
int i=1, sum=0;
for (i=1; i<=10; sum+=i++);           // 将累加语句合并到for循环语句中
```

（3）for语句的表达式部分可以放入多个表达式，它们之间必须以逗号","分隔开，代码如下：

```
int i, sum;
for (i=1, sum=1; i<=10; i++, sum+=i);     // 多个表达式放入for循环中
```

接下来介绍嵌套for循环，就是多重for循环结构。在嵌套for循环结构中，执行流程必须先将内层的循环执行完毕，才会继续执行外层的循环，通常容易犯错的地方是不同层的循环交叉错乱了。以下是双重嵌套for循环的语法：

```
for(循环控制变量起始值1; 条件判断表达式; 循环控制变量按增减值更新)
{
    程序区块1;
    for(循环控制变量起始值2; 条件判断表达式; 循环控制变量按增减值更新)
    {
        程序区块2;
    }
}
```

【范例程序：CH04_06.cpp】

本范例程序使用嵌套for循环打印出九九乘法表，其中两个for循环的执行次数都是9轮次。

```
01  #include <iostream>
02
03  using namespace std;
04
05  int main()
06  {
07      int Mul_1, Mul_2;                          // 声明整数变量Mul_1和Mul_2
08
09      for (Mul_1=1; Mul_1 <= 9; Mul_1++)         // 第一层for循环
10      {                                          // 整数变量Mul_1作为乘数
11          for (Mul_2=2; Mul_2 <= 9; Mul_2++)     // 第二层for循环
12          {   // 整数变量Mul_2作为被乘数
13              // 显示信息与运算结果
14              cout << Mul_2 << '*' << Mul_1 << '=' << Mul_2*Mul_1 << ' ';
15
16              // 相乘后的数值若只有个位数，则输出空格符以调整输出
17              if ( Mul_1*Mul_2 < 10 ) cout << ' ';
18            }
19
20          cout << endl;        // 换行
21      }
22
23      return 0;
24  }
```

执行结果如图4-15所示。

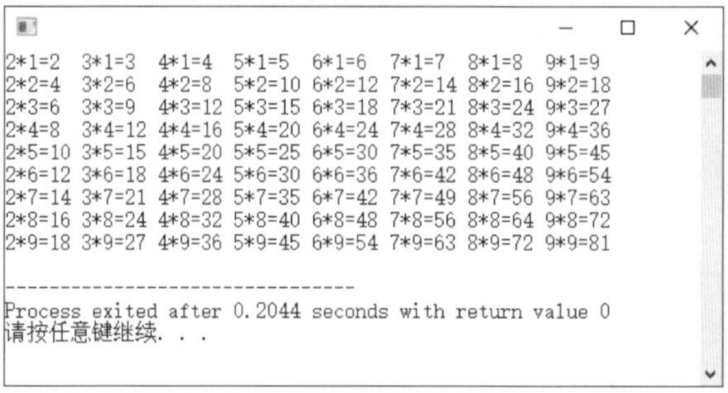

```
2*1=2  3*1=3  4*1=4  5*1=5  6*1=6  7*1=7  8*1=8  9*1=9
2*2=4  3*2=6  4*2=8  5*2=10 6*2=12 7*2=14 8*2=16 9*2=18
2*3=6  3*3=9  4*3=12 5*3=15 6*3=18 7*3=21 8*3=24 9*3=27
2*4=8  3*4=12 4*4=16 5*4=20 6*4=24 7*4=28 8*4=32 9*4=36
2*5=10 3*5=15 4*5=20 5*5=25 6*5=30 7*5=35 8*5=40 9*5=45
2*6=12 3*6=18 4*6=24 5*6=30 6*6=36 7*6=42 8*6=48 9*6=54
2*7=14 3*7=21 4*7=28 5*7=35 6*7=42 7*7=49 8*7=56 9*7=63
2*8=16 3*8=24 4*8=32 5*8=40 6*8=48 7*8=56 8*8=64 9*8=72
2*9=18 3*9=27 4*9=36 5*9=45 6*9=54 7*9=63 8*9=72 9*9=81

--------------------------------
Process exited after 0.2044 seconds with return value 0
请按任意键继续. . .
```

图 4-15

【程序解析】

第09~21行：使用双重for循环，第一层for循环负责乘数（整数变量Mul_1）递增运算，第二层for循环负责被乘数（整数变量Mul_2）递增与执行结果的显示。

第14行：显示乘法算式。

第17行：相乘后的乘积若只有个位数，则输出空格符以调整输出。

4.3.2　while 循环语句

如果我们知道循环执行的确定次数，那么for循环语句自然是最佳的选择。不过，对于某些不能确定次数的循环，就得另请高明了，这时while循环语句就可以派上用场了。while循环语句与for

循环语句类似，都属于前测试型循环。运行方式是在循环语句的开头必须先检查条件判断表达式，当表达式的结果为真（true）时，才会执行循环区块内的程序语句，如果条件判断表达式的结果为假（false），则直接跳过while循环区块。while循环的语法如下：

```
while(条件判断表达式)
{
    程序区块;
} // 此处不用加上分号";"
```

while循环区块内可以是一条程序语句或多条程序语句，同样，如果有多条程序语句在循环区块中，就必须使用大括号把这些程序语句括住。另外，while循环区块内还必须有可以改变是否继续循环的条件变量，否则如果条件判断表达式永远成立，就会造成无限循环。图4-16为while循环语句的流程图。

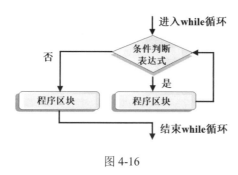

图 4-16

【范例程序：CH04_07.cpp】

本范例程序使用while循环让用户输入n值，并分别计算阶乘1!到n!的值。程序中的i就是while循环中控制循环执行次数的计数器。

```
01    #include<iostream>
02
03    using namespace std;
04
05    int main()
06    {
07        int n,sum=1,i=1;        // 声明变量并赋初值（包含用于while循环的控制变量）
08        cout<<"请输入要计算至阶乘n!的n值: ";
09        cin>>n;  // 输入n值
10
11        while(i<=n)
12        {
13            sum=i*sum;   // 阶乘
14            cout<<endl<<i<<"!="<<sum;
15            i++;  // 执行一次循环就加1
16        }
17
18        cout<<endl;
19
20        return 0;
21    }
```

执行结果如图4-17所示。

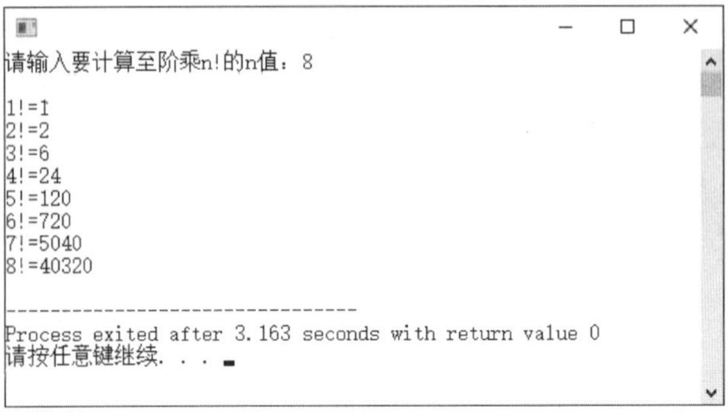

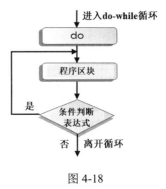

图 4-17

【程序解析】

第11行：设置while循环的条件判断表达式，其中i为循环的计数器。

第13行：计算i与sum的乘积，实现阶乘。

第14行：打印出i!的阶乘。

4.3.3 do-while 循环语句

do-while循环语句与while循环语句称得上是"同父异母的兄弟"，两者间最大的不同在于do-while循环语句属于后测试型循环，也就是说，do-while循环语句无论如何一定会先执行一次循环区块内的程序语句，然后才会测试条件判断表达式是否成立，如果成立，再返回循环起点重复执行。

```
do
{
    程序区块;
}while(条件判断表达式);  //和while循环不同，此处必须加上分号";"
```

图4-18是do-while循环语句的流程图。

【范例程序：CH04_08.cpp】

本范例程序使用do-while循环语句，由用户输入n值，当n小于或等于10时才进行1到n的累加。不过当n大于10时，do-while语句还是会执行一次循环区块内的程序语句。

图 4-18

```
01   #include <iostream>
02
03   using namespace std;
04
05   int main()
06   {
07       int sum=0,n,i=0;
08       cout<<"请输入n值: ";
09       cin>>n;
10
11       //do-while循环
12       do {
13           sum+=i;
14           cout<<"i="<<i<<" sum="<<sum<<endl;  // 打印出i和sum的值
15           i++;
```

```
16      }while(n<=10 && i<=n);  // 判断循环结束的条件
17
18      return 0;
19   }
```

执行结果如图4-19所示。

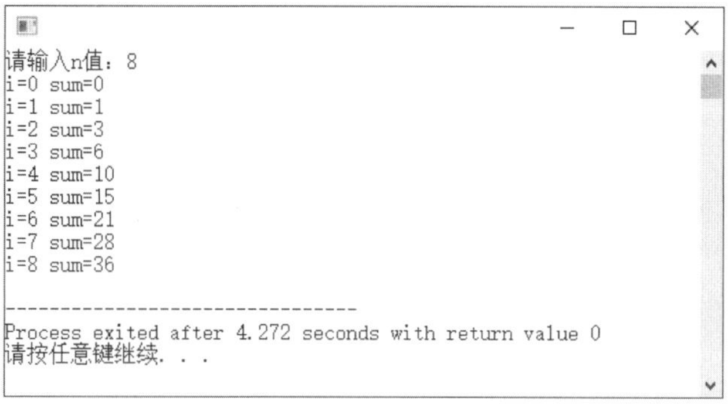

图 4-19

【程序解析】

第09行：输入一个整数给变量n。

第12行：do-while循环语句是先执行后判断，因此一定会先执行一次循环区块内的程序语句。

第16行：判断循环结束的条件，语句结尾记得要加上分号";"。

4.4　循环控制语句

在具体程序中，循环并非一成不变地重复执行。我们可以通过循环控制语句更有效地在程序中使用循环结构，例如让循环提前结束。在C++语言中可以使用break或continue语句，或者使用goto语句直接将程序流程转移至目标位置，不过在结构化程序设计中要尽量避免使用goto语句。下面就来介绍这三种流程控制语句。

4.4.1　break 语句

break语句在之前多重选择switch语句中已经使用过。不过，break语句并不限于和switch语句搭配使用，任何一种循环类型都可以使用break语句来强制跳出当前所在的循环区块。

也就是说，当break语句在嵌套循环中的内层循环时，一旦执行break语句，程序的执行流程就会立刻跳出break语句所在的那层循环区块，并将流程控制权交给该层循环区块外的下一条程序语句。break语句通常会与if条件语句连用，设定在某些条件一旦成立时，就跳离当前循环的执行。如果遇到嵌套循环的情况，则必须逐层使用break语句才能逐层跳离嵌套循环。break语句的语法如下：

```
break;
```

【范例程序：CH04_09.cpp】

本范例程序是利用break语句来控制九九表的打印程序，由用户输入数字，并打印此数字之前的九九表各项。

```
01    #include<iostream>
02
03    using namespace std;
04
05    int main()
06    {
07        int num;
08        int i,j;
09
10        cout<<"输入数字，打印出此数字之前的九九表各项：";
11        cin>>num;
12
13        // 九九表的双重循环
14        for(i=1; i<=9; i++)
15        {
16            for(j=1; j<=9; j++)
17            {
18                if(j>=num)
19                    break;          // 设置跳离循环的条件
20                cout<<j<<"*"<<i<<"="<<i*j<<'\t';      // 加入制表符
21            }
22            cout<<endl;
23        }
24
25        return 0;
26    }
```

执行结果如图4-20所示。

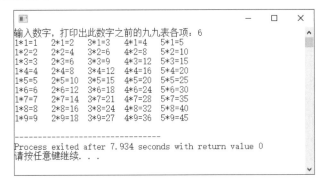

图 4-20

【程序解析】

第11行：输入数字。

第19行：设置当j大于或等于所输入的数字时，就跳离内层循环，继续外层for循环的执行。

第20行：加入制表符。

4.4.2 continue 语句

continue语句的功能是强迫for、while和do while循环语句结束当前循环区块内本轮次循环的执行，将程序流程控制权转移至当前循环区块下一个轮次循环的开始处，也就是跳过本轮次循环尚未执行的语句，开始执行当前循环区块下一轮次的循环。continue语句与break语句的最大差别在于

continue语句只是忽略本轮次循环尚未执行的语句，但并未跳离本层的循环区块，continue语句的语法如下：

```
continue;
```

【范例程序：CH04_10.cpp】

　　本范例程序使用continue语句来控制九九表的打印程序，由用户输入数字，并打印出所输入数字之外的九九表的其他各项。请读者仔细比较这个范例程序和CH04_09.cpp范例程序的不同，就能更彻底地理解continue语句和break语句的不同之处。

```cpp
01    #include<iostream>
02
03    using namespace std;
04
05    int main()
06    {
07        int num;
08        int i,j;
09
10        cout<<"请输入九九表中不需要打印的乘法算式：";
11        cin>>num;
12
13        // 九九表的双重循环
14        for(i=1; i<=9; i++)
15        {
16            for(j=1; j<=9; j++)
17            {
18                if(j==num)
19                    continue;      // 设置跳离当前轮次循环的条件
20                cout<<j<<'*'<<i<<'='<<i*j<<'\t';
21            }
22            cout<<endl;
23        }
24
25        return 0;
26    }
```

　　执行结果如图4-21所示。

```
请输入九九表中不需要打印的乘法算式：5
1*1=1    2*1=2    3*1=3    4*1=4    6*1=6    7*1=7    8*1=8    9*1=9
1*2=2    2*2=4    3*2=6    4*2=8    6*2=12   7*2=14   8*2=16   9*2=18
1*3=3    2*3=6    3*3=9    4*3=12   6*3=18   7*3=21   8*3=24   9*3=27
1*4=4    2*4=8    3*4=12   4*4=16   6*4=24   7*4=28   8*4=32   9*4=36
1*5=5    2*5=10   3*5=15   4*5=20   6*5=30   7*5=35   8*5=40   9*5=45
1*6=6    2*6=12   3*6=18   4*6=24   6*6=36   7*6=42   8*6=48   9*6=54
1*7=7    2*7=14   3*7=21   4*7=28   6*7=42   7*7=49   8*7=56   9*7=63
1*8=8    2*8=16   3*8=24   4*8=32   6*8=48   7*8=56   8*8=64   9*8=72
1*9=9    2*9=18   3*9=27   4*9=36   6*9=54   7*9=63   8*9=72   9*9=81

------------------------------
Process exited after 11.23 seconds with return value 0
请按任意键继续. . .
```

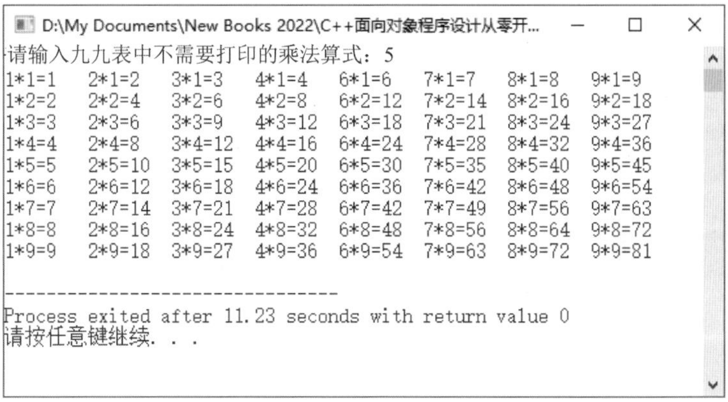

图 4-21

【程序解析】

第11行：输入不打算输出的九九表乘法算式对应的数字。

第18行：当j等于所输入的数字时，就跳过当前层循环区块本轮次尚未执行的语句，即忽略第20行的程序语句，再继续执行当前层循环区块下一轮次的循环。

4.4.3　goto 语句

goto语句是一种允许强制转移的流程控制语句，goto语句必须搭配设置的标签来使用，而标签名称由一个标识符加上冒号 ":" 组成。只要在goto语句要前往的程序语句前设置标签，就可以直接从goto所在的位置跳到标签处。goto语句的语法如下：

```
goto 标签名；
    ⋮
标签名；
```

标签名不一定要在goto语句的下方，它可以出现在程序中的任何位置。当程序执行到goto语句时，便会跳转到标签名所在的语句，而后继续执行。

不过从结构化程序设计的原则来说，goto语句很容易造成程序不易阅读和维护上的困难，而且goto语句实现的功能通常有替代的程序编写方法，因此从专业程序设计的角度来说，强烈建议读者在编写程序时不要使用goto语句。

【范例程序：CH04_11.cpp】

本范例程序用来演示goto语句的使用，程序中分别设置了三个标签，通过if语句的判断，只要程序执行到所搭配的goto语句，就会跳转到对应的标签所在的程序语句，继续执行程序。

```
01   #include <iostream>
02
03   using namespace std;
04
05   int main()
06   {
07      int score;
08
09      cout<<"请输入数学成绩：";
10      cin>>score;
11
12      if ( score>60 )
13         goto pass;                        // 找到标签名为pass的程序语句继续执行
14      else
15         goto nopass;                      // 找到标签名为nopass的程序语句继续执行
16
17      pass:                                // pass标签
18      cout<<"数学成绩及格了！"<<endl;
19      goto TheEnd;                         // 找到标签名为TheEnd的程序语句继续执行
20
21      nopass:                              // nopass标签
22      cout<<"数学成绩不及格！"<<endl;
23
24      TheEnd:
25        cout<<"--------------------------------"<<endl;
```

```
26      cout<<"统计完成！"<<endl;              // TheEnd标签
27
28
29      return 0;
30  }
```

执行结果如图4-22所示。

图 4-22

【程序解析】

第10行：输入成绩。

第17、21、24行：设置了三个标签，对应搭配的goto语句。

4.5　上机编程实践

（1）请设计一个C++程序，输入学生的三科成绩，接着计算成绩的总分与平均分，最后输出结果。

解答 可参考范例程序ex04_01.cpp。

（2）请设计一个C++程序，输入停车小时数，以每小时5元收费，大于一小时才开始收费，一小时内可免停车费，最好打印出停车费用。

解答 可参考范例程序ex04_02.cpp。

（3）请设计一个C++程序，使用if-else if语句，可按照个人年收入的不同分别计算所需缴纳的所得税。

解答 可参考范例程序ex04_03.cpp。

（4）请设计一个C++程序，使用多个case语句共享一段语句区块，来判断所输入的字符是否为元音字符。

解答 可参考范例程序ex04_04.cpp。

（5）请设计一个C++程序来说明顺序结构的应用，由用户输入梯形的上底、下底和高，并计算出梯形的面积。

公式：梯形面积 = (上底 + 下底) × 高 / 2。

解答 可参考范例程序ex04_05.cpp。

（6）请设计一个C++程序，由用户输入摄氏温度之后再转换为华氏温度。

公式：华氏 = (9 × 摄氏) / 5 + 32。

解答▶ 可参考范例程序ex04_06.cpp。

（7）请设计一个C++程序，使用if-else if条件语句来判断闰年，让用户输入公元年份，用程序来判断是否为闰年。闰年的计算规则是"四年一闰，百年不闰，四百年一闰"。

解答▶ 可参考范例程序ex04_07.cpp。

（8）请设计一个C++程序，使用switch语句来完成简单的计算器功能，只要用户输入两个数字，再输入+、−、*、/中任意一个就可以进行计算。

解答▶ 可参考范例程序ex04_08.cpp。

（9）n!就是1到n之间所有正整数的乘积。其中5!=5×4×3×2×1，3!=3×2×1，而0!定义为1。因此，n!=n×(n−1)×(n−2)×⋯×1。

请设计一个C++程序，并使用for循环来计算10!的值。

解答▶ 可参考范例程序ex04_09.cpp。

（10）请设计一个C++程序，使用while循环来求出用户所输入整数的所有正因子。在while循环中，通过a<=n的条件判断表达式以及a++;语句来控制程序循环的次数。

解答▶ 可参考范例程序ex04_10.cpp。

（11）请设计一个C++程序，以while循环来计算当1000依次减去1，2，3，⋯，直到哪一个数时，相减的结果为负。

解答▶ 可参考范例程序ex04_11.cpp。

（12）假如有一只蜗牛爬一棵10米的大树，白天往上爬2米，但晚上会掉下1米，请问要几天才可以爬到树顶？请设计一个C++程序，使用do-while循环语句来解决蜗牛爬树的问题。

解答▶ 可参考范例程序ex04_12.cpp。

（13）请设计一个C++程序，使用do-while循环来决定是否继续执行循环，判断输入值除以2的结果，如果有余数就判断为奇数，反之则为偶数。

解答▶ 可参考范例程序ex04_13.cpp。

（14）请设计一个C++程序，组合for语句与break语句的设计，让用户输入密码并检查密码是否正确，给用户提供输入3次密码的机会。若输入的密码正确（假定正确密码为4321），则显示欢迎的信息；若密码输入错误累计达3次，则显示无法登录系统的信息。

解答▶ 可参考范例程序ex04_14.cpp。

（15）请设计一个C++程序，先声明要存储累加值的变量sum并赋初值为0，每执行完一次循环后将i变量（i的初值为1）累加2，计算1+3+5+7+⋯+99的和。直到i等于101后，再使用break语句的特性来强制跳离while循环。

解答▶ 可参考范例程序ex04_15.cpp。

（16）请设计一个C++程序，使用continue语句来打印出数值1和70之间5的倍数的值或7的倍数的值，但不包含5和7公倍数的值。

解答▶ 可参考范例程序ex04_16.cpp。

（17）请设计一个C++程序，显示如下图形：

```
*        *
  *      *
    *   *
   *  *
      *
    *  *
   *    *
  *      *
 *        *
```

解答▶ 可参考范例程序ex04_17.cpp。

（18）请设计一个C++程序，允许用户输入一个正整数n，把从1到n的立方和计算并打印出来。

解答▶ 可参考范例程序ex04_18.cpp。

（19）请使用辗转相除法与while循环来设计一个C++程序，求两个整数的最大公约数。

解答▶ 可参考范例程序ex04_19.cpp。

（20）请设计一个可以计算某个数乘方的C++程序，输入底数a，乘幂n，求出a^n（a的n次方）的值。

解答▶ 可参考范例程序ex04_20.cpp。

（21）已知有一公式如下，请使用循环结构来设计一个C++程序，输入k值，求π的近似值。

$$\frac{\pi}{4} = \sum_{n=0}^{k} \frac{(-1)^n}{2n+1}$$

解答▶ 可参考范例程序ex04_21.cpp。

 本章习题

问答与实践题（参考答案见附录A）

（1）请问下面的程序代码片段有什么错误？

```
01  for(y = 0, y < 10, y++)
02  cout<< y;
```

（2）if条件语句有个老手和新手都可能犯的错误：else悬挂问题。这个问题特别容易发生在像C++这类自由格式的程序设计语言中，请看下面的程序代码片段，它哪里出了问题？试说明。

```
01  if(a < 60)
02    if( a < 58)
03       cout<<"成绩低于58分，不合格。"<<endl;
04    else
05       cout<<"成绩高于60，合格！";
```

（3）下面的程序代码片段有什么错误？

```
01  do
02  {
03    cout<<"(1)继续输入"<<endl;
```

```
04      cout<<"(2)离开"<<endl;
05      cout<<"->";
06      cin>>select;
07      sum++;
08   }while(select != '2')
```

（4）请问以下程序代码哪里有错误？试说明。

```
for (int i = 2; j = 1;  j < 10;  (i==9)?(i=(++j/j)+1):(i++))
```

（5）什么是无限循环？试举例说明。

（6）试说明while循环与do-while循环的差异。

（7）下面这个程序代码片段有什么错误？

```
01   if(y == 0)
02       cout<<"除数不得为0"<<endl;
03       exit(1);
04   else
05       cout<< x / y;
```

（8）请问下列程序代码片段中，每次所输入的密码都不等于999，当循环结束后，count的值是多少？

```
01   for (count=0; count < 10; count++)
02   {
03       cout<<"输入用户密码:";
04       cin>>check;
05       if ( check == 999 )
06           break;
07       else
08           cout<<"输入的密码有误，请重新输入……"<<endl;
09   }
```

（9）下面的程序代码片段有什么错误？

```
01   switch ch
02   {
03       case '+':
04           cout<<"a + b = "<< a + b)<<endl;
05       case '-':
06           cout<<"a - b = "<<a - b<<endl;
07       case '*':
08           cout<<"a * b = "<<a * b<<endl;
09       case '/':
10           cout<<"a / b = "<<a / b<<endl;
11   }
```

（10）试比较下面两段循环程序代码的执行结果：

（a）
```
for(int i=0;i<10;i++)
{
    cout<< i;
    if(i==5)
        break;
}
```

（b）
```
for(int i=0;i<10;i++)
{
    cout<< i;
    if(i==5)
        continue;
}
```

（11）试问执行下列程序代码，最后k值会是多少？试说明。

```
int k=10;
while(k<=25)
{
    k++;
}
cout<<k;
```

（12）请问执行下列程序代码，最后k值会是多少？试说明。

```
int k=0xf;
do
{
    k++;
}while(k<0xf0);
cout<<k;
```

（13）试使用条件运算符来计算1~200同时是2和3的倍数的整数的个数，试编写出程序代码片段。

（14）下面的程序无法正确判断考生是否合格，请问它出了什么问题？

```
01  #include <iostream>
02  int main(void)
03  {
04      int int_math,int_physical;
05      cout<<"请输入数学与物理成绩: "<<endl;
06      cin>>int_math;
07      cin>>int_physical;
08      if(int_math >= 60 & int_physical >= 60)
09          cout<<"该名考生合格! ";
10      else
11          cout<<"该名考生不合格! ";
12      return 0;
13  }
```

（15）请问在下列程序代码中，每次输入的密码都不等于101101，且使用前置型递增运算符++count，当循环结束后，count的值是多少？

```
int count,check;
for (count=0; count < 5; ++count)
{
    cout << "请输入密码: ";
    cin >> check;

    if ( check == 101101 )
        break;
    else
        cout << "请重新输入……" << endl;
}
```

（16）三角形的两边长之和大于第三边的边长。请设计一个C++的程序代码片段，使用if-else语句判断输入的三个数能否构成一个三角形三边的边长。

第 5 章

数组与字符串

线性表是数学应用在计算机科学中的一种相当简单与基本的数据结构，C++中的数组结构就是一种典型线性表的应用，属于一种静态数据结构，它的特性是使用连续分配的存储空间来存储线性表中的数据。

数组结构其实就是一排紧密相邻的可数内存，并提供了一个能够直接访问单一数据内容的计算方法。我们可以想象一下自家的信箱，每个信箱都有地址，其中路名就是名称，而信箱号码就是索引值（在数组中也称为"下标"），如图5-1所示。邮递员可以按照信件上的地址，把信件直接投递到指定的信箱中，这就好比程序设计语言中数组的名称表示一块紧密相邻的内存的起始位置，而数组的索引值（或下标）则用来表示从此内存起始位置开始的第几个区块，要存取数组中的数据时，配合索引值即可。

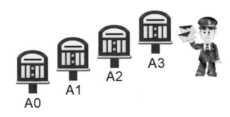

图 5-1

5.1 数组简介

在不同的程序设计语言中，数组结构类型的声明也有所差异，不过通常必须包含以下5种属性：

（1）起始地址：表示数组名（或数组第一个元素）所在内存中的起始地址。
（2）维度：代表此数组为几维数组，如一维数组、二维数组、三维数组等。
（3）索引值上下限：指元素在此数组中，内存所存储位置的上标与下标。
（4）数组元素个数：是索引值上限与索引值下限的差+1。
（5）数组类型：声明此数组的类型，它决定数组元素在内存所占容量的大小。

5.1.1 数组表示法

实际上，任何程序设计语言中的数组表示法，只要具备数组上述5种属性以及计算机内存足够，就容许n维数组的存在。通常数组的使用可以分为一维数组、二维数组与多维数组等，其基本的工作原理都相同。其实，多维数组也必须在一维的物理内存中来表示，因为内存地址是按线性顺序递增的。通常情况下，按照不同的程序设计语言，又可分为以下两种方式：

（1）以行为主序（Row-Major）：一行一行按序存储，如C/C++、Java、Pascal程序设计语言的数组存储方式。

（2）以列为主序（Column-Major）：一列一列按序存储，例如Fortran语言的数组存储方式。

5.1.2　数组与变量

在介绍C++数组之前，首先来回顾一下普通变量在内存中的分配方式。假如我们要计算班上3位学生的总成绩，通常会编写如下的程序代码：

```
int a,b,c,sum;
sum=0;
a=50,b=70,c=83;
sum=a+b+c;              // 计算3位学生的总成绩
```

此时的变量a、b、c及sum都是各自独立的，且存放在内存中不连续的不同位置，如图5-2所示。

以上的方法看似简单，不过如果班上有50位学生，那么是不是就要声明50个变量来记录学生成绩，再进行加总计算。此时仅仅是变量名称的声明就够我们头痛了，更遑论要操作这些变量来进行各种运算。

对于这种情况，如果使用数组，就可以有效解决上述问题。假设用数组来存储该例中的学生成绩，并将数组命名为score，score[0]存放50，score[1]存放70，score[2]存放83等，此时内存的内容及其位置如图5-3所示。

图 5-2　　　　　　　　　　　　　　图 5-3

5.1.3　一维数组

一维数组最基本的数组结构只用到一个索引值，可存放多个相同类型的数据。数组也和一般变量一样，必须事先声明，编译时才能分配到连续的内存。数组声明的语法分为纯声明与声明并赋初值两种方式：

```
数据类型 数组名[数组大小];
数据类型 数组名[数组大小]={初始值1,初始值2,…};
```

- 数据类型：数组中所有的数据都是此数据类型。
- 数组名：是数组中所有数据的共同名称。
- 数组大小：代表数组中有多少个元素。

● 初始值：在数组中设置初始值时，需要用大括号和逗号来分隔各个初始值。

在这种声明的语法中，数据类型是表示该数组存放元素的共同数据类型，例如可以是C++的基本数据类型（如int、float、char、double等）。数组名则是数组中所有数据的共同名称，它的命名规则与变量名相同。例如声明数据类型为整数的一维数组score：

```
int score[6]={ 69,71,88,74,60,83 };
```

这表示声明了一个C++的整数数组，名称是score，数组中可以放入6个整数元素，并设置了初始值，数组元素分别是score[0]、score[1]、score[2]、…、score[5]，它们在内存中存储的示意图如图5-4所示。

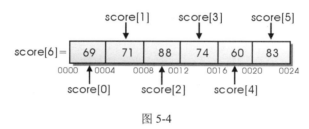

图 5-4

请注意，C++数组的第一个元素的索引值是0而不是1，之后的索引值按照这个顺序递增。除了在数组声明时直接给数组元素设置初值外，也可以通过索引值为数组的各个元素分别赋值。在C++中，两个数组之间不能直接用"="赋值运算符来互相赋值，只有数组元素之间才能互相赋值。例如：

```
int arr1[5],arr2[5];
arr1=arr2;                 // 错误的语法
arr1[0]=arr2[0];           // 正确
score[1]=57;               // 将数组中索引值为1的元素赋值为57
score[2]=78;               // 将数组中索引值为2的元素赋值为78
sum=score[1]+score[2];     // 将数组中索引值为1和2的元素值相加，并将结果赋值给变量sum
float temp[8];             // 声明一个浮点数数组，数组中的元素个数为8
```

当给数组赋初值时，如果初值的个数少于数组定义的元素个数，那么数组其余的元素会被赋值为0。在声明一维数组时，如果没有指定数组元素的个数，那么编译器会将数组元素的个数认定为初值的个数。例如以下声明的数组Temp，它的元素个数为5，可通过sizeof(Temp)/size(int)来求得：

```
int Temp[]={1, 2, 3, 4, 5};
```

【范例程序：CH05_01.cpp】

本范例程序将打印出数组的所有元素值，即便赋初值的个数少于数组声明的元素个数，并计算另一个没有声明数组元素个数的实际数组的元素个数（或称为数组的长度）。

```
01   #include <iostream>
02
03   using namespace std;
04
05   int main()
06   {
07       int score[8]={ 7,22,36 };    // 声明长度为8的整数数组
08       int Temp[]={1, 2, 3, 4, 5};
09       int i;
```

```
10
11      // 使用循环打印数组的元素值
12      for (i=0;i<8;i++)
13      {
14          cout <<"score["<<i<<"]="<<score[i]<<endl;
15      }
16
17      cout<<"Temp数组元素的个数 = "<<sizeof(Temp)/sizeof(Temp[0])<<endl;// 计算数组元素的个数
18
19      return 0;
20  }
```

执行结果如图5-5所示。

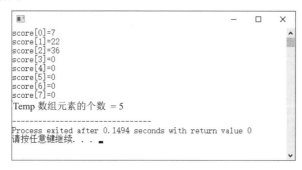

图 5-5

【程序解析】

第07行：声明长度为8的整数数组。

第12~15行：使用循环打印数组的元素值。

第17行：计算数组元素的个数。

5.1.4　二维数组

一维数组当然可以扩充到二维或多维数组，二维或多维数组在声明和使用上与一维数组相似。二维数组可以视为一维数组线性方式的延伸，也可视为平面上行与列的组合，二维数组的声明方式如下：

```
数据类型 二维数组名[行数][列数];
```

以声明数组arr[3][5]为例，arr是一个3行5列的二维数组，可视为一个3×5的矩阵。在存取二维数组中的元素时，使用的索引值仍然是从0开始的。图5-6以矩阵示意图来说明二维数组中每个元素的索引值与内存存储位置的关系。

图 5-6

在给二维数组各个元素赋初值时，为了方便分隔行与列，除了最外层的大括号"{}"外，最好以"{}"括住每一行元素的初值，并以","分隔数组的每个元素，声明二维数组的同时给各个元素赋初值的语法如下：

数据类型 二维数组名[行数m][列数n]={{初值11,初值12,…,初值1n},…,{初值m1,初值m2,…,初值mn}};

例如：

```cpp
int arr[2][3]={{1,2,3},{2,3,4}};
```

此外，在二维数组中，每对大括号括起来的初值表示为同一行设置的初值。与一维数组类似，若赋予初值的个数少于数组元素的个数，则其余未赋予初值的元素将被自动赋值为0。示例如下：

```cpp
int A[2][5]={ {77, 85, 73}, {68, 89, 79, 94} };
```

由于数组中的A[0][3]、A[0][4]、A[1][5]都未赋初值，因此它们的初值都会被赋予为0。至于以下方式，则会将二维数组所有的元素都赋值为0（常用于整数数组的初始化）：

```cpp
int A[2][5]={ 0 };
```

还有一点要特别注意，C++在声明多维数组时，只允许第一维的长度省略不指明，其他维数必须清楚地定义其长度。示例如下：

```cpp
int arr[ ][3]={{1,2,3},{2,3,4}};          // 合法的声明
int arr[2][ ]={{1,2,3},{2,3,4}};          // 不合法的声明
int array3[2][4]={ {14,58,29}, {21} };
// 声明2×4的二维数组，并给数组中的部分元素赋初值，未赋初值的元素其值被默认赋值为0
int Num1=array2[1][1];                     // 把array2[1][1]的元素值赋值给变量Num1
```

【范例程序：CH05_02.cpp】

本范例程序要求用户输入5位学生的语文、英语、数学和自然课的成绩，并计算总分与平均分，最后列出有不及格科目的学生的学号及其科数。

```cpp
01  #include <iostream>
02
03  using namespace std;
04
05  int main()
06  {
07      int score[5][4];                    // 声明5×4的二维数组，用来存放成绩
08      int fail[5]={0};                    // 声明并初始化二维数组，用来记录不及格的科目
09      int i,j,sum=0,count=0;
10      bool flag;                          // 用来判断是否累计人数
11      for(i=0; i < 5; i++)
12      {
13          flag=false;                     // 初始化累计人数的判断开关
14          cout << "请输入学号为No." << i+1 << "学生的语文、英语、数学和自然课的成绩：";
15          for (j=0; j < 4; j++)
16          {
17              cin >> score[i][j];         // 输入各科成绩
18              sum += score[i][j];         // 计算总分
19              if (score[i][j] < 60)
20              {
21                  fail[i] += 1;           // 累计不及格的科目数
22                  if (flag == false)
23                  {
```

```
24                    count++;                 // 累计不及格的人数
25                    flag=true;               // 变更判断开关
26                }
27            }
28        }
29    }
30    cout << endl;
31    cout << "所有学生的总成绩: " << sum
32        << ", 所有学生的平均分: " << (float)sum/(5*4) << endl;
33    cout << "共有 " << count << " 人有不及格的科目。" << endl;
34    // 输出有不及格科目的学生的学号及其不及格科目数
35    for (i=0; i < 5; i++)
36        if (fail[i] != 0)
37            cout << "No." << i+1 << "有 " << fail[i] << " 科不及格。" << endl;
38
39    return 0;
40 }
```

执行结果如图5-7所示。

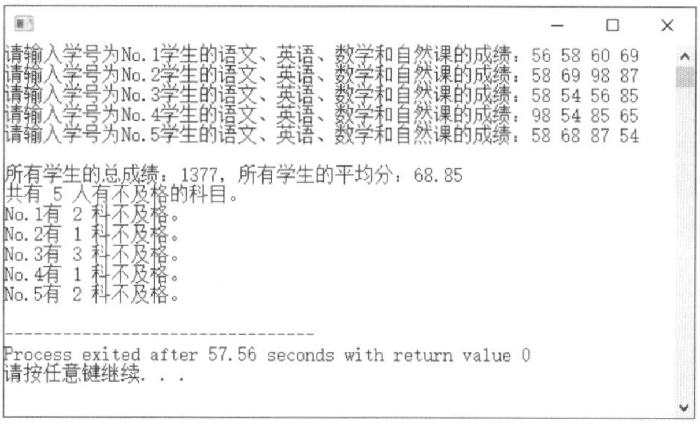

图 5-7

【程序解析】

第07行：声明5×4的二维数组，用来存放成绩。

第08行：声明并初始化二维数组，用来记录不及格的科目数。

第10行：用来判断是否累计人数。

第17行：输入各科成绩。

第22行：假若输入的分数小于60，则执行第21行语句，累计该学生的不及格的科目数，如果flag判断开关为false，就累计不及格的人数，并将flag设置为true。

5.1.5　多维数组

由于在C++中声明的数据都存储在内存中，因此只要内存空间足够，就可以声明更多维数组来存储数据。多维数组同样可视为一维数组的延伸，在标准C++中，凡是二维以上的数组都被称为多维数组。当数组扩展到n维时，声明语法如下：

数据类型　数组名[元素个数] [元素个数] [元素个数]…[元素个数];

以下列举C++中两个多维数组的声明实例：

```
int Three_dim[2][3][4];        // 三维数组
int Four dim[2][3][4][5];      // 四维数组
```

下面针对三维数组进行详细的说明，三维数组同样可视为一维数组的延伸。例如下面的程序片段中声明了一个2×2×2的三维数组，可将其简化为两个2×2的二维数组，并同时赋初值，最后将数组中的所有元素使用循环语句输出：

```
int A[2][2][2]={{{1,2},{5,6}},{{3,4},{7,8}}};

int i,j,k;
for(i=0;i<2;i++)               /* 外层循环 */
    for(j=0;j<2;j++)           /* 中层循环 */
        for(k=0;k<2;k++)       /* 内层循环 */
            cout<<"A["<<i<<"]["<<j<<"]["<<k<<"]="<< A[i][j][k]<<endl;
```

例如声明一个单精度浮点数的三维数组：

```
float arr[2][3][4];
```

图5-8是将arr[2][3][4]三维数组想象成空间上的立方体。

在赋初值时，我们也可以想象成要初始化两个3×4的二维数组：

```
int a[2][3][4]={ { {1,3,5,6},        // 第一个3×4的二维数组
                   {2,3,4,5},
                   {3,3,3,3}
                 },
                 { {2,3,3,54},        // 第二个3×4的二维数组
                   {3,5,3,1},
                   {5 ,6,3,6}
                 } };
```

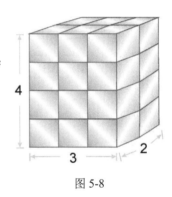

图 5-8

5.2　字符串简介

在C++中，并没有字符串的基本数据类型，如果要存储字符串，基本上就是使用字符数组来解决。因此，使用字符数组来表示字符串的方式被称为C-Style字符串。C++除了在标准函数库中使用cstring类来支持C-Style字符串外，还使用一种新的字符串类string来表示字符串，使用时甚至不需要调用函数，也就是可直接使用运算符来进行字符串的处理。与C相比，C++在字符串处理方面显得更为实用和高效。

5.2.1　字符串声明

C++中字符串最重要的特点是必须使用空字符（'\0'，Null字符，ASCII编码值为0）来作为字符串的结束符，例如'a'与"a"分别代表字符常数和字符串常数，其中'a'的长度为1，而"a"的长度为2。字符串声明的方式如下：

方式1：

```
char 字符串变量[字符串长度] = "初始字符串";
```

方式2：

```
char 字符串变量[字符串长度] = {'字符1', '字符2', …,'字符n', '\0'};
```

方式1的声明方式会自动在字符串结尾附加空字符（'\0'）作为结束符，方式2则是以字符数组来进行初始化，不过需要在结尾加上空字符（'\0'）作为结束符。当我们在声明字符串时，如果已经赋予了初始字符串，那么可以不用设置字符串的长度。当没有给字符串赋初值时，就必须声明字符串的长度，以便让编译器知道需要分配多少内存空间给字符串使用。声明字符串的示例如下：

```
char str[]="STRING";
```

或

```
char str[7]={ 'S', 'T', 'R', 'I', 'N', 'G', '\0'};
```

字符串在内存中的存储方式如图5-9所示。

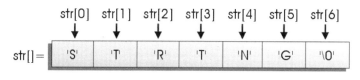

图 5-9

在此要补充一点，字符串也可以通过指针方式来声明与操作，不过这一部分在第6章指针部分的章节再详细说明，目前只是让读者有个概念。以指针方式声明字符串的语法如下：

```
char *指针变量="字符串内容";
```

示例如下：

```
char *str1="John";
```

【范例程序：CH05_03.cpp】

本范例程序示范字符串声明的两种方式，不过在第07行声明Str_1的字符数组中，并没有加入空字符（'\0'），所以当cout函数输出Str_1字符数组后，并未结束执行，有些时候会输出乱码。

```
01   #include <iostream>
02
03   using namespace std;
04
05   int main()
06   {
07       char Str_1[]={ 'W', 'o', 'r', 'l', 'd','!' };      // 定义字符数组 Str_1[]
08       char Str_2[]="World!";                             // 定义字符数组 Str_2[]
09
10       cout<<"Str_1占用的内存空间: "<<sizeof(Str_1)<<endl; // 显示Str_1占用的内存空间
11       cout<<"字符数组Str_1的内容: "<<Str_1<<endl;          // 显示Str_1的内容
12       cout<<"Str_2占用的内存空间: "<<sizeof(Str_2)<<endl; // 显示Str_2占用的内存空间
13       cout<<"字符数组Str_2的内容: "<<Str_2<<endl;          // 显示Str_2的内容
14
15       return 0;
16   }
```

执行结果如图5-10所示。

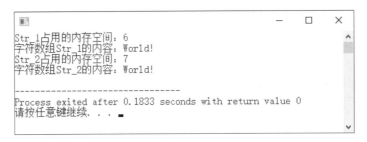

图 5-10

【程序解析】

第07、08行：两种字符串的声明方式。

第10、12行：调用sizeof函数来显示Str_1与Str_2所占用的内存空间。

我们知道cout与cin函数能够用于字符串的输入和输出，而且只需直接将字符串变量传递给这两个输入输出函数即可。如果所输入的字符串数据中含有空格符，那么空格符后的字符串数据会被舍弃，或者按序赋值给cin函数中所指定的多个变量。

因此，当我们输入的字符串中必须包含空格符时，也不是没有办法解决这个问题，这时就可以调用C++中的getline()函数来输入字符串，该函数会读取用户所输入的每个字符（包含空格符），直到用户按Enter键为止。这个函数的调用方式如下：

```
cin.getline(字符串变量, 输入长度, 字符串结束符);
```

其中的"输入长度"是指在输入字符串时所能接收的最大字符个数（包括结束符），而不是指字符串变量的长度。如果输入的字符数大于输入的长度，那么超过的部分会被舍弃。字符串结束符的默认值为'\n'，在用户输入完成之后，系统会自动将'\n'加到字符串最后。

【范例程序：CH05_04.cpp】

本范例程序调用getline()函数来输入带有空格符的字符串，并且最多接收10个字符。

```cpp
01    #include <iostream>
02
03    using namespace std;
04
05    int main()
06    {
07      char str[30];                     // 声明长度为30的字符串变量
08      cout << "数组长度：30，可接收输入长度：10" << endl;
09      cout << "请输入任意字符串：";
10      cin.getline(str, 10, '\n');    // 调用getline()函数输入字符串，最多接收10个字符
11      cout << "str字符串变量为：" << str << endl;
12
13      return 0;
14    }
```

执行结果如图5-11所示。

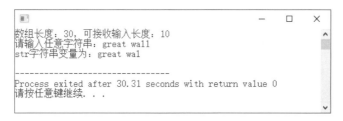

图 5-11

【程序解析】

第07行：声明长度为30的字符串变量。

第10行：在getline()函数中设置只能接收10个输入字符（包含结束符）。

5.2.2 字符串数组

由于字符串是用一维字符数组来存储的，如果要把许多关系相近的字符串集合在一起，就可以使用字符串数组，对应的就是二维字符数组。例如要存储一个班级中所有学生的姓名，每个姓名都是由许多字符组成的字符串，这时就可以使用字符串数组来存储学生的姓名。字符串数组声明的语法如下：

```
char 字符串数组名[字符串数][字符数];
```

其中"字符串数"表示此字符串数组最多可容纳的字符串个数，而字符数表示每个字符串最多可容纳多少个字符（必须包含\0'结束符）。当然，也可以在声明字符串数组时就赋初值，在赋初值时要记得以双引号作为字符串的起止符，另外每个字符串之间要以逗号","分隔开。具体的语法如下：

```
char 字符串数组名[字符串数][字符数]={ "字符串常数1", "字符串常数2", "字符串常数3"…};
```

例如以下声明字符串数组Name，其中包含5个字符串，每个字符串都包括\0'结束符，每个字符串长度限定为10字节：

```
char Name[5][10]={    "John",
                      "Mary",
                      "Wilson",
                      "Candy",
                      "Allen"
                };
```

字符串数组虽说是二维字符数组，但对于字符串数组的存取必须用到每个数组中元素的内存地址，以上述char Name[5][10]的字符串数组为例，假设要输出第2个字符串，可以使用以下语句：

```
cout<< Name[1];
```

使用字符串数组来存储字符串的最大坏处就是：由于每个字符串长度不会完全相同，而数组又是静态数据类型，因此必须事先声明字符串中的最大长度，这样往往就会造成对内存空间的浪费。

【范例程序：CH05_05.cpp】

本范例程序示范字符串数组的初始化方式，并省略每个元素之间的大括号，由于说明字符与字符串之间的关联性。

```
01    #include <iostream>
02
03    using namespace std;
04
05    int main()
06    {
07        char Str[6][30]={"张继      枫桥夜泊",              // 声明并初始化二维字符串数组
08                         "===============",              // 省略了每个元素之间的大括号
09                         "月落乌啼霜满天，",
10                         "江枫渔火对愁眠。",
11                         "姑苏城外寒山寺，",
12                         "夜半钟声到客船。"        };
13        int i;
14        for (i=0; i<6; i++)
15            cout << Str[i] << endl;                       // 输出字符串数组的内容
16
17        return 0;
18    }
```

执行结果如图5-12所示。

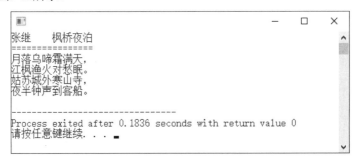

图 5-12

【程序解析】

第07行：声明并初始化二维字符串数组。

第14、15行：输出字符串数组的内容。

由于在C++中并没有一项功能会主动为字符串计算大小，因此我们在声明或使用字符串时必须注意字符串的长度是否超出了声明的范围。因为字符串不是C++的基本数据类型，所以无法直接通过字符数组名把字符串赋值给另一个字符数组。如果需要赋值字符串，只能从字符数组中一个一个地取出字符进行复制。例如以下为不合法的字符串赋值方式：

```
char Str_1[]="Hello";
char Str_2[20];
…
Str_2=Str_1; // 不合法的语法
```

假如我们想将字符串A与字符串B串接起来，也就是把字符串B接到字符串A的后面，就需要把字符串B的第一个字符安排到字符串A的最后一个字符的内存位置，字符串B的后续字符都需要复制过去，如图5-13所示。

在进行字符串串接时，首先要注意所声明字符串的长度，如果串接后字符串的总长度超过字符串声明的长度，那么编译器会自动舍弃后方多出的字符串部分。

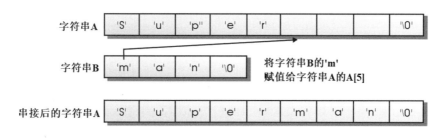

图 5-13

5.3　String 类

在前面的章节曾经说明过如果要创建字符串，基本上就是要声明一个数据类型为字符的数组，如下所示：

```
char st1[]="This is a Test!";
```

不过，如果先声明数据类型为字符的数组，再给它赋初值，那么在编译此程序时就会报错，如下所示：

```
char st1[26];
st1="1234567";          // 错误的语法，因为无法直接把字符串常数赋值给数组
```

正确的方法是调用strcpy()函数来赋初值（实际是复制字符串）：

```
strcpy(st1,"1234567");
```

如果我们还是希望使用类似于赋值的方式将字符串常数赋值给字符串对象，那么不妨使用C++提供的String类。

5.3.1　声明 String 类

在<string>头文件中，新定义的字符串类虽然不属于C++的基本数据类型（如int和char），但确实是一个被定义过的抽象数据类型。在第11章中，我们将会详细说明类（Class）的定义，目前读者将它当成一种数据类型即可。

在C++的字符串类中，不需要额外调用函数就可以直接使用运算符来处理字符串，像是比较字符串、串接字符串等。至于在混用C语言版的字符串和C++字符串类时，C语言版的字符串会被自动转化成C++的字符串对象，不过不允许把C++字符串对象赋值给C语言版的字符串。

```
char str1[]="this is charstring";
string str2="this is string";
string str3=str1;       // 把C语言版的字符串赋值给C++的字符串对象，允许
char str4[]=str2;       // 把C++的字符串对象赋值给C语言版的字符串，不允许，编译器会报错
```

C++的字符串类中的字符串还是比C语言版的字符串在使用时方便，因为可以直接使用运算符进行字符串的运算；也更为安全，因为字符串类中不使用数组，所以也不会有超过字符数组的长度而引发错误的问题。

在介绍使用String类声明字符串之前，先来回顾一下C语言版的字符串的声明方法：

```
char 字符串名称[长度];
```

在上述程序语句中，可以很清楚地知道字符串到底有几个字符，而C++的String类的字符串对象会自行计算字符串的字符数，以下是C++字符串的声明方式：

```
#include <string>                    // 请注意，一定要包含此头文件
string 字符串名称 ;                   // 声明一个空的字符串
string 字符串名称="字符串";           // 赋予了初值的字符串声明方式1
string 字符串名称("字符串");          // 赋予了初值的字符串声明方式2
```

【范例程序：CH05_06.cpp】

本范例程序简单示范String类的字符串声明与输出，请记得包含<string>头文件。

```
01  #include<iostream>
02  #include<string>                            // 包含字符串头文件<string>
03
04  using namespace std;
05
06  int main()
07  {
08      char ch[]=", ";
09      string firstname;                        // 声明字符串类的对象
10      string lastname;                         // 声明字符串类的对象
11      string input1("请输入姓氏：");
12      string input2="请输入名字：";
13
14      cout<<input1;
15      cin>>lastname;                           // 输入字符串
16      cout<<input2;
17      cin>>firstname;                          // 输入字符串
18
19      string fullname=firstname+ch+lastname;   // 以运算符进行字符串的串接
20      cout<<"您的全名为:"<<fullname<<endl;
21
22      return 0;
23  }
```

执行结果如图5-14所示。

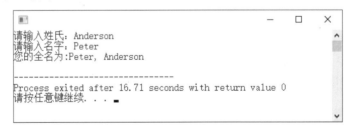

图 5-14

【程序解析】

第02行：必须包含<string>头文件。

第08行：声明C语言版的字符串。

第09、10行：声明C++的空字符串对象。

第11、12行：给C++字符串类的对象赋初值的两种形式。

第19行：使用C++的"+"运算符串接字符串。其中的字符串ch在此行中会被转换成C++的字符串类的对象。

此外，C++中尚有一些高级的字符串声明方式，就是利用指定的字符或字符串作为新声明字符串的初值，以下是这类声明方式的范例：

```
string 字符串名称(个数, 字符); // 声明具有指定重复字符个数的字符串类的对象
string 字符串名称1(字符串名称); // 声明把指定字符串类的对象的内容值作为字符串类的对象（字符串名称1）
的初值
string 字符串名称1(字符串名称, 起始位置, 长度); // 声明把字符串类的对象（字符串名称）中的部分字符
串作为另一个字符串类的对象（字符串名称1）的初始值，但此声明方式的起始位置和长度是从0开始计算的
```

5.3.2　字符串运算符

之前提过C++的字符串可以结合运算符进行一些运算，例如5.3.1节的字符串声明方式就使用了赋值运算符"="来声明字符串，并使用加法运算符"+"来串接字符串，本节将继续为读者介绍使用运算符进行字符串的处理。表5-1列出了可用于字符串的运算符。

表 5-1　可用于字符串的运算符

可用于字符串的运算符	功能说明	用　　法
=	字符串赋值	str="字符串";
+	字符串串接	str1+str2;
+=	字符串串接并赋值	str1+=str2;
==	等于	str1==str2;　// 两个字符串是否相等
!=	不等于	str1!=str2;　// 两个字符串是否不等
<	小于	按照ASCII编码进行比较
<=	小于或等于	按照ASCII编码进行比较
>	大于	按照ASCII编码进行比较
>=	大于或等于	按照ASCII编码进行比较
[]	通过索引值存取字符串	用于字符串的数组
<<	输出	用于字符串的输出
>>	输入	用于字符串的输入

【范例程序：CH05_07.cpp】

本范例程序用于演示C++字符串"+"与">"两个运算符的运算结果，我们可以观察C++的字符串处理比C语言版的字符串处理是否方便很多。

```
01   #include<iostream>
02   #include<string>                 // 包含字符串类的头文件
03
04   using namespace std;
05
06   int main()
07   {
08       // 声明String字符串类的对象
09       string st1,st2,st3,st4,st5;
10       st1="abcdef";
11       st2="ABCDEF";
```

```
12      st3="Happy ";
13      st4="Birthday";
14
15      // 串接字符串
16      st5=st3+st4;
17
18      cout<<"st3="<<st3<<endl;
19      cout<<"st4="<<st4<<endl;
20      cout << "s3与s4串接后字符串变量st5的内容为: " << st5 << endl;
21      cout<<"---------------------------------------"<<endl;
22      // 进行字符串之间的比较
23      cout<<"st1="<<st1<<endl;
24      cout<<"st2="<<st2<<endl;
25
26      if (st1 > st2)
27          cout << "st1与st2之间的关系为: st1 > st2 " << endl;
28      else
29          cout << "st1与st2之间的关系为: st1 > st2 " << endl;
30
31      return 0;
32  }
```

执行结果如图5-15所示。

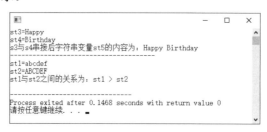

图 5-15

【程序解析】

第16行：使用"+"运算符串接字符串变量st3和字符串变量st4的内容，并将串接后的字符串赋值给字符串变量st5。

第26~29行：使用">"运算符与if语句来判断字符串变量st1和字符串变量st2之间的大小。

5.3.3 String 类的成员函数

在标准C++中，String类中除了可以使用运算符进行一些基本的字符串运算或比较之外，还定义了一些成员函数，这些成员函数可用于字符串的高级处理。头文件<string>内提供的成员函数如表5-2所示。

表 5-2 头文件<string>内提供的成员函数

成员函数	功能说明	用 法
append()	串接字符串	str1.append(str2);
assign()	赋值字符串	str1.assign(str2);
compare()	比较两个字符串	str1.compare(str2);
replace()	替换字符串	str1.replace(起始位置, 长度, str2);

（续表）

成员函数	功能说明	用　　法
insert()	插入字符串	str1.insert(起始位置, str2);
erase()	清除字符串中的部分内容	str1.erase(起始位置, 清除的字符数);
length()	获取字符串的长度	str1.length();
max_size()	获取字符串可以容纳的最大长度	str1.max_size();
size()	获取字符串的大小	str1.size();
capacity()	获取字符串的容量	str1.capacity();
find()	查找字符串	str1.find(s2);
swap()	对调字符串	str1.swap(str2);
substr()	获取子字符串	str1.substr(起始位置, 长度);
empty()	判断是否为空字符串，是则返回true	str1.empty();
at()	获取指定位置的字符	s1.at(n); // n为第n个字符

【范例程序：CH05_08.cpp】

本范例程序演示字符串的查找功能，可以调用string类的find()函数查找字符串，如果找到匹配的子字符串，就会返回该子字符串在源字符串中的起始位置，如果找不到，则返回−1。

```
01    #include<iostream>
02    #include<string>
03
04    using namespace std;
05
06    int main()
07    {
08        string str1="Years go by will I still be waiting";      // 声明字符串类的对象
09        string str2="For somebody else to understand";          // 声明字符串类的对象
10
11        cout<<"str1="<<str1<<endl;
12        cout<<"str2="<<str2<<endl;    // 查找字符串
13
14        cout<<"------------------------------------"<<endl;
15        cout<<"在str1中的第"<<str1.find("will")<<"个位置找到will字符串"<<endl;
16        cout<<"在str2中的第"<<str2.find("else")<<"个位置找到else字符串"<<endl;
17        cout<<"------------------------------------"<<endl;
18
19        return 0;
20    }
```

执行结果如图5-16所示。

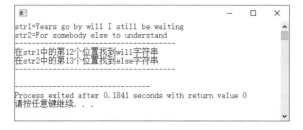

图 5-16

【程序解析】

第08、09行：声明字符串类的对象。

第15、16行：调用find()成员函数查找字符串。

5.4   上机编程实践

（1）请设计一个C++程序，使用一个长度为10的一维数组来存储位于该分数段的学生人数，加入学生成绩的分布图，并以星号代表该分数段的人数。该一维数组中10个元素的作用如表5-3所示。

表 5-3   一维数组中 10 个元素的作用

元　　素	作　　用	元　　素	作　　用
degree[0]	存储分数为0~9的人数	degree[5]	存储分数为50~59的人数
degree[1]	存储分数为10~19的人数	degree[6]	存储分数为60~69的人数
degree[2]	存储分数为20~29的人数	degree[7]	存储分数为70~79的人数
degree[3]	存储分数为30~39的人数	degree[8]	存储分数为80~89的人数
degree[4]	存储分数为40~49的人数	degree[9]	存储分数为90~100的人数

```
int score[10]={64,84,91,100,58,71,66,43,67,84};
```

解答▶ 可参考范例程序ex05_01.cpp。

（2）请设计一个C++程序，使用三重嵌套循环找出2×3×3三维数组中所存储的数值中的最小值：

```
int num[2][3][3]={{{33,45,67},{23,71,56},{55,38,66}},{{21,9,15 },{38,69,18},
{90,101,89}}};
```

解答▶ 可参考范例程序ex05_02.cpp。

（3）请设计一个C++程序，使用for循环来计算字符串的长度，然后从字符串中一个一个地取出字符复制到另一个字符串中（其实是复制到一个字符数组中）。

解答▶ 可参考范例程序ex05_03.cpp。

（4）请设计一个C++程序，声明两个字符串，然后串接两个字符串。

解答▶ 可参考范例程序ex05_04.cpp。

（5）请设计一个C++程序，用来比较两个字符串，还是利用循环从头开始逐一比较每一个字符，只要有一个不相等，即跳出循环的执行，相等则继续比较下一个字符，直到比较到结束符为止。

解答▶ 可参考范例程序ex05_05.cpp。

（6）请设计一个C++程序，使用字符串高级声明方式，然后仔细比较各种方式间的差异。

解答▶ 可参考范例程序ex05_06.cpp。

（7）请设计一个程序，使用数组来存储10位学生的成绩，并计算总分、平均分，以及低于平均分的学生人数。

解答▶ 可参考范例程序ex05_07.cpp。

（8）请设计一个程序，利用二维数组方式来求二阶行列式。二阶行列式的计算公式如下：

$$\triangle = \begin{vmatrix} a1 & b1 \\ a2 & b2 \end{vmatrix} = a1*b2-a2*b1$$

解答▶　可参考范例程序ex05_08.cpp。

（9）请设计一个程序，让用户输入字符串，计算并输出此字符串的长度。

解答▶　可参考范例程序ex05_09.cpp。

（10）请设计一个程序，将用户输入的原始字符串中所有的字符反向排列。

解答▶　可参考范例程序ex05_10.cpp。

（11）请设计一个程序来计算字符串中小写字母的个数。

解答▶　可参考范例程序ex05_11.cpp。

（12）请设计一个程序，在事先准备的一段文章中，查找某一个字符串，并找到出现这些字符串的所有位置与次数。

```
char str[]="At the first God made the heaven and the earth."
           "And the earth was waste and without form; "
           "and it was dark on the face of the deep: "
           "and the Spirit of God was moving on the face of the waters.";
```

解答▶　可参考范例程序ex05_12.cpp。

（13）请设计一个程序，求出一维数组中的最大值。

```
int number[5] = {5, 9, 3, 4, 7};
```

解答▶　可参考范例程序ex05_13.cpp。

（14）请设计一个程序打印输出当前月的日历（利用数组来实现），可让用户输入当月的天数和上一个月最后一天是星期几。

解答▶　可参考范例程序ex05_14.cpp。

（15）冒泡排序法的比较方式是从第一个元素开始，比较相邻元素的大小，若大小顺序有误，则对调后再进行下一个元素的比较。如此扫描过一次之后，就可以确保最后一个元素位于正确的顺序。接着进行第二次扫描，直到完成所有元素的排序关系为止。请设计一个程序对以下一维数组中的元素用冒泡法进行排序。

```
int data[6]={6,5,9,7,2,8};
```

解答▶　可参考范例程序ex05_15.cpp。

（16）请设计一个程序，随机生成1~150的80个整数并存储在一维数组中，然后输入一个1~150的整数，利用顺序排序法判断此数是否在此一维数组中。

解答▶　可参考范例程序ex05_16.cpp。

 本章习题

问答与实践题（参考答案见附录A）

（1）试简述字符与字符串之间的主要差异。

（2）下面的代码片段设置数组的初值并打印输出数组的初值，不过其中隐含并不易发现的错误，请找出这个代码段的错误所在：

```
01  int a[2, 3] = {{1, 2, 3},{4, 5, 6}};
02  int i, j;
03  for(i = 0; i < 2; i++)
04     for(j = 0; j < 3; j++)
05        cout<< a[i, j];
```

（3）声明数组后，请举例说明有哪两种方法来给数组元素赋值。

（4）以下程序代码在编译时出现错误，请指出程序代码错误的地方并改正，使之能编译成功。

```
01  #include<iostream>
02  int main(void)
03  {
04     int i;
05
06     char str[30]="this is my first program.";
07     char str1[20]="my company is ZCT.";
08        cout<<"原始字符串 str = "<<str<<endl;
09     cout<<"字符串 str1 = "<<str1;
10     str1=str;
11     cout<<"复制后字符串 str1 = "<< str;
12     return 0;
13  }
```

（5）试举出至少三种在C++所提供的头文件<string>中用来赋值字符串的格式。

（6）下面这个程序片段哪里出现了错误？

```
01  char str[80];
02  cout<<"请输入字符串：";
03  cin>>&str;
04  cout<<"您输入的字符串为："<<str;
```

（7）下列程序代码片段的输出结果是什么？

```
01  int n1[5],i;
02  for(i=0;i<5;i++)
03     n1[i]=i+6;
04  cout<< n1[3] ;
```

（8）什么是二维数组？试简述。

（9）试列举5种C++字符串与运算符之间的关系。

（10）为了显示数组中所有元素的值，使用for循环，请问下面这个程序代码片段哪里出现了问题？

```
01  #include <iostream>
02  using namespace std;
03  int main()
04  {
05      int arr[5] = {1, 2, 3, 4, 5};
06      int i;
07      for(i = 1; i <= 5; i++)
08          cout<<"a["<<i<<"] = "<<arr[i]<<endl;
09      return 0;
10  }
```

（11）数组结构类型通常包含哪几种属性？试说明。

（12）请问以下str1与str2字符串，分别占用了多少字节？

```
01  char str1[ ]= "You are a good boy";
02  char str2[ ]= "This is a bad book ";
```

（13）假设声明了一个整数类型的数组a[30]，而a的内存位置为240ff40，请问a[10]与a[15]的内存位置是多少？

（14）如果我们声明一个具有50个元素的字符数组，如下所示：

```
char address[50];
```

假设这个数组的起始位置指向1200，试求出address[23]的内存位置。

第 6 章

指针与地址

6

内存是计算机最主要的硬件之一，要执行程序前，首先必须将程序及其所需的数据加载至内存中，中央处理器（Contral Processing Unit，CPU）才能执行该程序。早期进行程序开发时，还要厘清程序和数据在内存中的地址。所谓内存地址，就是在计算机内存中，存储每一字节的内存空间都有一个内存编号，如图6-1所示，就像现实生活中的地址一样。

指针（Pointer）在C++中是初学者较难掌握的一个概念，数据在计算机中进行运算或处理之前都要先加载至内存中，为了能正确地存取内存中的数据，于是给内存中每个存储空间加以编号，即所谓的地址。指针是用来记录变量地址的，可以直接通过这个地址来存取变量，就好比一个变量房间门口的指示牌，如图6-2所示。指针也可以用于动态分配一维数组、二维数组等，使得内存空间的运用更加有效。不过，在使用指针时也要相当小心，否则错误的存取会造成不可预期的后果。但是也不用过度担心，本章我们将以浅显易懂的方式带领读者进入指针的世界。

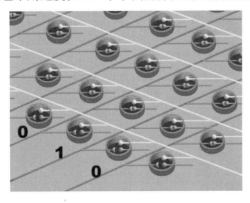

图 6-1

图 6-2

6.1 认识地址

内存中每一字节存储单元的地址会采用十六进制的表示方法，但是十六进制数表示的地址对于人类而言并不是那么直截了当和浅显易懂，也不容易识别，如果直接以指明地址的方式来存取计算机内存的内容，在使用上难免费时费力。因为这种原因，大部分高级程序设计语言都提供声明变量与使用变量的方式来解决这样的问题。至于较底层的问题，如向系统申请内存空间的工作，就交给系统来完成。因此，在编写程序时，编程人员只要先给变量命名，并在后续的程序代码中以变量名来存取该变量中的数据即可。在C++中，静态变量内存空间的分配操作就是由编译器来完成的，在程序投入运行时从系统获得内存空间，不再使用时就把占用的内存空间归还给系统。

6.1.1　指针的作用

在现实生活中，如果我们要到某一家商店，或者到一位以前从未登门拜访的朋友家，如何才能找到呢？当然需要具体的地址。也许读者认为在计算机中需要用到变量时，只要先声明变量而后直接使用即可，何必要知道变量所在内存的位置呢？在很多程序设计语言中确实如此。不过，从另一个角度来说，直接通过内存地址存取数据的方式也有不少好处。C++中除了通过变量名来存取内存中的数据之外，还可以通过指针（直接通过内存地址）来存取内存中的数据。

在C++中，指针本身是一种变量类型，这种变量存储的内容就是内存的地址。读者可以把身份证号码想象成指针变量，有了身份证号码，自然就可以在授权的系统中存取这位人士的个人信息（指针指向的内存空间所存储的内容）。通过指针变量，程序可以更灵活地存取该指针变量所指向的内存地址中的内容。

6.1.2　变量地址的存取

在C++中，通常声明变量之后，系统会根据编译器生成的指令帮这个变量分配内存空间，以供程序运行时使用，当需要使用变量中存储的某个数据时，通过该变量的内存地址来存取其中的数据即可。在C++中可以通过&（取址运算符）来获取变量所在的内存地址，它的语法如下：

```
&变量名;
```

【范例程序：CH06_01.cpp】

本范例程序是学习指针概念的敲门砖，也就是通过&（取址运算符）来说明变量名、变量值与内存地址三者间的关系。

```
01    #include <iostream>
02
03    using namespace std;
04
05    int main()
06    {
07        int num1 = 10;
08        char ch1[2] = "A";        // 声明变量num1和ch1
09
10        cout<<"变量名  变量值 内存地址"<<endl;
11        cout<< "---------------------------"<<endl;
12        cout<<"num1 "<<"\t "<<num1<<'\t'<<&num1<<endl;
13        cout<<"ch1  "<<"\t "<<ch1<<'\t'<<&ch1<<endl;
14        // 使用&运算符打印变量num1和ch1存储的数值与它们的内存地址
15
16        return 0;
17    }
```

执行结果如图6-3所示。

图 6-3

【程序解析】

第07、08行：声明变量num1和ch1。

第12、13行：使用&运算符打印变量num1和ch1存储的数值与它们的内存地址。

6.1.3　指针变量的声明

指针变量（Pointer Variable）是一种用来存储内存地址的变量，当指针变量指向目标地址后，可以通过程序指令来移动指针，也可以获取该地址指向内存区块所存储的数据。

由于指针也是一种变量，因此指针变量的命名规则与一般变量相同。声明指针时，首先必须定义指针的数据类型，并在数据类型后加上"*"号，再赋予指针变量名，即可得到所声明的指针变量。要特别强调的是，一旦确定指针所指向的数据类型，就不能再更改了。另外，指针变量也不能指向不同数据类型的指针变量，即不同数据类型的指针变量之间不能相互赋值。

指针变量的声明方式如下：

```
数据类型* 指针变量名；      // 第一种声明方式
```

也可以有如下的声明方式：

```
数据类型 *指针变量名；      // 第二种声明方式，"*"号的位置不同
```

例如：

```
int* piVal;
```

以上语句的含义为声明一个指向int数据类型的指针变量，它的名称为piVal。通常好的指针命名习惯是在变量名称前加上小写p。若是指向整数类型的指针变量，则可在变量名称前加上pi两个小写字母中，i代表整数类型（int）。良好的命名规则对于程序日后的判读与维护会有莫大的帮助。

由于指针属于系统低层的存取功能，因此通过指针可以存取所指向内存空间中存储的内容。假如赋予指针错误的地址，而该地址又刚好为系统数据存储的内存空间，此时若覆写了该内存空间的内容，则很可能造成系统不稳定或宕机。另外，如果指针声明时未赋予初值，则指针所指向的是未知内存地址。

因此，编写程序时，指针变量务必确实指向合法的地址，才不会造成非预期的执行结果，切记！所谓合法的地址，通常是指系统分配给程序的地址，如程序已声明或定义的变量（或数组），然后将指针变量指向该变量的地址，这也就是将指针赋予初值。声明方式如下：

```
数据类型 *指针变量；
指针变量=&变量名称；      // 变量名称已定义或声明
```

或

　　数据类型 *指针变量=&变量名称;

也可以在指针变量声明时就赋予初值0（或NULL，即空指针）。声明方式如下：

　　数据类型 *指针变量=0;

或

　　数据类型 *指针变量=NULL;

例如采用第一种方式：

```
int Value=10;
int* piVal=&Value;
```

采用第二种方式：

```
int Value=10;
int* piVal=0;            // 多了这行语句
piVal=&Value;
```

以上两种声明的差别之处在于：第一种方式是在声明时即赋初值，第二种方式则是在声明时先赋初值0，之后在需要使用指针时，再把具体变量的地址赋给指针变量。要注意的是，此处的初值0代表NULL（空指针），而不是数值0。因此，在声明指针变量时，千万不能直接将指针变量的初值设置为具体的数值，这样会造成指针变量指向不合法的内存地址，从而造成不可预期的错误。例如：

```
 int* piVal=10;          // 不合法的语句
```

以下声明也会造成指针变量指向不合法的内存地址，请读者小心，例如：

```
int* piVal;
*piVal=10;              // 不合法语句
```

不过话又说回来了，如果指针变量已经事先指向了一个定义或声明过的变量地址，这时程序可通过*（引用运算符）来重新设定此指针变量指向的内存空间所存储的数据内容，语法如下：

```
*指针变量=数值;          // 此指针变量指向的内存空间存储的内容变更为新的数值了
```

对指针既期待又害怕的读者不用担心，接下来我们再举一个例子来为读者简单说明。假设程序代码中声明了三个变量a1、a2和a3，它们的初值分别为40、58和71，对应的程序语句如下：

```
int a1=40, a2=58, a3=71;     /* 声明三个整数变量并赋初值 */
```

假设这三个变量在内存中分别占用第102、200和208号的内存地址。接下来，以“*”运算符来声明三个指针变量 p1、p2和p3，程序代码如下：

```
int *p1,*p2,*p3;        /* 使用“*”号声明指针变量 */
```

其中，*p1、*p2和*p3前面的int表示这三个变量是指向整数类型的指针变量。接下来，我们可以用“&”运算符获取a1、a2和a3这三个变量的地址，并存储至p1、p2和p3这三个指针变量中，程序代码如下：

```
p1 = &a1;
p2 = &a2;
p3 = &a3;
```

【范例程序：CH06_02.cpp】

本范例程序用于说明整数与双精度浮点数类型的指针变量的地址、数据内容以及指针变量所占用的存储空间等，对于想进一步搞清楚指针的读者，要好好研究这个标准范例。

```
01   #include <iostream>
02
03   using namespace std;
04
05   int main()
06   {
07       int iVal=10;              // 整数变量
08       double dVal=123.45;       // 双精度浮点变量
09
10       int* piVal=NULL;          // 声明为空指针
11       piVal= &iVal;             // 整数类型的指针变量，指向iVal变量地址
12
13       double* pdVal=&dVal;      // 浮点类型的指针变量，指向fVal变量地址
14
15       cout<<"piVal 变量值（即内存地址）为："<<piVal<<endl;
16       cout<<"piVal 变量所指向内存空间所存储的数据内容为："<<*piVal<<endl;
17
18       *piVal=20;                // 重新将piVal指针变量指向的内存空间所存储的数据内容赋值为20
19       cout<<" piVal 指针变量所指向的内存空间所存储的内容重新赋值后，iVal的数据内容同步更改为：
     "<<iVal<<endl;
20       cout<<"整数变量iVal所占用的存储空间为："<<sizeof(iVal)<<"位"<<endl;
21       cout<<"整数指针变量piVal所占用的存储空间为："<<sizeof(piVal)<<"位"<<endl<<endl;
22
23       cout<<"pdVal 变量值（即内存地址）为："<<pdVal<<endl;
24       cout<<"pdVal 变量所指向内存空间所存储的数据内容为："<<*pdVal<<endl;
25
26       *pdVal=67.1234; // 重新将pdVal指针变量指向的内存空间所存储的数据内容赋值为67.1234
27       cout<<"pdVal 指针变量所指向的内存空间所存储的内容重新赋值后，dVal的数据内容同步更改为：
     "<<dVal<<endl;
28       cout<<"双精度浮点变量dVal所占用的存储空间为："<<sizeof(dVal)<<"位"<<endl;
29       cout<<"双精度浮点指针变量pdVal所占用的存储空间为："<<sizeof(pdVal)<<endl;
30
31       return 0;
32   }
```

执行结果如图6-4所示。

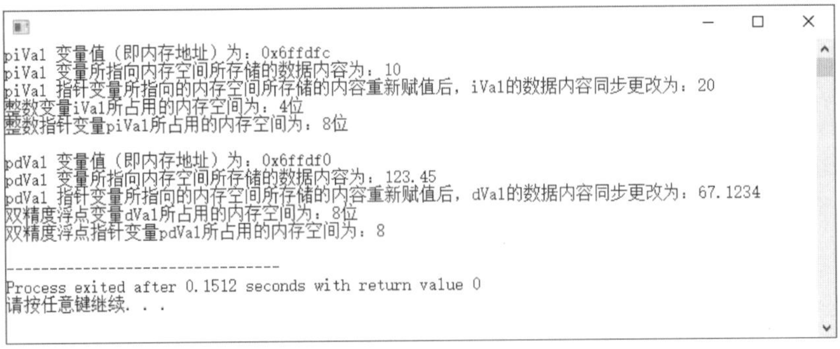

图 6-4

【程序解析】

第07、08行：分别声明iVal整数变量与dVal双精度浮点变量。

第10、11行：声明整数类型的指针变量piVal并赋初值为0，之后把整数变量iVal的地址赋值给指针变量piVal。

第13行：声明浮点类型指针变量pdVal的同时把浮点变量dVal的地址赋值给它。

第18行：把piVal指针变量指向的内存空间所存储的值重新赋值为20，此时iVal变量的数据内容同步更改为20。

第20、21行：调用sizeof()函数求iVal与piVal所占用的存储空间的大小。

第26行：把pdVal指针变量指向的内存空间所存储的值重新赋为67.1234，此时dVal的数据内容同步更改为67.1234。

第28、29行：调用sizeof()函数求dVal与pdVal所占用的存储空间的大小。

6.1.4　指针运算

对于一般变量而言，当使用"++"运算符或"--"运算符来进行运算时，变量存储的数值会有增减的变化。例如以下程序语句声明了一个整数变量iVal，它的初值为10，当经过递增运算（++）后，　iVal的值改变为11：

```
int iVal=10;
iVal++; // iVal=11
```

指针变量虽然是一种用来存储内存地址的变量，但也可以对指针使用"++"运算符或"--"运算符来进行运算，不过运算结果与一般变量的含义就大不相同了。

事实上，当我们对指针变量使用这两个运算符时，并不是进行一般变量的数值加法或减法运算，而是用来增减内存地址的偏移量或位移量，移动的基本单位则取决于所声明指针变量的数据类型所占的字节数。

例如以下程序语句声明了一个整数指针变量piVal，假如当指针声明时所取得的iVal变量的内存地址为0x2004，之后对piVal执行递增运算，piVal的值将改变为0x2008：

```
int iVal=10;
int* piVal=&iVal;     // piVal=0x2004
piVal++;              // piVal=0x2008
```

由于不同的变量类型在内存中所占内存空间的大小也不同，因此当指针变量加1时，是以指针变量的声明类型所占内存空间的大小为单位（字节数）来决定移动字节数的。例如整数（int）类型所占用的内存空间单位为4字节，当对整数类型的指针变量进行加1或减1运算时，即表示在内存中向右或向左移动4字节的地址，如图6-5所示。

图 6-5

而双精度浮点（double）类型所占用的内存空间单位为8字节，当对双精度浮点类型的指针变量进行加1或减1运算时，即表示在内存中向右或向左移动8字节的地址，如图6-6所示。

图 6-6

提示　对于指针的加法或减法运算，只能针对常数值（如+1或-1）来进行，不可以进行指针变量彼此间的相互运算，因为指针变量存储的内容是内存地址，而地址间的运算并没有任何意义，而且会让指针变量指向不合法的内存地址。不过对于相同类型的指针变量，则可以利用比较运算符来比较内存地址间的先后次序。

【范例程序：CH06_03.cpp】

本范例程序用于示范和说明整数指针变量与双精度浮点指针变量的加法与减法运算，请仔细观察各种运算后的地址变化，相信读者对指针运算的概念会有更为深入的理解。

```
01   #include <iostream>
02
03   using namespace std;
04
05   int main()
06   {
07       int *int_ptr;                            // 声明整数类型指针变量
08       int iValue=12345;
09       double *double_ptr,dValue=1234.56;       // 声明双精度浮点类型指针变量
10
11       int_ptr=&iValue;
12       double_ptr=&dValue;
13
14       // 整数指针加法与减法运算
15
16       cout<<"int_ptr = "<<int_ptr<<endl;
17       int_ptr++;                               // 向右移1个整数类型基本内存单元偏移量
18
19       cout<<"int_ptr++ = "<<int_ptr<<endl;
20       int_ptr--;                               // 向左移1个整数类型基本内存单元偏移量
21
22       cout<<"int_ptr -- = "<<int_ptr<<endl;
23       int_ptr=int_ptr+3;                       // 向右移3个整数类型基本内存单元偏移量
24       cout<<"int_ptr+3 = "<<int_ptr<<endl<<endl<<endl;
25
26       cout<<"double_ptr = "<<double_ptr<<endl;
27       double_ptr++;                            // 向右移1个双精度浮点类型基本内存单元偏移量
28
29       cout<<"double_ptr++ = "<<double_ptr<<endl;
30       double_ptr--;                            // 向左移1个双精度浮点类型基本内存单元偏移量
31
32           cout<<"double_ptr-- = "<<double_ptr<<endl;
33       double_ptr=double_ptr+3;                 // 向右移3个双精度浮点类型基本内存单元偏移量
34       cout<<"double_ptr+3 = "<<double_ptr<<endl;
35
36       return 0;
37   }
```

执行结果如图6-7所示。

图 6-7

【程序解析】

第07、08行：声明整数类型指针变量与整数类型变量。

第09行：声明双精度浮点类型指针变量与双精度浮点类型变量。

第17行：向右移1个整数类型基本内存单元偏移量。

第20行：向左移1个整数类型基本内存单元偏移量。

第23行：向右移3个整数类型基本内存单元偏移量。

第27行：向右移1个双精度浮点类型基本内存单元偏移量。

第30行：向左移1个双精度浮点类型基本内存单元偏移量。

第33行：向右移3个双精度浮点类型基本内存单元偏移量。

6.1.5　多重指针

由于指针变量所存储的是内存地址，当然该指针变量本身所占用的内存空间也拥有一个内存地址，因此可以声明"指针的指针"，就是指向指针变量的指针变量，或者称为多重指针。例如以下程序语句：

```
int num = 10;        // 声明整数变量num，赋初值为10
int *ptr1 = &num;    // 声明指针变量*ptr1，并指向整数变量num，即存储num的内存地址
int **ptr2 = &ptr1;  // 声明指针变量ptr2，并指向指针变量ptr1，即存储ptr1的内存地址
```

以上范例程序语句分别表示：变量num存储的值为10，指针ptr1会存储变量num的内存地址，而指针ptr2则存储指针ptr1的内存地址，如图6-8所示。

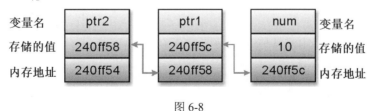

图 6-8

【范例程序：CH06_04.cpp】

本范例程序主要用于说明双重指针的声明与使用，其中表示ptr1是指向num的指针，通过

*ptr1=10来赋值。另外，ptr2是指向ptr1的地址，因此*ptr2=ptr1，而经过两次"引用运算符"的运算后，可得到**ptr2=10。

```
01    #include <iostream>
02
03    using namespace std;
04
05    int main()
06    {
07        int num = 10;
08        int *ptr1 = &num;                    // ptr指向num变量，即存储的是num变量的地址
09        int **ptr2 = &ptr1;                  // ptr2指向ptr1指针变量，即存储的是ptr1指针变量的地址
10
11        cout<<"----------------------------------------------------"<<endl;
12        cout<<"num="<<num<<" &num="<<&num<<endl;
13        cout<<"----------------------------------------------------"<<endl;
14        cout<<"&ptr1="<<&ptr1<<" ptr1="<<ptr1<<" *ptr1= "<<*ptr1<<endl;
15        cout<<"----------------------------------------------------"<<endl;
16        cout<<"&ptr2="<<&ptr2<<" ptr2="<<ptr2<<" *ptr2="<<ptr2<<"
    **ptr2="<<**ptr2<<endl;
17        cout<<"----------------------------------------------------"<<endl;
18
19        return 0;
20    }
```

执行结果如图6-9所示。

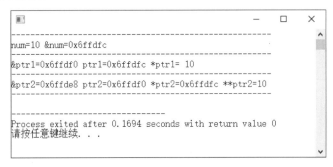

图 6-9

【程序解析】

第08行：ptr指向num变量，即存储的是num变量的地址。

第09行：ptr2指向ptr1指针变量，即存储的是ptr1指针变量的地址。

第14、16行：ptr2所存放的内容为ptr1的地址（&ptr1），而*ptr2为ptr1所存放的数据内容。我们可将**ptr2看成*(*ptr2)，也就是*(ptr1)，因此**ptr2=*ptr1=10。

通过对程序范例CH06_04的解读，我们应该更为了解双重指针（指针的指针）的作用与原理。以此类推，当然还可以进一步声明两重以上的多重指针，例如：

```
int num = 10;
int *ptr1 = &num;
int **ptr2 = &ptr1;
int ***ptr3 = &ptr2;
int ****ptr4 = &ptr3;
```

6.2　指针与数组

在C++中，我们知道当声明数组时，会由系统分配一段连续的内存空间。事实上，数组名就是指向数组中第一个元素的内存地址，也可以代表该数组在内存中的起始地址，而数组的索引值其实就是数组中其他元素相对于数组第一个元素的内存地址的偏移量（Offset）。

因此，对于已声明的数组，可以直接使用数组名来进行指针的加法运算，也就是数组名可以直接当成一种指针常数来参与指针的各种运算。例如给数组名加1，表示移动一个数组元素内存的偏移量。通过取址运算符"&"可以获得该数组元素的内存地址，当然能以指针方式直接存取数组内的元素值。存取数组元素的两种语法如下：

数组名[索引值] = *数组名(+索引值)

或

数组名[索引值]= *(&数组名[索引值])

> **提示**　数组可以直接当成指针常数来使用，数组名对应的是数组第一个元素的内存地址。由于数组的地址是只读的（常数），因此不能改变其值，这点是和指针变量最大的不同。例如：
>
> ```cpp
> int arr[2][3],value=100;
> int *ptr=&value;
> arr=ptr;        // 此行不合法，因为arr是只读的，不能重设其值
> ```

【范例程序：CH06_05.cpp】

本范例程序用于说明数组与指针常数间的替代运算，并示范以两种指针方式来存取数组内的元素值。在使用指针常数表示法时，数组名加1表示位移一个该数组元素的内存单位，即偏移量，而这个偏移量与该数组所声明的数据类型所占用的单位内存空间有关（字节数）。

```cpp
01   #include <iostream>
02
03   using namespace std;
04
05   int main()
06   {
07       int arr[] = { 10, 20, 30, 40, 50}; // 声明数组arr并赋初值
08       int i;
09
10       for ( i = 0; i < 5; i++ )
11           cout<<"arr["<<i<<"] = "<<arr[i]<<"  *(arr+"<< i<<")="<<*(arr+i)<<"
     *(&arr["<<i<<"])="<<*(&arr[i])<<endl;
12       // 打印输出数组与指针常数的替代运算的结果
13
14       return 0;
15   }
```

执行结果如图6-10所示。

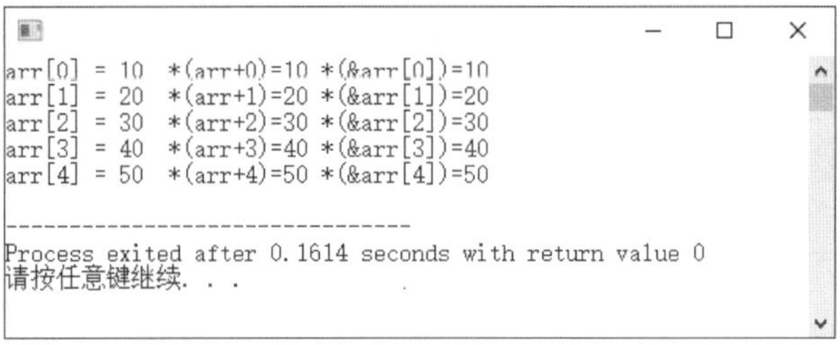

图 6-10

【程序解析】

第07行：声明数组arr并赋初值。

第11行：打印输出数组与指针常数的替代运算的结果。

从该范例程序可知，该整数数组名加1，表示内存地址将右移4字节。该数组长度的大小可调用sizeof()函数来求得：

数组长度=sizeof(数组名)/sizeof(数组名[0])

6.2.1　指针与一维数组

由于指针变量可以存储变量的内存地址，而通过内存地址可以间接地存取该内存空间中存储的数据内容，因此在编写程序代码时，可以将指针变量指向数组的起始地址（存储数组的起始地址），然后通过引用运算符"*"来存取数组中的元素值。有关指针变量存储一维数组地址的方式有以下两种：

数据类型 *指针变量=数组名；

或

数据类型 *指针变量=&数组名[0]；

【范例程序：CH06_06.cpp】

在本范例程序中已声明好iArrVal数组，然后声明一个指针变量来指向该数组的起始位置——该数组第一个元素的内存地址，最后通过引用运算符"*"来间接存取该数组内的元素值。

```
01   #include <iostream>
02
03   using namespace std;
04
05   int main()
06   {
07       int iArrVal[3]={10,20,30};              // 声明数组并赋初值
08       int* piVal=iArrVal;                     // 声明指针变量并将指针指向数组的起始位置
09       int i;
10       for(i=0;i<sizeof(iArrVal)/sizeof(iArrVal[0]);i++)
11       {
12           cout<<"数组元素 iArrVal["<<i<<"] 的值为 "<<iArrVal[i]<<endl;
13           cout<<"使用指针打印数组元素的值, *(piVal+"<<i<<") 的值为 "<<*(piVal+i)<<endl;
14           cout<<"-------------------------------------------------"<<endl;
15       }
```

```
16      cout<<endl;
17
18      return 0;
19   }
```

执行结果如图6-11所示。

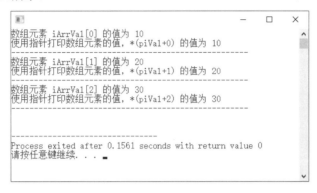

图 6-11

【程序解析】

第10~15行：通过for循环，以sizeof()函数获取数组的长度（利用数组总数据长度除以数组第一个元素的数据长度即可得到数组的长度）。

第12行：以数组索引值的方式输出数组元素的值。

第13行：以指针方式输出数组元素的值。

6.2.2　指针与多维数组

我们在前面的章节已经提过，无论是一维数组还是多维数组，都是在内存中占据了一段连续的存储空间。由于内存是线性结构，因此像二维数组或多维数组，在内存中系统也是以线性方式给它们分配内存空间的，当然二维数组或多维数组的数组名同样也是数组的起始地址，也是数组第一个元素的内存地址。

二维数组具有两个索引值，表示二维数组使用两个值来说明其中的元素相对于该数组第一个元素的偏移量，为了方便说明，请看以下这个声明：

```
int arr[3][5];
```

在这个例子中，arr数组是一个3×5的二维数组，可以看成是由3个一维数组组成的且每个一维数组各有5个元素。因为数组名可以直接当成指针常数来使用，所以二维数组可以看成是一种双重指针的应用。

例如*(arr+0)表示数组中第一维维数为0的第一个元素的内存地址，也就是arr[0][0]的内存地址；*(arr+1)表示数组中第一维维数为1的第一个元素的内存地址，也就是arr[1][0]的内存地址；而*(arr+i)表示数组中第一维维数为i的第一个元素的内存地址，如图6-12所示。

如果想要用指针来表示数组元素arr[1][1]的内存地址，使用*(arr+1)+1即可。请注意，引用运算符"*"的优先级高于"+"运算符的优先级。例如要用指针表示arr[2][3]的内存地址，使用*(arr+2)+3即可。也就是说要用指针表示数组元素arr[i][j]的内存地址，使用*(arr+i)+j即可，如图6-13所示。

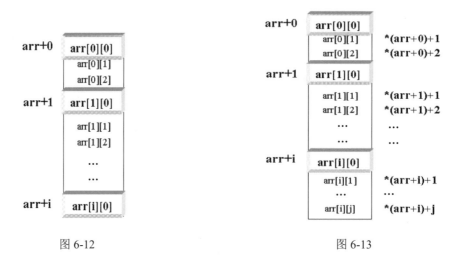

图 6-12   图 6-13

如果再加上一个引用运算符"*"，也就是*(*(arr+i)+j)，其实就是用双重指针表示法来取出二维数组arr[i][j]的元素值。

【范例程序：CH06_07.cpp】

本范例程序用来示范二维数组与双重指针的使用，并演示通过双重指针来打印输出二维数组中的元素值。

```cpp
01   #include <iostream>
02
03   using namespace std;
04
05   int main()
06   {
07       int arr[4][3] = {{1, 2, 3},
08                        {4, 5, 6},
09                        {7, 8, 9},
10                        {10, 11, 12} };    // 声明二维数组arr并赋初值
11       int i, j;
12
13       for (i = 0; i < 4; i++ )
14           for ( j = 0; j < 3; j++ )
15           {
16               cout<<"arr["<<i<<"]["<<j<<"] ="<<arr[i][j]<<'\t'; //打印arr[i][j]的元素值
17               cout<<"*(arr+"<<i<<"+"<<j<<")= "<<*(arr+i)+j<<'\t';//打印arr[i][j]的地址
18               cout<<"*(*(arr+"<<i<<")+"<<j<<") ="<<*(*(arr+i)+j)<<endl; //打印
     arr[i][j]的元素值
19           }
20
21       return 0;
22   }
```

执行结果如图6-14所示。

```
arr[0][0] =1    *(arr+0+0)= 0x6ffdd0    *(*(arr+0)+0) =1
arr[0][1] =2    *(arr+0+1)= 0x6ffdd4    *(*(arr+0)+1) =2
arr[0][2] =3    *(arr+0+2)= 0x6ffdd8    *(*(arr+0)+2) =3
arr[1][0] =4    *(arr+1+0)= 0x6ffddc    *(*(arr+1)+0) =4
arr[1][1] =5    *(arr+1+1)= 0x6ffde0    *(*(arr+1)+1) =5
arr[1][2] =6    *(arr+1+2)= 0x6ffde4    *(*(arr+1)+2) =6
arr[2][0] =7    *(arr+2+0)= 0x6ffde8    *(*(arr+2)+0) =7
arr[2][1] =8    *(arr+2+1)= 0x6ffdec    *(*(arr+2)+1) =8
arr[2][2] =9    *(arr+2+2)= 0x6ffdf0    *(*(arr+2)+2) =9
arr[3][0] =10   *(arr+3+0)= 0x6ffdf4    *(*(arr+3)+0) =10
arr[3][1] =11   *(arr+3+1)= 0x6ffdf8    *(*(arr+3)+1) =11
arr[3][2] =12   *(arr+3+2)= 0x6ffdfc    *(*(arr+3)+2) =12

------------------------------
Process exited after 0.1731 seconds with return value 0
请按任意键继续. . .
```

图 6-14

【程序解析】

第16行：打印二维数组arr[i][j]的元素值。

第17行：使用指针方式来打印arr[i][j]的地址。

第18行：使用双重指针方式来打印arr[i][j]的元素值。

通过该范例程序可知，二维数组可以使用指针常数的方式来表示。由于二维数组也是占用连续的内存空间，因此可以通过指针变量指向二维数组的起始地址，而后通过指针移动来获取数组的所有元素值。声明方式如下：

```
数据类型 指针变量=&二维数组名[0][0];
// 这里的二维数组必须是已声明且数据类型与所声明指针变量相同的数组
```

以下声明一个int数据类型的二维数组a_Num[2][3]，并将它的起始地址赋值给指针变量*ptr：

```
int a_Num[2][3];
int *ptr=&a_Num[0][0];
```

则该数组在内存中的排列方式如图6-15所示。

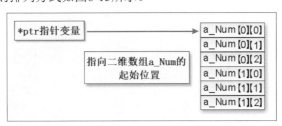

图 6-15

如果要使用指针变量*ptr来存取二维数组中第i行第j列的元素，也就是a_Num[i][j]，这时可以使用如下公式来取出该元素的值：

```
*(ptr+i*3+j);
```

6.2.3 指针与字符串

我们在此还是要唠叨一次。在C++中，字符串其实是由字符数组组成的，而且一定要在字符数组的后面加上空字符 '\0' 来表示字符串的结束。在未介绍字符串的指针表示法之前，我们先来复习一下之前所介绍的字符数组声明字符串的两种方式：

```
char name[] = { 'J', 'o', 'h', 'n', '\0'};
```

或

```
char name[] = "John";
```

如同指针处理数组的方式，C++中的字符串也可以通过指针来声明与操作。例如在C++程序中可以利用字符串指针变量来指向字符串常数，声明的语法如下：

```
char *指针变量="字符串内容";
```

例如：

```
char *p_N="John";
```

当声明完成时，系统将分配内存来存储字符串"John"，并将指针变量*p_N指向此字符串的起始位置，如图6-16所示。

图 6-16

使用字符数组或指针来建立字符串并无太大差异。如果是使用字符数组方式，这个字符数组的数组名就指向此字符串第一个字符的起始地址，而且为常数，不能修改数组名代表的内存地址。至于使用指针来建立字符串，则此指针的值也指向此字符串第一个字符的起始地址，因为这个指针是变量形式，所以可以参与指针的任何运算。

【范例程序：CH06_08.cpp】

本范例程序用于示范字符数组或指针声明字符串的方式，并用字符串指针参与加法运算。需要注意的是，字符数组名Name为指针常数，不可改变它的值，但可以更改p_N指针变量的值。另外，把字符指针传递给cout，就可以显示出字符串的内容，在第15行中使用强制类型转换(int *)来显示指针变量*p_N所指向的内存地址。

```
01   #include <iostream>
02   #include <cstdlib>
03
04   using namespace std;
05
06   int main()
07   {
08       char Name[]="John";      // 声明字符数组Name[]并赋初值
09       char *p_N=Name;          // 声明字符串指针*p_N并赋初值
10       cout<<"Name[]的地址: "<<&Name<<" 字符串的内容: "<<Name<<endl;
11       // 显示字符数组的内容
12       // Name++; Name为指针常数，此运算不合法，因为不可改变其值
13       // Name=p_N; Name为指针常数，此运算不合法，因为不可改变其值
14
```

```
15      cout<<"p_N的地址: "<<(int *)p_N<<" 字符串的内容: "<<p_N<<endl;
16      // 显示字符串指针的内容
17
18      p_N++;    // p_N为指针变量, 可改变其值
19      cout<<"p_N字符串经过运算后的新内容: "<<p_N<<endl;
20
21      return 0;
22  }
```

执行结果如图6-17所示。

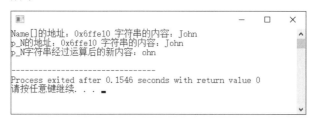

图 6-17

【程序解析】

第08、09行：声明字符数组Name[]与字符串指针*p_N，并给它们赋初值。

第12、13行：Name为指针常数，不可改变其值，这两行都为不合法语句，如果拿掉注释符号，则编译时会报错。

第15行：从执行结果可知，系统另外分配了指针变量来存储字符串的内存地址。

第18行：p_N为指针变量，可改变其值。

6.2.4　指针数组

经过前面章节的学习，相信读者不会觉得指针操作真的很难。对于熟练掌握指针的程序设计人员而言，反而会认为指针是相当简单且实用的工具，例如指针也可以像其他变量一样声明为数组方式，即所谓的指针数组。每个指针数组中的元素都是一个指针变量，而元素值则为其他变量的内存地址。以下是一维指针数组的声明语法：

```
数据类型 *数组名[元素名称];
```

例如以前声明二维字符数组来存储字符串的数组：

```
char name[4][10]= { "Justinian", "Momo", "Becky", "Bush" };
```

现在可以改为声明一维字符串指针数组：

```
char *name[4]={ "Justinian", "Momo", "Becky", "Bush" };
```

一维字符串指针数组是将指针指向各字符串的起始地址，借此来建立字符串的数组。这时name[0]指向字符串"Justinian"，name[1]指向字符串"Momo"，name[2]指向字符串"Becky"，name[3]指向字符串"Bush"。

下面来讨论一个有趣的例子。假如想使用一般数组类型来存储数个字符串，依照之前所学，通常必须使用上述二维字符数组，声明方式如下：

```
char name[4][10] = { "Justinian", "Momo", "Becky", "Bush" };
```

　　如果使用以上这种方式来声明字符串数组，最大的缺点就是每个维数都要占用10个字符的内存空间，如图6-18所示。

J	u	s	t	i	n	i	a	n	\0
M	o	m	o	\0	\0	\0	\0	\0	\0
B	e	c	k	y	\0	\0	\0	\0	\0
B	u	s	h	\0	\0	\0	\0	\0	\0

图 6-18

【范例程序：CH06_09.cpp】

　　本范例程序用来说明二维字符数组的声明与使用，读者可以对照图6-18来观察此范例程序中字符串数组内存分配的情况。注意，如果数组元素是空字符（'\0'），则打印出0。

```cpp
01   #include <iostream>
02
03   using namespace std;
04
05   int main()
06   {
07       char name[4][10] = { "Justinian", "Momo", "Becky", "Bush" };
08       int i, j;
09       for ( i = 0; i < 4; i++ )
10       {
11           for ( j = 0; j < 10; j++ )
12           {
13               if( name[i][j] == '\0' )
14                   cout<<"0";   // 若是空字符，则打印出0
15               else
16                   cout<<name[i][j];
17           }
18           cout<<endl;  // 换行
19       }
20
21       return 0;
22   }
```

　　执行结果如图6-19所示。

图 6-19

【程序解析】

　　第07行：声明一个二维字符数组。

　　第13行：若是空字符('\0')，则打印出0。

第18行：换行。

从该范例程序可知，使用上述方式来存储字符串有很明显的缺点，对于长短不一的字符串，浪费了许多存储空间来存储空字符（'\0'）。为了避免空间的浪费，我们可以使用一维指针数组来存储字符串，代码如下：

```
char *name[4] = { "Justinian", "Momo", "Becky", "Bush" };
```

在此声明中，每个数组元素name[i]都是用来存储所对应字符串的内存地址，因此不会浪费存储空间来存储无用的空字符，如图6-20所示。

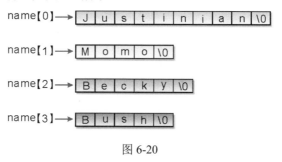

图 6-20

【范例程序：CH06_10.cpp】

本范例程序用来对比一维指针数组与二维字符串数组来存储字符串的不同之处，这是个很经典的程序，两种声明方式使得字符串占用的内存空间是不同的。

```
01  #include <iostream>
02  #include <cstdlib>
03
04  using namespace std;
05
06  int main()
07  {
08      const char *name[4] = { "Justinian", "Momo", "Becky", "Bush" }; // 一维指针数组
09      char name1[4][10] = { "Justinian", "Momo", "Becky", "Bush" };   // 二维字符串数组
10
11      int i;
12      cout<<"---------- 一维指针数组的存储方式 --------------"<<endl;
13      for ( i = 0; i < 4; i++ )
14      {
15          cout<<"name["<<i<<"] = \""<<name[i]<<"\"\t"<<endl;
16          cout<<"内存地址: "<<(int *)name[i]<<endl;        // 显示出name[i]所在的内存地址
17      }
18      cout<<"------------ 二维字符串数组的存储方式--------------"<<endl;
19      for ( i = 0; i < 4; i++ )
20      {
21          cout<<"name1["<<i<<"] = \""<<name1[i]<<"\"\t"<<endl;
22          cout<<"内存地址: "<<(int *)name1[i]<<endl; // 显示出name1[i]所在的内存地址
23      }
24
25      return 0;
26  }
```

执行结果如图6-21所示。

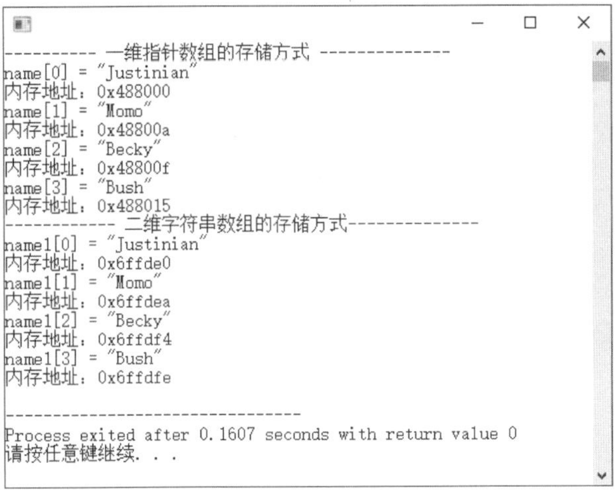

图 6-21

【程序解析】

第08、09行：一维指针数组与二维字符串数组的声明。

第13~17行：显示出指针数组name[i]存储的内容与指针对应的内存地址。

第16行：把字符串指针传递给cout，会直接显示出字符串的内容，因此在第16行中使用强制类型转换（int *）以显示出指针数组name[i]所指向的内存地址。

第19~23行：显示出二维字符串数组name1[i]存储的内容与指针对应的内存地址。

6.3　动态分配内存

动态分配内存（Dynamic Allocation Memory）是指程序在执行过程中才提出分配内存的要求，主要的目的是使对内存的使用更具弹性。从程序的角度来看，动态分配机制可以使数据声明的操作在程序执行期间再做决定。从编写程序的角度来看，编写程序时明确声明变量是采用静态分配内存（Static Allocation Memory）的方式，也就是所有变量的声明必须在编译阶段就确定需要使用的内存空间，这自然会有某些不便之处。例如许多程序设计人员往往会苦恼该事先声明多大的数组，如果事先声明的数组过大，则内存使用的效率不高，如果事先声明的数组过小，则会面临程序运行时数组的存储空间不足的问题。

6.3.1　动态分配内存和静态分配内存

采用动态分配内存方式，即表示在程序执行期间再根据程序的设置与具体需求适当分配所需要的内存空间。对于内存容量不充足的情况，如果程序还采用静态声明方式分配内存，就很容易造成程序无法执行的窘境。虽然动态分配内存比静态分配内存具有更多的弹性，不过动态分配内存必须在程序结束前进行，在编程时要编写好主动完成释放动态分配内存的语句。

如果程序执行期间动态分配的内存未释放，将会造成内存空间的浪费，形成所谓的内存泄漏（Memory Leak），这种情况累积到一定程度，将有可能导致系统运行越来越缓慢，或有些需要大容量内存的程序无法运行等情况。表6-1为动态分配内存和静态分配内存两种方式的对比。

表 6-1　动态分配内存和静态分配内存两种方式的对比

方式与对比项	动态分配内存	静态分配内存
内存分配时段	运行期间	编译阶段
内存释放	程序结束前必须释放动态分配的内存空间，否则会造成内存泄漏	不需释放，程序结束时自动归还给系统
程序执行性能	较低（因为所需的内存必须在程序执行时才继续分配）	较高（程序编译阶段已经决定了内存所需的容量）
指针遗失动态分配内存空间的地址	若指向动态分配空间的指针，在未释放该地址的内存空间前，又指向别的内存空间，则原本所指向的内存空间将无法被释放，从而造成内存泄漏	没有此问题

6.3.2　动态分配变量

在C++中，可以分别使用new与delete关键字在程序执行期间动态分配与释放内存空间。其中new运算符会根据所申请的内存大小在内存中分配足够的空间，并返回分配成功内存的指针值，也就是内存地址。由于使用new运算符动态分配的内存空间在程序执行期间将会一直占用，当不再使用时，必须使用delete关键字来释放之前动态分配的内存空间。

接着就来介绍C++动态分配变量的方式，也就是在程序运行期间，根据数据类型来动态分配内存空间，并将分配内存空间的地址赋值给指针变量。数据类型除了C++的基本数据类型外，也可以包括结构体等自定义的数据类型，语法如下：

```
数据类型 *指针变量=new 数据类型(初始值);
```

new运算符会向系统申请分配内存，如果分配内存成功，则返回该内存的地址，如果分配内存失败，则返回NULL值。使用new关键字动态分配内存时，可同时设置该内存空间存储的初始值。若不指定初始值，则可将小括号省略，如下所示：

```
int *p_I=new int(77);      // 动态分配int数据类型，且*p_I=77，即这个内存空间存储值为77
float *p_F=new float;      // 动态分配float数据类型，且未设置初值
```

另外，使用new关键字动态分配的内存空间，当不再使用时，就要使用delete关键字来释放它们，以归还给系统，否则当动态分配的内存越多来越多时，将影响到系统的可用空间，进而降低系统的执行性能。释放动态分配内存的语法如下：

```
delete 指针名称;
```

使用delete关键字释放内存时，该指针变量所指向的内存——指针变量的值为该内存的地址，且必须是原来new运算符所配置的地址，否则将会造成无法预期的执行结果。示例语句如下：

```
int *ptr=new int;    // 动态分配内存，并把内存地址赋值给ptr指针变量
ptr++;               // 指针变量所存储的内存地址递增1，即往后移动4字节（因为是int类型）
delete ptr;
```

在上述语句中，指针变量ptr经过递增后，所存储的内存地址已经不是原先new关键字动态分配内存空间返回的内存地址，因此delete关键字所释放的将会是内存地址加1（地址向后移动4字节）后所指向的内存空间。

【范例程序：CH06_11.cpp】

本范例程序演示使用new关键字动态分配内存空间来存储输入的数值，执行加法运算后显示其和，然后使用delete关键字释放该动态分配的内存空间。

```cpp
01   #include <iostream>
02
03   using namespace std;
04
05   int main()
06   {
07       int *ptr_1=new int;    // 声明 *ptr_1 指针，并用 new 分配内存
08       int *ptr_2=new int;    // 定义 *ptr_2 指针，并用 new 分配内存
09
10       cout << "输入被加数: ";
11       cin >> *ptr_1;         // *ptr_1 存储被加数
12       cout << "输入加数: ";
13       cin >> *ptr_2;         // *ptr_2 存储加数
14
15       cout<<"--------------------------------------"<<endl;
16       cout << *ptr_1 << " + " << *ptr_2 << " = ";
17       cout << *ptr_1+*ptr_2; // 计算总和
18
19       cout << endl;          // 换行
20
21       delete ptr_1;          // 释放分配给 ptr_1 的内存空间
22       delete ptr_2;          // 释放分配给 ptr_2 的内存空间
23
24       return 0;
25   }
```

执行结果如图6-22所示。

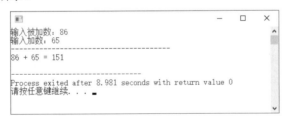

图 6-22

【程序解析】

第07、08行：声明*ptr_1和*ptr_2指针，并用new关键字分配内存。

第11行：*ptr_1存储被加数。

第13行：*ptr_2存储加数。

第21行：释放分配给ptr_1的内存空间。

第22行：释放分配给ptr_2的内存空间。

6.3.3 动态分配数组

在程序中以语句声明数组时，一般是在编译阶段确定数组的长度，但这种静态方式很容易造

成内存的浪费或无法满足程序所需的问题。别担心，这类问题可以通过动态分配数组方式来解决。

　　也就是说，采用动态分配数组方式就可以在程序执行时再临时决定数组的大小。动态分配数组与动态分配变量类似，声明后会在内存中寻找适合的连续存储空间，所申请的内存空间的大小必须与指定数据类型再乘以数组长度的乘积相等。分配完成后，再将该内存空间的起始地址赋值给所声明的指针变量。接着就来认识动态分配一维数组的方式，语法如下：

```
数据类型 *指针数组变量=new 数据类型[元素个数];
```

　　分配动态数组时，必须在中括号内指定动态分配数组的元素个数。当分配成功时，系统会返回该数组的起始地址，否则返回NULL值。当动态分配的数组在程序中不再使用时，也必须使用delete关键字来释放该动态数组。使用delete关键字释放动态数组的语法如下：

```
delete [] 指针数组变量;
```

【范例程序：CH06_12.cpp】

　　本范例程序用于演示如何动态分配数组。程序中指针变量获取动态分配数组的起始地址后，可以使用指针运算的方式来存取数组内各元素的值，或者以数组索引的方式来存取元素值。另外，当使用delete关键字释放动态数组后，最好将指向数组的指针变量指向NULL。

```cpp
01   #include <iostream>
02
03   using namespace std;
04
05   int main()
06   {
07       int no,count=0, Total=0;        // 声明整数变量count与Total
08
09       cout<<"输入要参与求和数值的个数: ";
10       cin>>no;
11
12       int *ptr=new int[no];           // 动态分配内存给具有n个元素的数组
13
14       cout<<endl;
15       for (count=0; count < no; count++)
16       {
17           cout << "输入ptr[" << count << "]:";
18           cin >> ptr[count];          // 通过以索引值存取数组元素的方式来给数组元素输入值
19       }
20       for (count=0; count < no; count++)
21           Total+=*(ptr+count);                // 通过指针变量取值的方式来存取数组元素的值
22       cout<<"----------------------------------------"<<endl;
23       cout << no<<"输入数值的总和 = " << Total;    // 显示计算的结果
24       cout << endl;
25       delete [] ptr;  // 释放分配给ptr的内存空间
26       ptr=NULL;
27
28       return 0;
29   }
```

　　执行结果如图6-23所示。

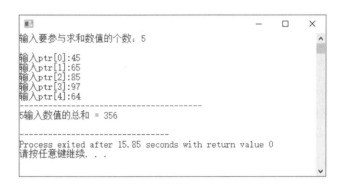

图 6-23

【程序解析】

第10行：输入所要分配数组具有的元素个数。

第12行：使用new关键字动态分配具有n个元素的数组，并把内存地址赋值给指针变量*ptr。

第18行：使用以索引值存取数组元素的方式来给数组元素输入值。

第21行：通过指针变量取值的方式来存取数组元素的值，并执行加法运算求总和。

6.4　引用类型简介

引用类型（Reference）在C++中是一种很特别的类型，它与指针有点相似，可以用来替变量、常数或对象取别名（Alias）。一旦使用某个标识符替变量、常数或对象取了别名后，就可以使用该标识符来引用同一个变量、常数或对象。

引用类型的重要特征就是一旦对变量或对象（假设是B）取了别名（假设是A）之后，那么所有作用于A的运算或操作所产生的效果都会累积到B上，就如同直接对B进行运算或操作一样。

6.4.1　引用类型声明

在一般情况下，引用很少单独声明与使用，通常应用于函数的参数或返回值。引用在声明时必须使用取址运算符"&"，并且一定要同时赋予初值，声明的语法如下：

```
数据类型 &引用名称 = 初值;                    // 一次声明一个引用
数据类型 &引用名称1 = 初值1,…, &引用名称n = 初值n;   // 一次声明多个引用
```

例如以下程序语句先声明一个int类型的变量j，再声明一个引用refj来代表j的别名：

```
int j = 20;
int &refj = j;                    // 声明引用必须使用 "&" 运算符，并且同时赋予初值
```

请注意，当refj成为j的别名后，就不能再将refj这个标识符重复声明为其他变量或对象的别名，并且所有作用于refj上的运算或操作都会同时作用到j上。例如以下程序语句：

```
refj++;
cout<<j<<endl;                    // 输出21，因为j也会同时加1
int temp = refj;
cout<<temp<<endl;                 // 也是输出21
```

【范例程序：CH06_13.cpp】

本范例程序用于示范声明引用与指针变量，并同时赋予初值。请注意，当使用引用或指针参与运算后，原变量或对象也会同步改变。

```
01    #include <iostream>
02
03    using namespace std;
04
05    int main()
06    {
07        int j = 20;
08        int &refj = j;                  // 声明引用必须使用"&"运算符，并且同时赋予初值j
09        int *ptr=&j;                    // 声明指针，并且同时指向j，即存储j的内存地址
10
11        cout<<"refj="<<refj<<" *ptr="<<*ptr<<endl;        // 显示出refj与*ptr的内容
12        *ptr=*ptr+5;                    // 以指针参与运算
13
14        cout<<"refj="<<refj<<" *ptr="<<*ptr<<endl;
15        refj=refj+5;                    // 以引用参与运算
16        cout<<"refj="<<refj<<" *ptr="<<*ptr<<endl;
17
18        return 0;
19    }
```

执行结果如图6-24所示。

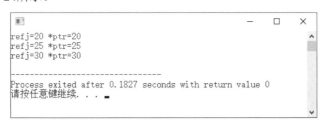

图 6-24

【程序解析】

第08行：声明引用必须使用"&"运算符，并且同时赋予初值j。

第09行：声明指针，并且同时指向j，存储变量j的内存地址。

第12行：以指针参与运算。

第15行：以引用参与运算。

6.4.2　指针引用简介

指针与引用之间可以结合使用，也就是将引用的初值设置为某个指针变量的地址，即为指针引用。例如以下程序代码中指针引用refArr代表PtrArr的别名，而指针PtrArr又存储了数组Arr的起始地址，*(refArr + i)就等同于Arr[i]，因此程序的输出是"1 2 3"。

```
int Arr[3] = {1,2,3};
int* PtrArr = Arr;              // 声明指针PtrArr，并赋予初值，即存储数组Arr的起始地址
int* &refArr = PtrArr;          // 声明指针引用refArr，即PtrArr的别名
```

```
        for(int i=0;i<3;i++)
            cout<<*(refArr + i)<<" ";            // 按序输出 "1 2 3"
        cout<<endl
```

【范例程序：CH06_14.cpp】

本范例程序用来演示指针引用的声明与应用，并使用指针变量存储数组的起始地址，再声明指针变量的引用——指针引用，最后通过指针引用输出数组Arr1与数组Arr2中的元素。

```
01    #include <iostream>
02
03    using namespace std;
04
05    int main()
06    {
07        int Arr1[5] = {9,8,7,6,5};
08        int Arr2[5] = {0,1,2,3,4};
09
10        int* Ptr1 = Arr1;              // Ptr1为指向数组Arr1的指针，初值为数组Arr1的起始地址
11        int* Ptr2 = Arr2;              // Ptr2指向数组Arr2的起始地址
12
13        int i = 0;
14        int* &refArr1 = Ptr1;          // 声明指针引用refArr1，即Ptr1指针的别名
15          int* &refArr2 = Ptr2;        // 声明指针引用refArr2，即Ptr2指针的别名
16
17        for(i=0;i<5;i++)
18            cout<<"Arr1["<<i<<"]="<<*(refArr1 + i)<<'\t'<<"Arr2["<<i<<"]="<<*(refArr2+i)
   <<endl;
19        // 以指针引用输出数组Arr1与数组Arr2中的元素值
20
21        refArr1=refArr2;                // 让指针引用refArr1指向另一个指针引用refArr2
22
23      cout<<"refArr1=refArr2赋值语句执行后....................."<<endl;
24      for(i=0;i<5;i++)
25          cout<<"*(refArr1+"<<i<<")="<<*(refArr1 + i)<<endl;
26
27        return 0;
28    }
```

执行结果如图6-25所示。

```
Arr1[0]=9        Arr2[0]=0
Arr1[1]=8        Arr2[1]=1
Arr1[2]=7        Arr2[2]=2
Arr1[3]=6        Arr2[3]=3
Arr1[4]=5        Arr2[4]=4
refArr1=refArr2赋值语句执行后.....................
*(refArr1+0)=0
*(refArr1+1)=1
*(refArr1+2)=2
*(refArr1+3)=3
*(refArr1+4)=4

-----------------------------
Process exited after 0.1502 seconds with return value 0
请按任意键继续. . .
```

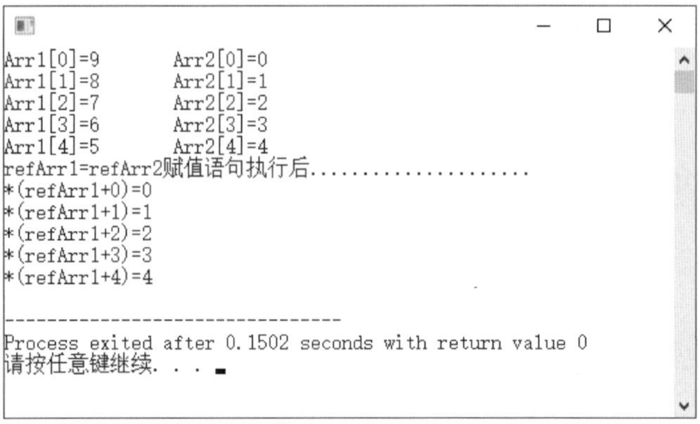

图 6-25

【程序解析】

第10行：Ptr1为指向数组Arr1的指针，初值为数组Arr1的起始地址。

第11行：Ptr2为指向数组Arr2的指针，初值为数组Arr2的起始地址。

第14行：声明指针引用refArr1，即Ptr1指针的别名。

第15行：声明指针引用refArr2，即Ptr2指针的别名。

第18行：以指针引用输出数组Arr1与数组Arr2中的元素值。

第21行：让指针引用refArr1指向另一个指针引用refArr2。

6.5　上机编程实践

（1）请设计一个C++程序，用来说明两个指针变量指向同一个地址的赋值运算（=）与相关数据内容的变化。

解答▶ 可参考范例程序ex06_01.cpp。

（2）请设计一个C++程序，演示声明三重指针的应用与实现方式。

解答▶ 可参考范例程序ex06_02.cpp。

（3）请设计一个C++程序，声明不同数据类型的数组，并演示在数组指针常数上进行加法运算后内存地址偏移量的变化：

```
int arr1[] = { 10, 20, 30, 40, 50};
double arr2[] = { 10.0, 20.0, 30.0, 40.0, 50.0 };
```

解答▶ 可参考范例程序ex06_03.cpp。

（4）请设计一个C++程序，使用一个循环列出二维数组中所有的元素值。

解答▶ 可参考范例程序ex06_04.cpp。

（5）请设计一个C++程序，使用二维数组方式来完成矩阵的相加运算，并用指针变量的方式来存取A、B、C二维数组中的各个元素。

其中$C_{ij} = A_{ij} + B_{ij}$，在图6-26中，各矩阵可被视为3×3的二维数组，因而可以通过数组索引值或指针运算的方式来获取其中的各个元素值。

$$\begin{bmatrix} A_{11} & A_{12} & A_{13} \\ A_{21} & A_{22} & A_{23} \\ A_{31} & A_{32} & A_{33} \end{bmatrix} + \begin{bmatrix} B_{11} & B_{12} & B_{13} \\ B_{21} & B_{22} & B_{23} \\ B_{31} & B_{32} & B_{33} \end{bmatrix} = \begin{bmatrix} C_{11} & C_{12} & C_{13} \\ C_{21} & C_{22} & C_{23} \\ C_{31} & C_{32} & C_{33} \end{bmatrix}$$

A矩阵　　　　　　　　B矩阵　　　　　　　　C矩阵

图 6-26

解答▶ 可参考范例程序ex06_05.cpp。

（6）请设计一个C++程序，采用两种方法来输出，一种是采用指针常数的方式来表示三维数组元素的地址，另一种是采用"&"取址运算符获取三维数组元素的地址，比较两种方法的地址值。示例数组元素的内容如下：

```
A[4][3][3]={{{1,-2,3},{4,5,-6},{8,9,2}},
            {{7,-8,9},{10,11,12},{8,3,2}},
```

```
        {{-13,14,15},{16,17,18},{3,6,7}},
        {{19,20,21},{-22,23,24},(-6,9,12)}}};
```

解答▶ 可参考范例程序ex06_06.cpp。

（7）请设计一个C++程序，将指针数组指向字符串数组，并在冒泡排序过程时使用指针数组来存储排序后的字符串数组。示例用的字符串数组如下：

```
char name[10][10]={"Mary","John","Michael","Helen","Stephen",
                   "Kelly","Deep","Bush","Cherry","Andy"};
```

解答▶ 可参考范例程序ex06_07.cpp。

（8）请设计一个C++程序，将用户输入的5个数字存入动态分配的int数组中，并且按照从大到小的顺序进行排列，最后输出排序后的结果。

解答▶ 可参考范例程序ex06_08.cpp。

（9）数组元素的内容如下：

```
A[4][3][3]={{{1,-2,3},{4,5,-6},{8,9,2}},
            {{7,-8,9},{10,11,12},{0.8,3,2}},
            {{-13,14,15},{16,17,18},{3,6,7}},
            {{19,20,21},{-22,23,24},(6-,9,12)}}};
```

请设计一个C++程序，使用指针常数的方式来获取这个三维数组的元素值，并计算数组中所有元素值的总和。

解答▶ 可参考范例程序ex06_09.cpp。

（10）现在有三个整数数组num1、num2和num3，分别存放了二位数的整数、三位数的整数与四位数的整数，如下所示：

```
int num1[]={ 15,23,31 };
int num2[]={ 114,225,336 };
int num3[]={ 1237,3358,9271 };
```

请设计一个C++程序，使用指针数组的三个元素值指向这三个数组，并通过这个指针数组来输出这三个整数数组的所有元素值。

解答▶ 可参考范例程序ex06_10.cpp。

 本章习题

问答与实践题（参考答案见附录A）

（1）以下是三重指针的程序片段：

```
int num = 100;
int *ptr1 = &num;
int **ptr2 = &ptr1;
int ***ptr3 = &ptr2;
```

请回答以下问题：

① **ptr2与***ptr3的值是多少？

② 试说明ptr2与*ptr3是否相等，为什么？

（2）*c = b与c = &b的意义有什么相同与不同之处？请加以说明。

（3）请用简单的文字来解释下列变量所代表的含义：

```
int *prt0;
int *prt1 = 2000;
int *prt2 = NULL;
```

（4）有一个变量val，我们想把它的值存放在内存地址为0x1000的内存中，请问程序语句应该如何编写？

（5）请说明下列程序语句所代表的含义。

```
int *prt = new int;
```

（6）请查看下列程序语句，它的写法正确吗？

```
 int a1,*p1=0;        // 声明变量a1及指针变量p1，并且将指针变量p1的初值设定为0
```

（7）指针的操作采用哪两种运算符？

（8）请使用指针方式来表示arr[i][j]的内存地址。

（9）试说明指针变量在当前的操作系统下占用内存的情况。

（10）下面这个程序有什么错误？

```
01 #include <iostream>
02
03 int main(void)
04 {
05    char *str;
06
07    cout<<"请输入字符串: ";
08    cin>>str;
09    cout<<"输入的字符串: "<< str<<endl;
10
11    return 0;
12 }
```

（11）下面是一位初学指针的学生所编写的程序，他希望通过操作指针q来改变变量p的值，原先想要p的值为2，却输出了奇怪的结果。请问错误在哪里？

```
01 #include <iostream >
02
03 int main(void)
04 {
05    int p = 1, *q;
06
07    q = &p;
08    *q++;
09    cout<<"p ="<<p<<endl;
10    cout<<"*q ="<<*q<<endl;
11
12    return 0;
13 }
```

（12）当声明数组与指针来存取内存中的数据时，两者有什么差异？

（13）下面的程序片段为设置圆的半径，请写出第07行的输出结果。

```
01 #include <iostream>
02 int main()
03 {
04    int iRadius=10;
05    int* piRadius=&iRadius;
06
07    cout<<"*piRadius 值为"<<*piRadius<<endl;
08    return 0;
09 }
```

（14）指针的加法运算和一般变量的加法运算有什么不同？

（15）在下面的程序语句中，声明一个数组指针以及赋予初值的方式是否正确？

```
int *p1;
int array1[5];
p1=array1;
```

（16）下面的程序语句中的注释是否正确？

```
char* s1= "This is a Key ";       // 声明字符串指针
char *p1;                         // 声明指针变量
```

（17）请说明下面的程序片段执行后prt的内存地址是多少？试说明理由。

```
int *prt = (int *) 1000 ;
prt+=3;
prt--;
```

（18）请简单说明指针运算的含义与作用。

（19）请问下面的程序片段中哪一行有错误？试说明理由。

```
01 int value=255;
02 int *piVal,*piVal1;
03 float *ppp;
04 piVal= &value;
05 piVal1=piVal;
06 ppp=piVal1;
```

（20）下面的程序代码是四重指针的应用，请问***ptr与****ptr的值是多少？

```
int num = 1000;
int *ptr1 = &num;
int **ptr2 = &ptr1;
int ***ptr3 = &ptr2;
int ****ptr4 = &ptr3;
```

（21）请问下面的程序片段中是否有错误？试说明理由。

```
01 int arr[10],value=100;
02 int *ptr=&value;
03 arr=ptr;
```

（22）请问如何求得一维数组的长度（元素个数）？

（23）数组名本身存储着内存地址，假设有一个二维数组arr，如何使用指针变量ptr取代arr来取出数组中所有元素的值？

（24）什么是指针引用？

（25）动态分配数组的优点是什么？

（26）什么是指针数组？

（27）请说明内存泄漏的含义。

（28）请简述为何要使用动态分配内存以及动态分配内存的优点。

（29）如何使用一个循环列出二维数组中所有元素的值？

（30）下面这个程序有无错误？如果有错误，如何修正？

```
01 #include <iostream>
02
03 int main(void)
04 {
05     char p[80];
06
07     p = "123456789";
08
09     cout<< p;
10     return 0;
11 }
```

（31）在程序中如何声明指针，指针必须定义哪些内容或赋予哪些含义？

（32）下面的程序片段中有什么错误？

```
01 #include <iostream>
02
03 int main(void)
04 {
05     int* x, y;
06     int input;
07
08     x = &input;
09     y = &input;
10     cout<<"x = "<<x<<endl;
11     cout<<"y = ",<<y<<endl;
12
13     return 0;
14 }
```

（33）请说明取址运算符"&"与引用运算符"*"有什么作用？

第 7 章

函数入门

7

软件开发的工作是相当庞大且复杂的,需求及功能越来越多,程序代码就会越来越庞大。此时,多人分工合作来完成软件开发是势在必行的。而且,如果每次修改一点点程序代码,就要将全部成千上万行的程序代码重新编译,这样的做法显得相当低效。再者,如果程序中有许多类似的部分,一旦日后要更新,必定会增添其难度。在C++程序中,函数可视为一种独立的模块,当需要某项功能的程序时,调用编写好的函数即可。采用函数不但能大幅提高程序代码的可重用性(Reusability),还可减少调试程序排除错误的范围,让程序的维护工作更加轻松。函数的作用就像建筑工地的合作,如图7-1所示。

图 7-1

7.1 函数功能简介

函数就是一段程序语句的集合,并且给予一个名称来代表此程序代码的集合。例如C++的程序结构中就包含最基本的函数,它就是大家耳熟能详的main()函数。不过,如果C++程序从头到尾只有一个main()函数,当然会降低程序的可读性并增加程序结构规划上的困难。所以一般中大型程序都会根据程序功能将程序分割成一个个单位(函数)。

C++的函数可分为系统提供的标准函数及用户自行定义的函数两种。要调用标准函数,需先将相关函数的头文件(Header File)包含(include)到程序中,例如想调用C++的数学函数,则要先将数学函数的头文件cmath包含进来:

```
#include <cmath>
```

自定义函数就是用户根据需求来设计的函数,也是本章要介绍的重点,包括声明函数的语法、参数的传递、函数原型的声明、变量的作用域等。下面我们先从函数的语法谈起。

7.1.1 自定义函数

自定义函数是由函数名称、参数、返回值与返回值数据类型组成的,基本的语法如下:

```
返回值数据类型 函数名称(参数行)
{
```

```
    程序区块;
    return 返回值;
}
```

1. 返回值数据类型

表示函数返回值的数据类型,如果返回整数,则使用int;如果返回浮点数,则使用float;如果没有返回值,则可加上void关键字;如果未指定任何返回值,则编译器默认函数返回整数。

2. 函数名称

函数名称是由程序设计人员自行命名的,命名规则必须遵循标准的变量命名规则,命名要有实际的含义,最好从函数名称就可以获知函数的功能。

3. 参数行

参数行是调用函数时需要传递的值。参数行可以由0个或多个参数组成,不过在声明函数时必须包含数据类型和参数名称。如果函数不需要传入参数,则可在括号内指定void数据类型(或省略成空白)。

4. 返回值

返回值的数据类型要与函数声明时返回值的数据类型对应。函数中的return语句会将其后的返回值返回给调用该函数的程序,并结束函数的执行。若函数没有返回值,则可以省略return语句。

5. 函数调用

函数调用将在7.1.3节介绍。

【范例程序:CH07_01.cpp】

本范例程序中的Add_Fun()函数是一个简单的自定义函数,它将传入的整数值相加并返回相加的结果。我们可以从这个程序先认识自定义函数的结构与基本概念。

```cpp
01   #include <iostream>
02   #include <cstdlib>
03
04   using namespace std;
05
06   int Add_Fun(int a, int b) // 参数为a和b,返回值为整数
07   {
08       return a+b;        // 返回两个整数的和
09   } // 函数的定义与声明
10
11   int main()
12   {
13       int x;
14       int y;
15
16       cout<<"请输入整数 x= ";
17       cin>>x;
18       cout<<"请输入整数 y= ";
```

```
19      cin>>y;
20      cout<<"相加的结果为: "<<Add_Fun(x,y)<<endl;  // 输出Add_Fun函数的返回值
21
22      system("pause");
23      return 0;
24  }
```

执行结果如图7-2所示。

图 7-2

【程序解析】

第06~08行：Add_Fun()函数的声明与定义。

第07行：返回a+b的值。

第20行：调用Add_Fun函数将x和y的值赋给Add_Fun()函数的参数a和b。

7.1.2 函数声明

C++的自定义函数可分为函数声明与函数定义两部分。函数声明的目的是告诉编译器有关函数的信息，函数定义则是描述自定义函数功能的程序语句集合。任何自定义函数在被调用之前都必须先声明，否则在编译时将会报错。

C++的程序设计人员一般习惯将主程序的main()函数编写在程序文件的最前端，以突显程序的主要逻辑。不过因为C++的编译器是自上而下解析程序代码的内容的，所以如果在主程序main()函数中调用自定义函数，却将自定义函数的定义放在main()函数的后面，那么编译器就会报错。

也就是说，调用函数的程序代码如果位于函数定义之后，就不需要事先声明。如果调用函数的程序代码位于函数定义之前，就必须在调用函数之前先声明自定义函数的原型（Function Prototype），以告诉编译器存在这样的自定义函数。自定义函数原型声明的语法如下：

返回值数据类型 函数名称(数据类型 参数1，数据类型 参数2,…);

或

返回值数据类型 函数名称(数据类型，数据类型,…);

要注意的是，在自定义函数原型声明时，声明语句的最后必须要加上";"号作为声明语句的结束符，而且函数名称也必须符合标识符的命名规则。至于参数声明部分，可直接以参数数据类型来表示，参数名称可写，也可不写。例如：

int sum(int, int);   // 合法的函数原型声明

或

int sum(int score1, int score2);   // 合法的函数原型声明

为了提高程序的可读性，一般会统一将自定义函数原型的声明放在主程序main()函数之前或调用自定义函数的主程序区块大括号的起始位置，而将自定义函数的具体定义部分放在主程序main()函数之后。

如果直接将自定义函数的定义部分放在主程序main()函数之前，就同时具备了函数的声明与定义功能，因而不必再提供函数原型的声明。下面即为两种合法的自定义函数的声明与定义方式：

```
int Add_Fun(int a, int b)
{
   return a+b;
}
// 函数的定义在main()之前
int  main(void)
{
    int i=3, j=5;
    printf("%d",Add_Fun(i, j));
}
```

```
int Add_Fun(int a, int b);
// 函数原型声明
 main(void)
{
    int i=3, j=5;
    printf("%d",Add_Fun(i, j));
}
//函数的具体定义在main()之后
int Add_Fun(int a, int b)
{
    return a+b;
}
```

图7-3为完整的自定义函数原型的声明与使用示意图。

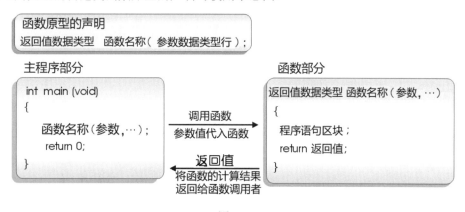

图 7-3

以上是将自定义函数的定义部分放在主程序main()函数之前，这样的做法可以将函数声明为全局作用域，也就是在此程序内的任何地方都可以调用此自定义函数。

其实，我们也可以在某个函数内部进行函数原型的声明，这种做法会限制自定义函数的调用范围，因为限定了该函数只能在所声明的函数内被调用，所以其他外部函数无法调用。

【范例程序：CH07_02.cpp】

本范例程序将函数原型声明放在main()函数的前面，而函数的定义部分放在main()函数的后面，这是标准的写法，因为当程序规模较大时，可以提高程序的可读性。

```
01   #include<iostream>
02   #include<cstdlib>
03
04   using namespace std;
05
06   int my_pow(int,int);
```

```
07    void show_output(int);
08    // 上面为函数原型的声明
09    int main()
10    {
11        int x,r;
12        cout<<"请输入两个数字："<<endl;
13        //输入数字
14        cout<<"x = ";
15        cin>>x;
16        printf("r = ");
17        scanf("%d",&r);
18        // 在程序语句中调用函数
19        cout<<x<<" 的 "<<r<<" 次方 = "<<my_pow(x,r)<<endl; // 调用my_pow()函数
20        system("pause");
21        return 0;
22    }
23    // 函数的定义部分
24    int my_pow(int x,int r)
25    {
26        int i;
27        int sum=1;
28        for(i=0;i<r;i++)
29        {
30            sum=sum*x;
31        } // 计算x^r的值
32        return sum;
33    }
```

执行结果如图7-4所示。

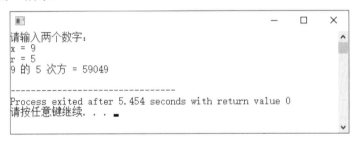

图 7-4

【程序解析】

第06、07行：在#include包含头文件之后且主函数main()之前声明函数原型。

第19行：调用my_pow()函数。

第24~33行：my_pow()函数的定义部分。

第30行：计算x的r次方。

7.1.3 函数调用

当我们在程序中需要使用到函数（不论是自定义函数还是标准函数）涉及的功能时，就需要调用函数，通常直接使用函数名称即可调用函数，调用函数的语法如下：

```
函数名称(参数1，参数2,…);
```

函数调用时的参数也被称为自变量（Argument，参变量），当调用函数时，函数会将自变量的值传递给函数定义的参数，所以函数参数和自变量的个数要相同，数据类型要相符。本书不对自变量和参数的不同说法进行区分，没有特别强调时统一称为参数。调用函数时，若函数不需要传入参数，则函数名称后面的小括号内可以为空格或填入void数据类型，如下所示：

```
函数名称();
```

或

```
函数名称(void);
```

如果函数有返回值，则可使用赋值运算符"="将返回值赋给函数调用者的变量，如下所示：

```
变量=函数名称(参数1，参数2,…);
```

7.2　认识参数传递

函数的参数传递功能主要是将主程序中调用函数时代入的值传递给函数的参数，接着参与函数内部程序语句的执行，这种关系有点像棒球中投手与捕手的关系，一个投球，另一个接球。函数参数的种类可以分为以下两种：

- 形式参数（Formal Parameter）：在函数定义首部声明的参数。
- 实际参数（Actual Parameter）：实际调用函数时提供的参数。

请看以下示意图：

```
void Add_Num_Fun(int Add_Number)
{
    ...                                    ────→ 形式参数
}

void main(void)
{                                          ────→ 实际参数
    ...
    Add_Num_Fun(10);
}
```

在C++中，对于传递参数的方式，可以根据传递和接收的是参数数值或参数地址分为三种：传值调用（Call by Value）、传址调用（Call by Address）和传引用调用（Call by Reference）。

7.2.1　传值调用

所谓传值调用，是指主程序调用函数的实际参数时，系统会将实际参数的数值传递并复制给函数中相对应的形式参数。由于函数内的形式参数已经不是原来的变量（形式参数被额外分配了内存空间，即新的内存空间），因此在函数内的形式参数执行完毕时，并不会修改函数调用者调用时提供的实际参数的值（如果调用时以变量作为实际参数）。

传值调用的函数声明语法如下：

```
返回值数据类型 函数名称(数据类型 参数1，数据类型 参数2,…);
```

或

```
返回值数据类型 函数名称(数据类型，数据类型,…);
```

传值调用的函数调用形式如下：

函数名称(参数1,参数2,…);

【范例程序：CH07_03.cpp】

本范例程序是一个标准函数传值调用的范例，希望读者能用心观察在主函数中、fun函数内与调用fun函数后的主函数中三种情况，a与b数值的变化与三种情况下a、b变量的地址差异，就能了解传值调用的特性与意义。

```cpp
01  #include<iostream>
02  #include<cstdlib>
03  using namespace std;          /* 函数原型声明 */
04  void fun(int, int);
05
06  int main()
07  {
08      int a,b;
09      a=10;
10      b=15;
11      // 输出主程序中a和b的值
12      cout<<"主函数中: a = "<<a<<" b = "<<b<<endl;
13      cout<<"a的地址: "<<&a<<" b的地址: "<<&b<<endl;
14      // 调用函数
15      fun(a,b);
16      cout<<"------------------------------------------"<<endl;
17      // 输出调用函数后a和b的值
18      cout<<"调用函数后: a = "<<a<<" b = "<<b<<endl;
19      cout<<"a的地址: "<<&a<<" b的地址: "<<&b<<endl;
20
21      system("pause");
22      return 0;
23  }
24
25  void fun(int a, int b)
26  {
27      cout<<"------------------------------------------"<<endl;
28      cout<<"fun函数内: a = "<<a<<" b = "<<b<<endl;
29      cout<<"a的地址: "<<&a<<" b的地址: "<<&b<<endl;
30      a=20;
31      b=30;          // 重设函数内a和b的值
32      cout<<"函数内变更数值后: a = "<<a<<" b = "<<b<<endl;
33  }
```

执行结果如图7-5所示。

【程序解析】

第12、13行：输出主程序中声明的a和b的数值与地址。

第18、19行：经过调用函数后，再输出a和b的数值与地址，发现a和b的数值和地址并没有改变，这就是传值调用的特性。

第28、29行：在第15行调用函数后，按照函数接收的参数直接输出它们的数值与地址，发现此刻a和b的地址与主函数中a和b的地址不同。

第30~32行：在fun函数内修改a和b的值并输出。

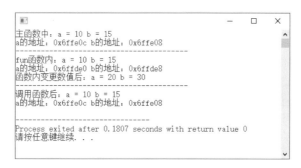

图 7-5

7.2.2　传址调用

传址调用是指在调用函数时，系统并没有分配新的内存空间给函数的形式参数，而是将实际参数的地址直接传递给所对应的形式参数。如此，函数的形式参数将与所传递的实际参数共享同一块地址，因此当函数内的形式参数执行时，其实是针对实际参数进行操作或处理，对形式参数的更改就是对实际参数的修改。也就是说，C++是以指针变量的形式参数来存放实际参数所传入的变量地址的。

传址方式的函数声明语法如下：

返回值数据类型　函数名称(数据类型　*参数1，数据类型　*参数2，…)；

或

返回值数据类型　函数名称(数据类型　*，数据类型　*，…)；

传址调用的函数调用语法如下：

函数名称(&参数1,&参数2,…)；

【范例程序：CH07_04.cpp】

本范例程序改写自前面传值调用的范例程序CH07_03.cpp，改写为一个标准的传址调用的范例程序。请读者仔细观察与比较在主函数中、fun函数内与调用fun函数前后a和b值的变化及a和b变量地址的差异，以便更加透彻地了解传值调用与传址调用的差异。

```cpp
01   #include<iostream>
02
03   using namespace std;
04   // 加上指针运算符的函数原型声明，这和传值调用不同
05   void fun(int*, int*);
06
07   int main()
08   {
09       int a,b;
10       a=10;
11       b=15;
12       cout<<"主函数中: "<<a<<" b="<<b<<endl;
13       cout<<"a的地址: a="<<&a<<" b的地址: "<<&b<<endl;
14   fun(&a,&b);         // 需加上&（取址运算符），这和传值调用不同
15   cout<<"------------------------------------------"<<endl;
16   cout<<"调用函数后: a="<<a<<" b="<<b<<endl;
```

```
17        cout<<"a的地址: a="<<&a<<" b的地址: "<<&b<<endl;
18      system("pause");
19       return 0;
20    }
21    // 含指针运算符的函数定义声明，这和传值调用不同
22    void fun(int *a, int *b)
23    {
24      cout<<"--------------------------------------"<<endl;
25      // 此时的*a与*b代表的是传递过来地址上的数值，a与b则代表地址
26      cout<<"函数内: a="<<*a<<" b="<<*b;
27      // 输出函数内a与b的地址
28      cout<<"a的地址: a="<<a<<" b的地址: "<<b<<endl;
29      *a=20;
30      *b=30;
31      cout<<"函数内变更数值后: a="<<*a<<" b="<<*b<<endl;
32    }
```

执行结果如图7-6所示。

图 7-6

【程序解析】

第05行：加上指针运算符的函数原型声明。

第12、13行：输出主程序中定义的a和b变量的数值与地址。

第14行：函数调用时参数变量需加上&（取址运算符），这和传值调用不同。

第16、17行：调用函数后，再输出a和b变量的数值与地址，可发现数值已经改变，但地址并未改变，这就是传址调用的特性。

第22行：含指针运算符的函数定义声明，这和传值调用不同。

第26~28行：在第14行调用函数后，按照函数接收到的参数直接输出数值与地址，发现此刻a和b变量的地址与主函数内的a和b变量的地址相同。

第31行：在函数内变更a和b变量的值之后，输出它们的数值与地址。

7.2.3　传引用调用

传引用调用类似于传址调用，但是在传引用调用的函数中，形式参数并不会另外分配内存来存放实际参数，而是直接把形式参数作为实际参数的一个别名。

简而言之，传引用调用可以实现传址调用同样的功能，却比传址调用简便。在使用传引用调用时，只需在函数原型和定义函数所要传递的参数前加上&运算符。传引用调用的函数声明语法如下：

返回值数据类型 函数名称(数据类型 &参数1，数据类型 &参数2，…)；

或

　　返回值数据类型　函数名称(数据类型 &，数据类型 &，…)；

传引用调用的函数调用语法如下：

　　函数名称(参数1，参数2，…)；

【范例程序：CH07_05.cpp】

本范例程序以传引用调用方式将第一个参数的值加上第二个参数的值，再赋值给第一个参数。

```cpp
01   # include <iostream>
02
03   using namespace std;
04
05   void add(int &,int &);              // 传引用调用的add()函数的原型
06
07   int main()
08   {
09      int a=5,b=10;
10
11      cout<<"调用add()之前, a="<<a<<" b="<<b<<endl;
12      add(a,b);                        // 调用add函数, 执行a=a+b;
13      cout<<"调用add()之后, a="<<a<<" b="<<b<<endl;
14
15      system("pause");
16      return 0;
17   }
18
19   void add(int &p1,int &p2)          // 传址调用的函数定义声明
20   {
21      p1=p1+p2;
22   }
```

执行结果如图7-7所示。

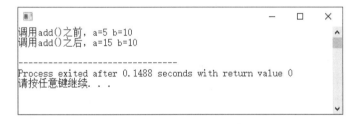

图 7-7

【程序解析】

第05行：声明传引用调用的函数原型，因此在函数原型中的变量都要加上&（取地址运算符）。

第12行：将参数a和b的地址传递到第19行的add()函数中。

第21行：因为是传引用调用，所以p1和p2的值改变时，a和b的值也会随之改变。

7.2.4　参数默认值

在调用函数时，如果传递的参数过多，那么在参数的设置上就会显得有些麻烦，特别是当某

些参数的值只有在特殊情况下才会变动时，针对这种情况就可以设置参数默认值。以下是设置参数默认值的函数原型声明以及函数定义的语法：

```
// 函数原型声明
函数类型 函数名称(数据类型1 参数1,…, 数据类型n 参数n=默认值);

// 函数定义
函数类型 函数名称(数据类型1 参数1,…, 数据类型n 参数n)
{
    函数主体;
    …
}
```

也就是说，我们只需要在函数原型声明中设置参数变量的默认值，含有默认值的参数可以有多个，而且务必统一放置在参数行的后面。理由很简单，因为C++编译器会假设要省略的参数是对应到参数行后面的参数。请注意，如果在函数具体定义时也设置了参数变量的默认值，那么在编译时就会报出参数重复定义的错误。

【范例程序：CH07_06.cpp】

本范例程序包含计算一家大卖场员工月薪的函数，由于每月工时多半为220小时（除非有特别加班），因此函数参数变量的默认值为160，时薪则因人而异。

```
01   #include <iostream>
02
03   using namespace std;
04
05   double salary(double pay,double hours=160);   // 函数默认的参数值
06   int main()
07   {
08       cout<<"张家浩 时薪: "<<50<<"元 本月薪资: "<<salary(50)<<endl;
09       cout<<"王为民 时薪: "<<60<<"元 本月薪资: "<<salary(60,200)<<endl;
10
11       return 0;
12   }
13
14   double salary(double pay,double hours)
15   {
16       return pay*hours;
17   }
```

执行结果如图7-8所示。

图 7-8

【程序解析】

第05行：函数默认参数值的原型声明。

第08行：函数调用时使用默认参数值。

第09行：函数调用时不使用默认参数值。

7.2.5 数组参数

传址调用的方式也可以应用于数组参数的传递。我们知道数组名存储的就是数组第一个元素的内存地址，所以可以直接使用传址调用方式把数组作为参数传递给函数。数组名作为参数传递时所传递的就是数组的地址，也就是指向数组地址的指针。如果在函数中改变了数组的内容，所调用的主程序中数组的内容也会随之改变。

不过，由于数组的大小取决于它所拥有的元素个数，因此在数组参数的传递过程中最好也包含传送数组大小的参变量。一维数组作为参数传递的函数声明语法如下：

方式1：

返回值数据类型或void　函数名称(数据类型 数组名 [ ]，数据类型 数组大小…)；

方式2：

返回值数据类型或void　函数名称(数据类型 *数组名，数据类型 数组大小…)；

一维数组参数传递的函数调用语法如下：

函数名称 (数据类型 数组名，数据类型 数组大小…)；

多维数组参数传递的原理和一维数组大致相同。例如二维数组，只要再加上一个维度大小的参数即可。不过，还有一点需要注意，所传递数组的第一维的维度可以省略不填，而其他维度则必须填上元素个数，否则编译时会报错。二维数组参数传递的函数声明语法如下：

返回值数据类型或void　函数名称(数据类型 数组名 [ ][列数]，数据类型 行数，数据类型 列数…)；

或

返回值数据类型或void　函数名称(数据类型 数组名[行数][列数]，数据类型 行数，数据类型 列数…)；

二维数组参数传递的函数调用语法如下：

函数名称 (数据类型 数组名，数据类型 行数，数据类型 列数…)；

【范例程序：CH07_07.cpp】

本范例程序包含一个输出二维数组元素的函数，用于演示数组与参数传递的用法。

```
01    #include<iostream>
02
03    using namespace std;
04
05    // 各数组函数原型的声明
06    void print_arr(int arr[][5],int,int);
07
08    int main()
09    {
```

```
10        // 声明并初始化存储成绩的二维数组
11        int score_arr[][5]={{78,69,83,90,75},{11,22,33,44,55}};
12        print_arr(score_arr,2,5);
13
14        return 0;
15    }
16
17    // 用于输出二维数组各元素的函数的定义
18    void print_arr(int arr[][5],int r,int c)
19    {    // 第一维可省略，其他维度都必须为数组声明时的长度
20        int i,j;
21
22        for(i=0; i<r; i++)
23        {
24            for(j=0; j<c;j++)
25                printf("%d  ",arr[i][j]);
26            printf("\n");
27        }
28    }
```

执行结果如图7-9所示。

图 7-9

【程序解析】

第06行：第一维可省略（不用定义），其他维数都必须为数组声明时的长度。

第12行：在调用函数时数组的行数与列数，可以根据不同的需求而更改，例如，若只想输出第1~4列的分数，则调用时的参数行可以改为(score_arr,2,4)。

第18~28行：是输出二维数组各元素的函数print_arr( )的定义部分。

7.2.6　返回值

函数返回值的作用是将函数内处理完毕的结果返回给函数的调用者。在返回函数的返回值时，需要注意与函数定义时返回值的数据类型相符。

除了基本数据类型外，指针也可以作为函数的返回值。返回指针的函数原型声明语法如下：

返回值数据类型 *函数名称(数据类型 参数1，数据类型 参数2，…)

【范例程序：CH07_08.cpp】

本范例程序首先以传址调用传递两个字符串指针，然后找到将被串接字符串的尾端，再将另一个字符串串接到被串接字符串之后，最后返回串接完成的字符串指针。

```
01    #include <iostream>
02
03    using namespace std;
```

```
04    char* Strcat(char*, char*);        // 字符串串接函数原型的声明
05
06    int main( void )
07    {
08        char str1[80];
09        char str2[80];
10
11        printf( "请输入一个字符串: " );
12        scanf( "%s", str1 );
13        printf( "请输入要串接的字符串: " );
14        scanf( "%s", str2 );
15        printf( "字符串串接的结果: %s\n", Strcat(str1, str2) );
16
17        return 0;
18    }
19
20    // 自变量: str1与str2串接
21    // 返回值: 返回串接结果str1
22    char* Strcat(char* str1, char* str2)    // 返回值为字符串指针
23    {
24        int i = 0;
25        int j = 0;
26
27        while ( *(str1+i) != '\0' )        // 寻找str1的结束符'\0'的位置
28            i++;
29        while ( *(str2+j) != '\0' )
30        {
31            *(str1+i+j) = *(str2+j);        // 开始逐字符进行串接
32            j++;
33        }
34
35        *(str1+i+j) = '\0';    // 记得加上结束符
36
37        return str1;
38    }
```

执行结果如图7-10所示。

图 7-10

【程序解析】

第04行：字符串串接函数原型的声明。

第12、14行：输入两个字符串。

第22行：返回值为字符串指针。

第27、28行：寻找str1的结束符'\0'的位置。

第35行：加上结束符。

7.3　上机编程实践

（1）请设计一个C++程序，让用户输入两个整数作为长方形的长和宽来计算长方形的面积，并以"*"符号画出长方形的图形。

解答▶ 可参考范例程序ex07_01.cpp。

（2）请设计一个C++程序，分别在函数中以传值CallByValue()函数及传址CallByAddress()函数两种方式指定自变量的值，另外在同一个CallMix()函数中混合采用了传值与传址两种不同的参数传递方式。

解答▶ 可参考范例程序ex07_02.cpp。

（3）请设计一个C++程序，将一个存储学生成绩的一维数组以数组参数的方式传递给输出数组元素的函数及冒泡排序的函数。

解答▶ 可参考范例程序ex07_03.cpp。

（4）请设计一个C++程序，输入两科成绩，通过函数中的计算返回两科成绩的总和。

解答▶ 可参考范例程序ex07_04.cpp。

（5）请设计一个C++程序，包含计算输入的两个数x和y的x^y值的函数Pow()，并将该函数的定义放在main()函数之前。

解答▶ 可参考范例程序ex07_05.cpp。

（6）请设计一个C++程序，使用参数传址方式来设计函数Int_swap()，再把传入的两个整数值进行交换。

解答▶ 可参考范例程序ex07_06.cpp。

（7）请设计一个C++程序，其中包含一个函数，要求输入两个整数，然后利用辗转相除法计算这两个整数的最大公约数。

解答▶ 可参考范例程序ex07_07.cpp。

（8）请设计一个C++程序，用一个函数来计算1加到输入值的总和。

解答▶ 可参考范例程序ex07_08.cpp。

（9）已知一个多项式$P(x)=a_nx^n+a_{n-1}x^{n-1}+\cdots+a_1x+a_0$，则称P(x)为一个n次多项式。可以使用一个n+2长度的一维数组来存放该多项式，数组的第一个位置存储最大指数n，其他位置按照指数n的递减顺序存储相对应的系数。请利用此多项式的表示法设计一个函数来实现两个多项式$A(x)=3x^4+7x^3+6x+2$和$B(x)=x^4+5x^3+2x^2+9$的加法运算。

解答▶ 可参考范例程序ex07_09.cpp。

（10）堆栈是一种抽象数据结构（Abstract Data Type，ADT），它有下列特性：

① 只能从堆栈的顶端存取数据。
② 数据的存取符合后进先出（Last In First Out，LIFO）的原则。

请设计一个函数以数组仿真扑克牌洗牌及发牌的过程，以随机数生成扑克牌后放入堆栈，放满52张牌后开始发牌，使用堆栈功能来给4个人发牌。

解答▶ 可参考范例程序ex07_10.cpp。

 **本章习题**

问答与实践题（参考答案见附录A）

（1）简述参数传递方式中传值给函数的主要特点。

（2）试问下列程序代码中，第一次与第二次调用函数act()所输出的结果分别是什么？并说明其原因。

```
void act(int ti = 10)
{
    printf("%d",ti);
}
void main()
{
    act();
    act(100);
}
```

（3）以下是一个多维数组参数传递的程序，请问哪一行程序代码有错，为什么？

```
01 int main()
02 {
03     int score_arr[][5]={{78,69,83,90,75},{11,22,33,44,55}};
04     print_arr(score_arr,2,5);
05     return 0;
06 }
07 void print_arr(int arr[ ][ ],int r,int c)
08 {
09     int i,j;
10     for(i=0; i<r; i++)
11     {
12         for(j=0; j<c;j++)
13         cout<<arr[i][j]<< " ",;
14         cout<<endl;
15     }
16 }
```

（4）以下字符串复制函数的程序是否正确，为什么？

```
01 char* Strcopy(char* strdes, char*strscr)
02 {
03     int i = 0;
04
05     while ( *(strscr+i) != '\0' )
06     {
07         *(strdes+i) = *(strscr+i);
08         i++;
09     }
10
11     return strdes;
12 }
```

（5）若不进行函数原型声明，我们可以将子函数编写在主函数之前，但下面这个程序仍然返回不正确的结果，请问哪里出了问题？

```cpp
01 #include <iostream>
02 using namespace std;
03 add()
04 {
05     int a = 1, b = 2;
06     return (a + b);
07 }
08
09 int main(void)
10 {
11     cout<<"函数调用: "<< add <<endl;
12     return 0;
13 }
```

（6）下面这个程序哪里出了问题？

```cpp
01 #include <iostream>
02 using namespace std;
03 float square(float)
04 int main( void )
05 {
06     float number;
07     cout<<"请输入要计算平方的数字: ";
08     cin>>number;
09     cout<<number<<"的平方为 "<<square(number)<<endl;
10     return 0;
11 }
12
13 float square(float number)
14 {
15     return (number*number);
16 }
```

（7）为了增加程序的可读性，一般会统一将自定义函数原型声明放在哪里？试说明。

（8）函数参数的种类可以分为哪两种？

（9）什么是C++的传引用调用方式？

（10）为什么在主程序中调用函数之前必须先声明函数原型？

第 8 章

函数的进阶应用

8

函数是C++中相当重要的组成单元。从结构化程序设计及模块化的视角看,使用函数可将程序代码组织为一个个小的、独立的运行单元,并且可在程序中的各个地方根据需要重复执行(调用)这些单元。在第7章中已经介绍了自定义函数的概念及相关基本应用,本章将继续探讨函数的各种进阶应用,例如函数指针、参数型函数指针、函数指针数组、命令行自变量、递归函数、内联函数等进阶函数的应用。

8.1 函数指针简介

在之前有关指针的章节中,我们介绍过指针变量用来指向已定义的变量(存储了所指向变量的地址),因而可以通过指针变量间接地存取所指向变量的内容。在C++中,指针变量也可以声明成指向函数的起始地址,并通过该指针变量来调用所指向的函数。这种指向函数的指针变量被称为函数指针(Pointer of Function)。有了函数指针,就可以使用同一个函数指针变量在程序执行期间动态地决定所要调用的函数。

8.1.1 声明函数指针

刚开始接触函数指针的概念和使用,可能会让我们稍微有点伤脑筋。函数指针与一般指针一样,都是用来存储地址值的。当C++程序执行时,系统会替函数分配内存空间以存储该函数的程序代码。当调用该函数时,编译器的程序流程即跳至该函数的起始地址,并从这个地址开始往下执行该函数。

也就是说,函数名称其实也是一个指针变量,它所存储的值就是函数所在内存的起始地址。如果将函数指针指向该函数的起始地址,在程序中就可以通过函数指针来调用该函数。函数指针的声明语法如下:

返回值数据类型 (*函数指针名称)(参数1数据类型, 参数2数据类型,…);

以下是函数指针的合法的声明实例:

```
void (*ptr)(void);    // ptr为函数指针,而该函数本身无返回值与参数
int (*ptr)(int);      // ptr为函数指针,该函数返回整数值,并接收一个整数类型的参数
char* (*ptr)(char*);  // ptr为函数指针,该函数返回字符指针,并接收一个字符指针作为参数
```

请注意，当声明函数指针时，由于"()"运算符的优先级大于"*"运算符，因此函数指针名称外的小括号"()"绝对不可省略，否则C++编译器会将其视为一般函数的原型声明。例如以下声明：

```
int *ptr(int);          // ptr函数原型声明，该函数返回整数指针和接收一个整数类型的参数
char* ptr(char*);       // ptr函数原型声明，该函数返回字符指针和接收一个字符指针的参数
```

另外，在声明函数指针时，返回值数据类型与参数数据类型及其个数必须与所指向的函数相符。将函数指针指向函数地址的方式有两种，分别如下：

返回值数据类型（*函数指针名称）(参数1数据类型，参数2数据类型,…)=函数名称;

或

返回值数据类型（*函数指针名称）(参数1数据类型，参数2数据类型,…);
函数指针名称=函数名称;

例如：

```
int iFunc();              // 函数原型声明
int (*piFunc)()=iFunc;    // 函数指针声明的同时指向函数iFunc()，即存储了函数iFunc()的地址
```

或

```
int iFunc();        // 函数原型声明
int (*piFunc)();    // 声明函数指针
piFunc=iFunc;       // 将函数指针指向函数iFunc()，即存储了函数iFunc()的地址
```

【范例程序：CH08_01.cpp】

该范例程序为一个经典的函数指针使用范例，它将使用一个函数指针ptr来调用所指向的两个打印字符的简单函数。

```
01   #include <iostream>
02
03   using namespace std;
04
05   void print_word1(const char*);  // 函数原型声明
06   void print_word2(const char*);  // 函数原型声明
07
08   int main()
09   {
10       void (*ptr)(const char*);    // 函数指针声明
11
12       ptr = print_word1;           // 将print_word1的内存地址赋值给ptr函数的指针变量
13       ptr("hello");                // 使用ptr()调用print_word1()函数
14       cout<<"------------------------------------"<<endl;
15       ptr = print_word2;           // 将print_word2的内存地址赋给ptr函数的指针变量
16       ptr("Good bye!");            // 使用ptr()调用print_word2()函数
17
18       return 0;
19   }
20
21   void print_word1 (const char* str)
22   {
23       cout<<"这是print_word1函数"<<endl;
24       cout<<str<<endl;
25   }
```

```
26
27   void print_word2(const char *str)
28   {
29       cout<<"这是print_word2函数"<<endl;
30       cout<<str<<endl;
31   }
```

执行结果如图8-1所示。

图 8-1

【程序解析】

第05、06行：函数原型声明。

第10行：函数指针声明。

第12行：将print_word1()函数的内存地址赋给ptr函数的指针变量。

第13行：使用ptr()调用print_word1()函数。

第15行：将print_word2()函数的内存地址赋给ptr函数的指针变量。

第16行：使用ptr()调用print_word2()函数。

8.1.2　参数型函数指针

我们知道函数指针可以因为指针所指向的地址不同而执行不同的函数。事实上，在C++程序中也可以将函数指针用来作为另一个函数的参数。如果函数指针作为参数，同一个函数可根据不同的需要改变参数行中函数指针所指向的函数地址，这样该函数就可以根据函数指针来决定调用不同的函数。简而言之，就是函数本身可以作为另一个函数中的参数。

参数型函数指针与一般函数指针的声明相同，只是声明地点不同。函数指针一般可以声明成全局变量或局部变量，而参数型函数指针则直接声明在函数的参数行中，语法如下：

```
返回值数据类型  函数名称(参数1数据类型，参数2数据类型,…);
返回值数据类型  (*函数指针名称)(参数1数据类型，参数2数据类型,…);
```

例如定义两个函数，参数行都为两个整数类型，返回值分别为两个参数相减及相加的结果，如下所示：

```
int sub(int a,int b)
{
    return a-b;
}


int add(int a,int b)
{
    return a+b;
}
```

现在定义一个Math()函数，在参数行中，第三个参数即为参数型函数指针，如下所示：

```
int Math(int a,int b,int (*pAdd)(int,int))
{
    return pAdd(a,b);
}
```

由于函数指针可以分别指向sub()函数与add()函数，因此Math()函数可调用不同的函数进行不同的相关计算：

```
...
cout<<Math(4,3,sub);
cout<<Math(4,3,add);
...
```

【范例程序：CH08_02.cpp】

本范例程序示范参数型函数指针的函数原型声明与定义，并演示实现不同的函数参数化的过程。

```
01   #include <iostream>
02
03   using namespace std;
04
05   int add(int,int);
06   int sub(int,int);
07   int Math(int,int,int (*pfunc)(int,int));        // 函数指针作为参数的函数原型声明
08
09   int main()
10   {
11       int x,y;
12
13       cout<<"x=";
14       cin>>x;
15       cout<<"y=";
16       cin>>y;
17
18       cout<<"-----------------------------------"<<endl;
19       cout<<x<<"+"<<y<<"="<<Math(x,y,add)<<endl;      // 调用 add()，并输出其值
20       cout<<x<<"-"<<y<<"="<<Math(x,y,sub)<<endl;      // 调用 sub()，并输出其值
21
22       return 0;
23   }
24
25   // 函数指针作为参数的函数定义
26   int Math(int a,int b,int (*pfunc)(int,int))
27   {
28       return (*pfunc)(a,b);
29   }
30   int add(int a,int b)
31   {
32       return a+b;
33   }
34   int sub(int a,int b)
35   {
36       return a-b;
37   }
```

执行结果如图8-2所示。

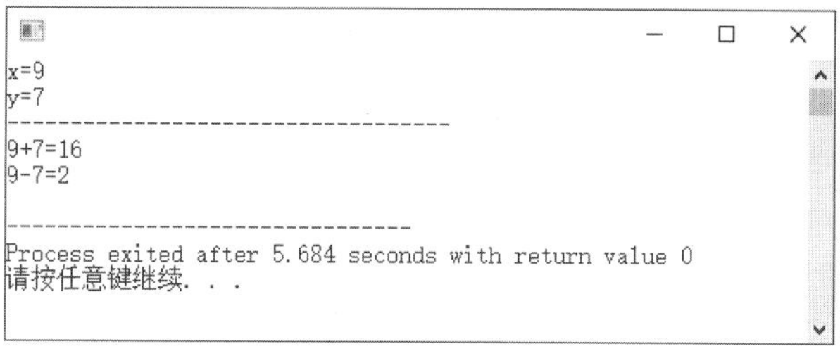

图 8-2

【程序解析】

第07行：函数指针作为参数的函数原型声明。

第19行：调用add()，并打印出其值。

第20行：调用sub()，并打印出其值。

第25~29行：函数指针作为参数的函数定义。

8.1.3 函数指针数组

事实上，函数还可以像其他数据类型一样存放在数组中，而后通过索引值来存取。到底这是什么有趣的功能？没错，这就是C++非常有特色的"函数指针数组"。函数指针也可以如同一般变量一样声明成数组类型，主要用于相同类型函数地址的存储与应用。函数指针数组的声明语法如下：

```
返回值数据类型 (*函数指针名称[])(参数1数据类型，参数2数据类型，…);
```

函数指针数组声明时也可以同时赋初值，赋值方式与一般数组相同。如下所示：

```
int sub(int,int);
int add(int,int);
int mul(int,int);
…
int (*pfunc[])(int,int)={sub,add,mul};
```

【范例程序：CH08_03.cpp】

本范例程序将声明add、sub、mul三个函数，并存储在函数指针数组中，然后通过for循环来依次调用函数指针所指向的函数。

```
01    #include <iostream>
02
03    using namespace std;
04
05    int add(int,int);   // 函数声明
06    int sub(int,int);   // 函数声明
07    int mul(int,int);   // 函数声明
08    int (*pfunc[])(int,int)={add,sub,mul}; // 函数指针数组声明的同时赋初值
09
10    int main()
11    {
12        char c[]={'+','-','*'};
13        int x,y,i;
```

```
14        cout<<"x=";
15        cin>>x;
16        cout<<"y=";
17        cin>>y;
18        cout<<"-------------------------------------------"<<endl;
19        for(i=0;i<3;i++)
20        {
21            cout<<x<<c[i]<<y<<"="<<pfunc[i](x,y)<<endl;
22            // 通过for循环方式调用函数指针所指向的函数
23        }
24        cout<<endl;
25        cout<<"-------------------------------------------"<<endl;
26
27        return 0;
28    }
29    int add(int a,int b)
30    {
31        return a+b;
32    }
33    int sub(int a,int b)
34    {
35        return a-b;
36    }
37    int mul(int a,int b)
38    {
39        return a*b;
40    }
```

执行结果如图8-3所示。

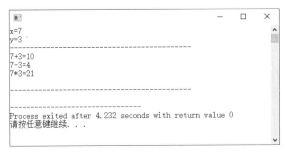

图 8-3

【程序解析】

第05~07行：函数原型声明。

第08行：函数指针数组声明的同时赋初值。

第21行：通过for循环方式调用函数指针所指向的函数。

8.2　命令行参数

命令行参数（Command-Line Argument）就是程序在"命令提示符"窗口或命令行环境中执行时所传递的参数。例如早期在MS-DOS操作系统下的type命令，该命令可以让我们指定文件名来打开并显示纯文本文件的内容，该命令的执行方式如下：

```
type CH08-01.cpp
```

其中type可视为程序名称，而CH08-01.cpp则是传送给type程序的参数，以上这条命令即代表传递一个命令行参数给系统，并告知系统执行此type程序。

main()函数参数的传递

在目前我们所接触的main()函数的声明方式中，除了程序名称外，在执行时并没有加上任何自参数。不过，如果当程序需要用户传递信息时，可以在main()函数中使用argc与argv这两个命令行参数，它们的声明方式如下：

```
int main(int argc,char *argv[])
```

相关说明如下。

1. argc

argc的数据类型为整数类型，表示命令行参数的个数，argc的值大于0，因为至少包括程序本身的名称（表示程序名称本身是第一个参数）。

2. argv

argv[]的数据类型为不定长度的字符串指针数组，所传递的数据皆为字符串，且此字符串数组的个数视用户输入的参数个数而定。命令行参数字符串之间以空格或制表符（Tab）作为分隔符。

在"命令提示符"模式下输入：

```
CH08_04 This is a string.
```

argv的值将会是5，其中argv[0]的内容为"CH08_04"，argv[1]的内容为"This"，arg[2]的内容为"is"，argv[3]的内容为"a"，而argv[4]的内容为"string."。

【范例程序：CH08_04.cpp】

本范例程序是实现程序执行时带命令行参数的简单实例。编译该范例程序之后，在Windows操作系统下启动"命令提示符"窗口，然后执行cd命令切换到该范例程序可执行文件所在的目录，再输入该范例程序的可执行文件名及相应的参数，如"CH08_04 This is a string."。另外，在Dev-C++要传参数给主程序。

```
01   #include <iostream>
02
03   using namespace std;
04
05   int main(int argc, char *argv[])            // 命令行参数的声明
06   {
07      int i;
08      if( argc == 1 )                          // 只有程序名称，没有其他参数
09         cout<<"未指定参数! "<<endl;
10      else
11      {
12         cout<<"所输入的参数为: "<<endl;
13         for( i = 0; i < argc; i++ )
14            cout<<argv[i]<<endl;               //打印argv数组的内容
```

```
15        }
16
17        return 0;
18    }
```

执行结果如图8-4和图8-5所示。

在 DEV C++集成开发环境中依次选择"执行"→"参数"菜单选项，即可开启此窗口，然后在此输入要传给程序的参数

图 8-4

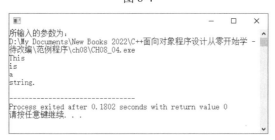

图 8-5

【程序解析】

第05行：命令行参数的声明。

第08、09行：未指定其他参数，只有程序名称。

第13、14行：打印argv数组的内容。

argc和argv[]是程序命令行参数声明时常用的名称，我们也可以选择其他命名，只不过目前大多数程序设计者还是习惯以argc和argv[]作为命令行参数的名称。当输入参数要包含空格符时，需要将整段字符串用一对双引号("")引住，此外在字符串中加入标点符号仍会被视为一个字符串内的字符。请看以下这行语句，大家想想看程序名称lab1后面有几个字符串：

```
lab1 "this is a argument1"  this.is.a.argument2  this is a argument3
```

以上程序代码表示在程序名称lab1后面共有6个字符串，加上程序名称本身，所以argc的个数一共为7个。需要注意的是，命令行参数所读入的值为字符串类型，如果想将命令行参数（字符串）用于数值运算，则必须调用atoi()、atof()与atol()等公用函数库中的字符串转换函数，它们分别可以将字符串转换为整数、浮点数与长整数。

8.3 变量种类

变量根据在C++程序中所定义的位置与格式，将会以不同的形式来存放，同时形成不同的作用域（Scope）与生命周期（Lifetime）。所谓变量的作用域，是指在程序中可以存取该变量的程序区块的范围。

至于变量的生命周期，则是从变量声明开始，一直到变量所占用的存储空间被释放为止。在
C++中，变量根据在程序中所定义的位置可以分为两种作用域的变量，即全局变量（Global Variable）
和局部变量（Local Variable）。

8.3.1　全局变量

全局变量又称为外部变量，声明在程序区块与函数之外，且在声明语句之后的所有函数及程
序区块都可以存取该变量。全局变量的生命周期从声明开始，一直到整个程序结束为止。

初学者往往为了变量声明与使用上的方便，将变量全都声明为全局变量。这是一个很不好的
编程习惯。全局变量的声明和使用要非常谨慎，以避免程序中某个函数不小心给予了错误的值，进
而产生影响整个程序执行全局的副作用（Side Effect）。

8.3.2　局部变量

局部变量是声明在函数或程序区块内的变量，该变量只可以在此程序区块内存取，而此程序
区块外的程序代码都无法存取该变量。当一个程序中有多个程序区块时，每个程序区块的局部变量
是不能互相混用的。局部变量的生命周期从声明开始，一直到声明它的这个程序区块结束为止。请
注意，如果在程序中局部变量与全局变量拥有相同的名称，当程序编译时，在程序区块内的局部变
量会暂时屏蔽掉同名的全局变量，一旦局部变量所在的程序区块执行结束，全局变量又会恢复可见，
也就是说同名的局部变量和全局变量其实是不相关的两个变量。在实际编程中，为了避免混淆，局
部变量和全局变量不建议采用相同的命名。

8.3.3　区块变量

区块变量是指声明在某个程序区块之内的变量，它其实是局部变量的一种。在某些程序代码
区块内声明的变量，它的作用域仅限于此程序代码区块之内，此程序代码区块以外的程序代码都不
能存取或引用该区块变量：

```
{
    /* 在此程序区块内声明变量sum，该变量的作用域仅限于此程序区块的范围内 */
    int sum;
    ...
}
```

8.4　变量的存储类型

C++还提供了5种变量的存储类型修饰符（Type Modifier），包括auto、static、extern、static extern
与register。在声明变量时，可以将类型修饰符与变量一起声明，具体说明如下。

8.4.1　自动变量

加上auto修饰符的变量被称为自动变量（Automatic Variable），必须声明在函数的区块内，也
就是该函数的局部变量。当我们声明变量时，如果没有特别指定类型修饰符，那么系统会把变量默
认为auto。声明语法如下：

```
auto 数据类型 变量名称;
```

自动变量是一种在程序执行进入变量声明所在的程序区块范围内时才会被创建的变量，当程序执行离开此程序区块范围时，该变量所占用的内存空间会立刻被释放。因此，在不同程序区域范围内，即使定义了相同名称的自动变量，程序也会使用不同的内存空间来分别存放它们。

8.4.2　静态局部变量

通常局部变量的生命周期在函数或程序区块执行完时就会结束，然后系统会将分配给局部变量的内存归还给系统，对应该局部变量的内存地址不再有效。不过，如果在函数或程序区块中变量被声明成static存储类型，那么在函数执行完毕之后，分配给该局部变量的内存并不会归还给系统，而是一直保留到整个程序全部结束，这类变量又被称为静态局部变量。如果再次调用该函数，就可以把静态变量中的值取出来。声明语法如下：

```
static 数据类型 变量名称;
```

在声明静态局部变量时，如果没有给它设置初值，系统会自动将静态变量的初值设置为0，而对于一般的变量，在未明确设置初值的情况下，系统并不会自动设置初值为0，因而未设置初值的一般变量，它的初值是一个不确定值。

【范例程序：CH08_05.cpp】

本范例程序用于比较一般变量和静态变量的不同。在两个函数中分别声明一般变量和静态变量，经过三次调用后，比较一般变量的值和静态变量的值的变化。通过比较，相信读者从执行结果可以更为清楚地认识静态变量的作用。

```cpp
01   #include<iostream>
02
03   using namespace std;
04
05   int sum1(int);
06   int sum2(int);        // 函数原型声明
07   int main()
08   {
09     int n;
10
11     cout<<"第一次调用"<<endl;
12     cout<<"函数内sum被声明为一般变量: "<<sum1(5)<<endl;
13     cout<<"函数内sum被声明为静态变量: "<<sum2(5)<<endl;
14     cout<<"第二次调用"<<endl;
15       cout<<"函数内sum被声明为一般变量: "<<sum1(10)<<endl;
16     cout<<"函数内sum被声明为静态变量: "<<sum2(10)<<endl;
17     cout<<"第三次调用"<<endl;
18     cout<<"函数内sum被声明为一般变量: "<<sum1(15)<<endl;
19     cout<<"函数内sum被声明为静态变量: "<<sum2(15)<<endl;
20
21       return 0;
22   }
23   // 函数内sum被声明为一般变量
24   int sum1(int n)
25   {
26     int sum=0;          // 初值设置为0
27     sum+=n;
```

```
28      return sum;
29  }
30  // 函数内sum被声明为静态变量
31  int sum2(int n)
32  {
33      // 声明静态变量sum
34      static int sum;
35
36      sum+=n;
37      return sum;
38  }
```

执行结果如图8-6所示。

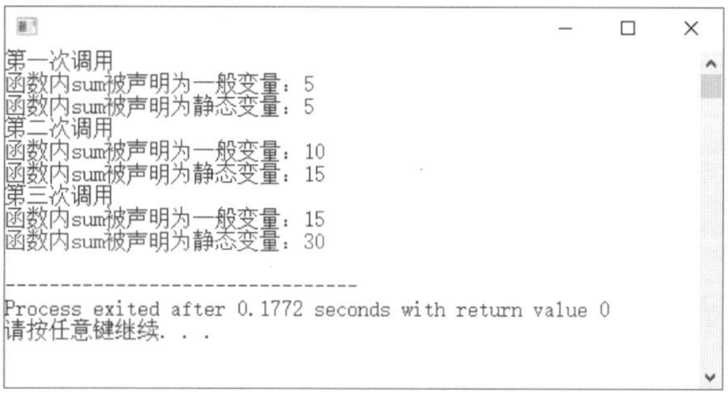

```
🔳                                          —    □    ×
第一次调用
函数内sum被声明为一般变量：5
函数内sum被声明为静态变量：5
第二次调用
函数内sum被声明为一般变量：10
函数内sum被声明为静态变量：15
第三次调用
函数内sum被声明为一般变量：15
函数内sum被声明为静态变量：30
-----------------------------------
Process exited after 0.1772 seconds with return value 0
请按任意键继续. . .
```

图 8-6

【程序解析】

第05、06行：函数原型声明。

第26行：声明一般局部变量，sum的初值被设置为0。

第34行：静态变量的声明，不需要设置初值，系统会自动将静态变量的初值设置为0。当函数执行完后，静态变量占用的内存并不会被清除，而是一直保留到整个程序全部执行结束。

8.4.3　外部变量

外部变量是在函数或程序区块外声明的变量，也就是全局变量。声明时可省略类型修饰符extern，如果未给变量设置初值，则默认初值为0。外部变量定义后，会占用固定的存储空间，在变量声明语句之后，下面的所有函数及程序区块都可以存取该变量，直到整个程序执行结束，所占的内存才会被释放并归还给系统。

extern修饰符的作用是可以将声明在函数或程序区块后面的外部变量引用到函数内来使用。不过，当函数内使用extern修饰符声明一个外部变量时，并不会实际分配内存，且在函数外部必须有一个同名的变量存在。声明语法如下：

```
extern 数据类型 变量名称;
```

【范例程序：CH08_06.cpp】

本范例程序使用两个文件来编写，文件名为CH08_06.cpp与CH08_06_1.cpp，如果在CH08_06.cpp中声明了一个全局变量x，这时若要在CH08_06_1.cpp中使用这个变量，则必须在CH08_06_1.cpp中使用extern修饰符来声明这个变量，表示这个全局变量引用自另一个程序文件中所定义的变量。

```
01    #include <iostream>
02
03    using namespace std;
04
05    #include "CH08_06_1.cpp"
06
07    int x; // 声明x为全局变量
08    int main()
09    {
10        foo();      // 调用另一个程序文件中的函数
11        cout<<"x = "<<x<<endl;
12
13        return 0;
14    }
```

【范例程序：CH08_06_1.cpp】

extern变量与跨程序文件的声明范例与练习：CH08_06_1.cpp。

```
01    #include <iostream>
02
03    extern int x;          // 必须在此加上extern修饰符
04
05    void foo(void)
06    {
07        x = 1;
08    }
```

执行结果如图8-7所示。

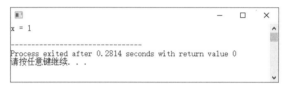

图 8-7

【程序解析】

CH08_06.cpp：

第07行：声明x为全局变量，会实际分配内存。

第10行：调用另一个程序文件中的函数。

CH08_06_1.cpp：

第03行：必须在此加上extern修饰符，不过不会实际分配内存。

8.4.4 静态外部变量

使用static修饰词声明的外部变量被称为静态外部变量，与静态局部变量的内存分配情况类似，从一开始声明起，它所占用的内存并不会被释放掉，而是保留到整个程序全部执行结束时。

静态外部变量声明的位置与外部变量相同，都是声明在程序区块与函数之外，也就是在声明语句以下的所有函数及程序区块都可以存取该变量，静态外部变量通常声明在程序一开始的地方。

与外部变量的最大不同是,静态外部变量只限于在同一个程序文件内使用,无法跨不同的程序文件。
声明语法如下:

```
static   数据类型 变量名称;
```

【范例程序：CH08_07.cpp】

本范例程序声明静态外部变量,并求取阶层函数的值,其中main()与Factorial()函数中都可存取
该静态外部变量。

```
01   #include <iostream>
02
03   using namespace std;
04
05   int Factorial( int );                        // 阶乘运算函数
06   static int fact_no;                          // 声明静态外部变量
07
08   int main()
09   {
10       int number, answer;
11
12       cout<<"请输入数值求阶乘: ";
13       cin>>number;                             // 输入阶乘级数
14       answer = Factorial(number);              // 调用Factorial()函数
15       cout<<number<<"!="<<answer<<endl;
16       cout<<"fact_no ="<<fact_no<<endl;        // 打印当前的count值
17
18       return 0;
19   }
20
21   // 参数：number用于指定进行阶乘运算的级数
22   // 返回值：阶乘运算结果
23   int Factorial( int number )
24   {
25       int i;
26       fact_no=1;
27       for(i=1;i<=number;i++)
28         fact_no=fact_no*i;
29
30       return fact_no;
31   }
```

执行结果如图8-8所示。

图 8-8

【程序解析】

第06行：声明静态外部变量。

第13行：输入阶乘级数。

第14行：调用Factorial()函数。

第27行：在Factorial()函数中，虽未声明fact_no变量，但第05行中已声明静态外部变量，所以在第05行以下的函数或程序区块都可使用该变量。

8.4.5　寄存器变量

所谓寄存器变量（Register Variable），就是使用CPU的寄存器来存储的变量，由于CPU的寄存器速度较快，因此可以加快变量存取的效率，通常将那些存取十分频繁的变量声明为寄存器变量。然而，CPU的寄存器容量与数量有限，且随着CPU的种类不同而有所不同。当声明的寄存器变量的数量超过CPU寄存器的数量时，系统会自动将超过的寄存器变量转换为一般变量。

寄存器变量的生命周期相当短暂，变量所声明的程序区块与函数结束时也就跟着结束了。声明语法如下：

```
register 数据类型 变量名称;
```

8.5　特殊函数功能

函数不只是能够被其他函数调用的程序区块，C++还提供了函数调用自己的功能，就是所谓的递归函数。此外，C++在函数方面的处理提出了内联函数与函数重载的功能，本节将分别介绍。

8.5.1　递归函数

递归（Recursion）是一种很特殊的算法，递归法是分治法（Divide and Conquer）的一种应用，是将一个复杂的算法问题分解为规模越来越小的子问题，最终使子问题容易求解，这种求解过程就是基于分治法的核心思想。递归函数在程序设计上相当好用，使用递归可使得程序变得相当简洁，不过在设计时必须非常小心，因为很容易造成无限循环或导致内存的浪费。

提示　分治法是一种很重要的算法，我们可以应用分治法来逐一拆解复杂的问题，核心思想就是将一个难以直接解决的大问题分割成两个或更多的子问题，以便各个击破，即"分而治之"。

递归函数明确的定义如下：

假如一个函数或程序区块是由自身所定义或调用的，则称为递归。

通常一个递归函数有以下两个必备条件：

（1）一个可以反复递归执行的过程。

（2）一个递归终止的条件，确保跳出递归过程的出口。

并不是每种程序设计语言都支持递归功能，不过像C、C++等语言都支持递归功能。对程序设计人员而言，函数（或称为子程序）不只是能够被其他函数调用的程序单元，在某些程序设计语言中函数还可以被自身调用，即所谓的递归。只要程序设计语言具备递归功能，那么任何能使用循环语句（for或while）编写的程序都能够以递归方式编写。

提示　尾递归（Tail Recursion）就是函数或子程序的最后一条语句为递归调用，因为每次调用后，再回到前一次调用的第一条语句就是return语句，所以不需要再进行任何运算工作了。

数学上的阶乘问题就非常适合用递归方式来实现，以5!这个运算为例，我们可以一步步分解它的运算过程，从中观察出其规律：

5! = (5 × 4!)

　= 5 × (4 × 3!)

　= 5 × 4 × (3 × 2!)

　= 5 × 4 × (3 × (2 × 1)

　= 5 × 4 × (3 × 2)

　= 5 × (4 × 6)

　= (5 × 24)

　= 120

我们可以将每一对括号想象为一次函数调用，这个运算分解的过程就相当于递归运算。

【范例程序：CH08_08.cpp】

本范例程序将分别使用递归与循环语句来实现阶乘运算，一个是以递归方式实现阶乘运算的函数，另一个是以循环方式实现阶乘运算的函数，通过对比，我们可以更为清楚地了解递归的原理。

```
01  #include<iostream>
02
03  using namespace std;
04
05  double rec_factorial(int );      // 以递归方式实现阶乘运算的函数的原型声明
06  double factorial(int );          // 以循环语句实现阶乘运算的函数的原型声明
07
08  int main()
09  {
10     int n;
11    cout<<"请输入要计算的阶乘级数：";
12    cin>>n;
13    cout<<"以递归方式实现阶乘运算的函数的计算结果："<<n<<"!="<<rec_factorial(n)<<endl;
14    cout<<"以循环语句实现阶乘运算的函数的计算结果："<<n<<"!="<<factorial(n)<<endl;
15
16     return 0;
17  }
18  // 以递归方式实现阶乘运算的函数
19  double rec_factorial(int n)
20  {
21     if(n==1)
22        return 1;                   // 递归调用的出口
23     else
24        return n*rec_factorial(n-1);  // 反复递归调用的过程
25  }
26  // 以循环语句实现阶乘运算的函数
27  double factorial(int n)
28  {
29     int i;
```

```
30      double sum=1;
31      for(i=1; i<=n; i++)
32          sum*=i;                              // 通过循环来计算阶乘
33      return sum;
34  }
```

执行结果如图8-9所示。

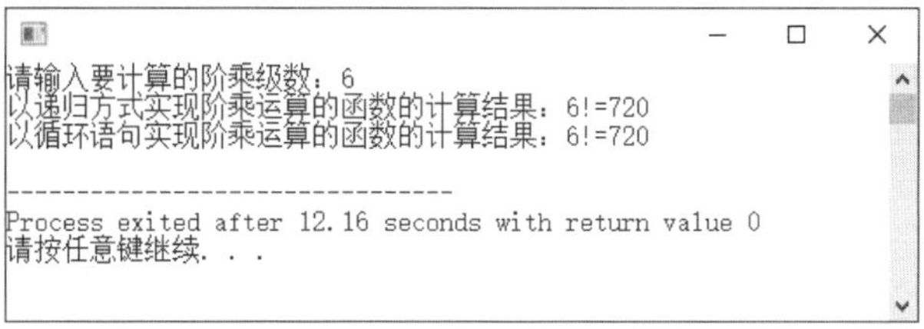

图 8-9

【程序解析】

第11行：输入要计算的阶乘级数。

第19~25行：以递归方式实现阶乘运算的函数。

第21、22行：递归调用的出口。

第24行：反复递归调用的过程。

第31、32行：通过循环来计算阶乘。

8.5.2 内联函数

通常一般程序在进行函数调用前会先将一些必要信息（如调用函数的地址、传入的参数等）暂存在系统堆栈中，以便在函数调用结束后返回原先调用函数的程序可以继续执行。因此，对于某些频繁调用的小型函数来说，这些堆栈存取的操作将降低程序执行的效率，此时即可运用内联函数来解决这个问题。

所谓C++的内联函数（Inline Function），就是当程序中遇到关键字inline定义的函数时，C++会将调用inline函数的部分直接替换成inline函数内的程序代码，而不会有实际的函数调用过程。如此一来，可以省下许多调用函数所花费的时间与减少程序执行控制权切换的次数，于是提高了程序执行的效率。内联函数声明的语法如下：

```
inline 数据类型 函数名称(数据类型 参数名称)
{
    程序区块;
}
```

【范例程序：CH08_09.cpp】

本范例程序将使用内联函数来求取所输入的三个整数的和，并判断这个和是偶数还是奇数。

```
01  #include<iostream>
02
03  using namespace std;
04
05  // 内联函数的定义
06  inline int fun1(int a, int b,int c)
```

```
07  {
08      return a+b+c;
09  }
10
11  int main()
12  {
13      int a,b,c;
14      cout<<"请输入三个数字: ";
15      cin>>a>>b>>c;
16
17      if(fun1(a,b,c)%2==0)   // 调用内联函数
18        cout<<a<<"+"<<b<<"+"<<c<<"="<<a+b+c<<"为偶数"<<endl;
19      else
20          cout<<a<<"+"<<b<<"+"<<c<<"="<<a+b+c<<"为奇数"<<endl;
21
22      return 0;
23  }
```

执行结果如图8-10所示。

图 8-10

【程序解析】

第06~09行：内联函数的定义。

第17行：调用内联函数。

8.5.3　函数重载

函数重载（Function Overloading）是C++新增的功能，借助函数重载的特性使得同一个函数名称可以用来定义多个函数主体，而在程序中调用该同名函数时，C++将会根据调用时传递的形式参数的个数与数据类型来决定实际调用的函数。

在C语言中，设置参数值的相同操作，如果对应不同的参数数据类型，就必须分别为函数取不同的名称，示例如下：

```
char*  getData1(char*);
int  getData2(int);
float  getData3(float);
double  getData4(double);
```

在上述程序代码中，调用函数时要传递一个参数值，但为了传递不同数据类型的参数值，要在函数名称上伤透脑筋，必须采用不同的函数名称。而在C++语言中，可以使用C++新增的函数重载功能，用同一个名称命名具有相似功能的函数，示例如下：

```
char*  getData(char*);
int  getData(int);
```

```
float  getData(float);
double  getData(double);
```

函数重载主要是以参数来判断应调用哪一个对应的同名函数，如果函数的参数个数不同，或者参数个数相同但至少有一个对应参数的数据类型不同，那么C++就会将它视为不相同的函数。如此便可有效减少函数命名的冲突以及整合相似功能的函数。函数重载方式必须按照以下两个原则来定义函数：

（1）函数名称必须相同。

（2）各个重载函数的参数行参数的数据类型与参数个数不能完全相同。

【范例程序：CH08_10.cpp】

本范例程序使用函数重载概念来设计可输入不同参数数据类型的同名函数，包括整数、单精度浮点数、双精度浮点数等，并返回所输入的值。

```
01   #include <iostream>
02
03   using namespace std;
04
05   int getData(int);
06   float getData(float);
07   double getData(double);
08
09   int main()
10   {
11       int iVal=2004;
12       float fVal=2.3f;
13       double dVal=2.123;
14       cout<<"调用并执行 int getData(int)      => "<<getData(iVal)<<endl;
15       cout<<"调用并执行 float getData(float)   => "<<getData(fVal)<<endl;
16       cout<<"调用并执行 double getData(double) => "<<getData(dVal)<<endl;
17
18       return 0;
19   }
20
21   int getData(int iVal)
22   {
23       return iVal;
24   }
25
26   float getData(float fVal)
27   {
28       return fVal;
29   }
30
31   double getData(double dVal)
32   {
33       return dVal;
34   }
```

执行结果如图8-11所示。

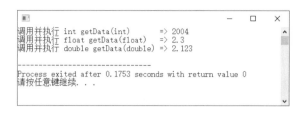

图 8-11

【程序解析】

第05~07行：函数重载的原型声明。

第14~16行：调用不同的重载函数。

第21~34行：定义不同重载函数的内容。

8.6　上机编程实践

（1）请设计一个C++程序，用来说明当变量声明为全局变量时，例如放在主函数main()之前，那么程序中任何地方都可以存取与改变该变量的值。

解答▶ 可参考范例程序ex08_01.cpp。

（2）请设计一个C++程序，先声明一个全局变量x，再在自定义函数中声明一个相同名称的局部变量x，在该函数执行期间与该函数执行完毕后，观察x变量值的变化。

解答▶ 可参考范例程序ex08_02.cpp。

（3）请设计一个C++程序，将整数变量iVar定义为auto存储类型，然后观察在不同作用域内数值的变化。

解答▶ 可参考范例程序ex08_03.cpp。

（4）请设计一个C++程序，说明在外部变量作用域以外的程序区块存取外部变量时，可使用extern修饰符来声明该变量。

解答▶ 可参考范例程序ex08_04.cpp。

（5）请设计一个C++程序，利用在time.h头文件中定义的时间日期相关函数来计算声明为寄存器变量参与运算的时间。

解答▶ 可参考范例程序ex08_05.cpp。

（6）请设计一个C++程序，以递归方式来实现汉诺塔问题的求解（见图8-12）：

步骤 01 将 n−1 个圆盘从 1 号木桩移动到 2 号木桩。

步骤 02 将第 n 个最大的圆盘从 1 号木桩移动到 3 号木桩。

步骤 03 将 n−1 个圆盘从 2 号木桩移动到 3 号木桩。

解答▶ 可参考范例程序ex08_06.cpp。

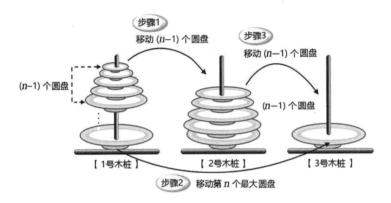

图 8-12

（7）请设计一个C++程序，从命令行读入学生的6科成绩，并计算出总分与平均分，其中需要调用atoi()函数将字符串转换为整数类型。

解答▶ 可参考范例程序ex08_07.cpp。

（8）请设计一个C++程序，试着使用extern修饰符设计汇率转换系统，让用户输入当前汇率（美元对人民币），再让用户输入要兑换成人民币的美元金额，由汇率转换系统计算出要给予用户多少人民币。

解答▶ 可参考范例程序ex08_08.cpp。

（9）请设计一个C++程序，使用递归函数来求取任何两个整数的最大公约数。

解答▶ 可参考范例程序ex08_09.cpp。

（10）请设计一个C++程序，声明一个函数指针，并允许用户输入一个整数，当整数为偶数时，将函数指针指向计算平方的square()函数；当整数是奇数时，将函数指针指向计算立方的cubic()函数，最后输出结果。

解答▶ 可参考范例程序ex08_10.cpp。

（11）矩阵相加的原则是参与相加的两个矩阵具有相同的行数与列数，而相加后的结果矩阵的行数和列数不变。例如$A_{m×n}+B_{m×n}=C_{m×n}$。请设计一个C++程序，以void MatrixAdd(int*,int*,int*,int,int)函数来计算矩阵相加的结果。

解答▶ 可参考范例程序ex08_11.cpp。

 **本章习题**

问答与实践题（参考答案见附录A）

（1）在C++程序中，变量可以分为两种：全局变量和局部变量。请以简单的示例程序代码来说明什么是全局变量，什么是局部变量。

（2）试问执行下列程序代码，变量money最后的值是多少？

```
int money = 500;
int main()
{
    int money = 8000;
```

```
    cout<<money;
}
```

（3）试说明函数指针的作用。

（4）什么是函数指针数组？试编写部分C++程序代码来说明。

（5）试说明"暂存堆栈"的工作原理。

（6）试定义一个函数，当n≥1时，f(n)=(n+1)(n+1)。

（7）C++的内联函数的作用是什么？

（8）试说明函数重载的意义与功能。

（9）什么是静态外部变量？

（10）某位学生进行命令行参数应用的练习，但是程序编译时出了问题，请帮忙找出问题：

```
01 #include <iostream>
02 using namespace std;
03 int main(int argc, char* argv[])
04 {
05     int sum;
06     if (argc == 3)
07         sum = argv[1] + argv[2];
08     cout<<argv[1]<< " + "<<argv[2]<< " = "<< sum <<endl;
09     return 0;
10 }
```

（11）什么是命令行参数？

（12）请简述参数型函数指针的作用。

（13）类型修饰符可以用来改变变量的存储类型。请问C++的类型修饰符有哪些种类？

（14）什么是尾递归？请说明。

（15）什么是静态局部变量，其特性是什么？

（16）请设计一段C++程序代码，通过递归函数来计算3+6+9+12+…+3n的值。

第 9 章

预处理指令与宏

9

预处理指令是C++程序在开始进行编译前会先进行的操作，即预处理操作。预处理操作会将C++程序中以"#"符号开头的预处理指令进行特别的处理。注意，以"#"开头的预处理指令并不属于C++语法的一部分，也就是不会被翻译成机器语言，但它们仍为编译器所接受，因为是在程序编译之前进行处理的，故名预处理指令。

至于宏（Macro），又被称为替代指令，也是一些以"#"符号开头的预处理指令所组成的。它的主要功能是以简单的名称取代某些特定常数、字符串或函数，能够快速完成程序需求的自定义语句。简单来说，善用宏可以节省不少程序开发与运行时间。

9.1   预处理指令

在C++编译器进行编译的过程中，编译器会先执行预处理操作，把C++源程序中的预处理指令置换成纯粹的C++语句，然后编译器再将源程序文件生成目标文件（.obj），以完成编译的工作。接下来将为读者介绍C++的预处理器以及如何使用这些预处理器来创建宏。

#include语句用于将指定的文件包含到C++的源程序文件中，成为当前源程序代码的一部分。我们在第1章中提到过，#include语法有两种方式，两者之间的差异在于预处理器的查找路径不同。

示例1：

```
#include <文件名>
```

在#include之后使用尖括号（<>），在编译时，编译器的预处理器将到默认的系统目录中寻找要包含的指定文件，例如以Dev-C++来说，默认在Dev-Cpp安装目录内的include目录中。

示例2：

```
#include "文件名"
```

使用双引号（""）来包含指定的文件，编译器的预处理器会先到当前程序文件的工作目录中寻找是否有要包含的指定文件。假如找不到，再到系统目录（include目录）中寻找。

在许多中大型程序的开发中，对于经常用到的常数定义或函数声明，可以将其编写成一个独立的文件。当程序需要用到这些定义与声明时，只要在程序代码中使用#include语句包含进来即可。如此即可避免在不同程序文件中重复编写相同的程序代码。

【范例程序：CH09_01.cpp】

本范例程序将程序分为函数部分与主程序部分，并分别存到CH09_01.cpp与CH09_01_1.cpp两个文件中，再使用#include语句把函数部分的程序文件包含到主程序文件中，以完成统计学函数C(n,k)的运算。

```cpp
01  #include<iostream>
02  #include"CH09_01_1.cpp"
03
04  // 只声明函数的原型
05  using namespace std;
06
07  double factorial(int );          //函数原型声明
08  double Cnk(int ,int);            //函数原型声明
09
10  //主程序部分
11  int main()
12  {
13      int n,k;
14      cout<<"计算C(n,k)=n!/(k!(n-k)!)"<<endl;
15      cout<<"-----------------------------------"<<endl;
16      cout<<"请输入n = ";
17      cin>>n;
18      cout<<"请输入k = ";
19      cin>>k;
20      cout<<n<<"!"<<"/("<<k<<"!("<<n<<"-"<<k<<")!)="<<Cnk(n,k)<<endl;//印出结果
21
22      return 0;
23  }
```

【范例程序：CH09_01_1.cpp】

```cpp
01  // 阶乘函数
02  double factorial(int n)
03  {
04      if(n==1)
05          return 1;
06    else
07          return n*factorial(n-1);
08  }
09  // Cnk函数
10  double Cnk(int n,int k)
11  {
12      return factorial(n)/(factorial(k)*factorial(n-k));
13  }
```

执行结果如图9-1所示。

图 9-1

【程序解析】

CH09_01.cpp：

第02行：把外部文件CH09_01_1.cpp包含进来。

第07、08行：函数原型声明。

第20行：输出计算后的结果。

CH09_01_1.cpp：

第02~08行：阶乘函数的定义。

第10~13行：Cnk函数的定义。

9.2 #define 语句

#define是一种取代语句，可以用来定义宏名称，并用于取代程序中的数值、字符串、程序语句或函数。一旦完成宏的定义，只要遇到程序中的宏名称，预处理器都会将其展开成所定义的字符串、数值、程序语句或函数等。接下来将根据宏名称的定义种类分别进行说明。

9.2.1 宏定义基本语句

当我们使用#define语句定义宏来取代数值、字符串或程序语句时，宏名称通常用大写英文字母来组成，以便与一般的变量名称进行区分。不过请注意，宏名称的命名规则仍然必须遵循变量命名的原则。#define定义宏的语法如下：

```
#define 宏名称 常数值
#define 宏名称 "字符串"
#define 宏名称 程序语句
```

因为#define语句属于预处理指令的一种，所以不需要以“;”作为语句的结束符。定义宏最大的好处是当所设置的数值、字符串或程序语句需要变动时，不必逐一寻找在程序中的位置，只需在定义#define的部分加以修改即可。

如果想要取消#define所定义的宏，只要使用下面的语法声明即可。不过取消后的宏名称就不可以再使用了：

```
#undef 宏名称
```

【范例程序：CH09_02.cpp】

本范例程序定义了各种宏名称，让读者亲身体会宏的具体实现，最后使用#undef语句来练习取消#define所定义的宏。

```
01  #include<iostream>
02
03  using namespace std;
04
05  // 定义各种宏名称
06  #define PI 3.14159
07  #define SHOW "圆的面积 = "
08  #define  RESULT r*r*PI
```

```
09
10    int main()
11    {
12        int r;
13
14        cout<<"请输入圆的半径：";
15        cin>>r;
16        cout<<SHOW<<RESULT<<endl;
17        #undef PI // 取消宏定义
18
19        return 0;
20    }
```

执行结果如图9-2所示。

图 9-2

【程序解析】

第06行：预处理器会将程序中所有PI替换为3.14159，然后才会提交给编译器进行编译。

第07行：预处理器会将程序中所有的SHOW替换为"圆的面积 ＝ "，然后才会提交给编译器进行编译。

第08行：预处理器会将程序中所有的RESULT替换为r*r*PI（注意这里的PI应该已经替换成了3.14159），然后才会提交给编译器进行编译。

第17行：取消PI所定义的数值，取消后的PI这个宏名称就不可以再使用了。

9.2.2　宏定义函数

除了用宏定义数值、字符串、程序语句外，#define语句也可以为已有的函数定义宏名称，语法如下：

```
#define 宏名称 函数名称
```

【范例程序：CH09_03.cpp】

本范例程序仍然用来演示宏定义，预处理器会将所有的NEWLINE宏展开为putchar('\n')，而将COPYRIGHT宏展开为owner()这个函数名称。

```
01    #include <iostream>
02
03    using namespace std;
04
05    #define NEWLINE cout<<endl;
06    #define COPYRIGHT owner()
07
08    void owner();                // 输出所有者信息的函数
09
10    int main()
```

```
11  {
12      COPYRIGHT;              // 使用宏
13      NEWLINE;                // 使用宏
14      COPYRIGHT;              // 使用宏
15
16      return 0;
17  }
18
19  void owner()
20  {
21      cout<<"函数名称也可以使用宏定义"<<endl;
22      cout<<"版权所有人：Michael"<<endl;
23      cout<<"日期：2022/7/05"<<endl;
24  }
```

执行结果如图9-3所示。

图 9-3

【程序解析】

第05行：预处理器会将程序中所有NEWLINE替换为cout<<endl。

第06行：预处理器会将程序中所有COPYRIGHT替换为owner()。

第12~14行：使用宏。

第19~24行：owner()函数的定义。

9.2.3　宏函数简介

宏函数是一种可以传递参数来取代简单函数的宏。对于那些既简单又经常调用的函数，以宏函数来取代常规的函数定义可以减少调用和等待函数返回的时间，从而提高程序的执行效率。不过，由于宏函数被展开为程序代码的一部分，因此编译完成的程序文件会比原来以常规函数实现时的程序文件要大。宏函数的声明语法如下：

```
#define 宏函数名称(参数行) (函数表达式)
```

其中宏函数的参数行并不需要声明数据类型，因为#define语句的作用是直接取代，所以会根据输入参数的数据类型来决定。如果宏函数的函数表达式太长，需要分行来表示，则必须在分行的行尾加上"\"符号，以告知预处理器下一行还有未完的语句部分，其中的空格也不会被忽略，会被编译器视为输入的一部分。

【范例程序：CH09_04.cpp】

本范例程序定义一个用来计算梯形面积的宏函数，并且可传递上底、下底与高三个参数，请读者注意宏函数的参数行并不需要声明数据类型。

```
01    #include<iostream>
02
03    using namespace std;
04
05    #define RESULT(r1,r2,h) (r1+r2)*h/2.0   // 定义宏函数
06    int main()
07    {
08        int r1,r2,h;
09        cout<<"-----------------------------------"<<endl;
10        // 输入梯形各个长度值
11        cout<<"上底 = ";
12        cin>>r1;
13        cout<<"下底 = ";
14        cin>>r2;
15        cout<<"高 = ";
16        cin>>h;
17        // 调用宏函数
18        cout<<"梯形面积 = "<<RESULT(r1,r2,h)<<endl;
19        cout<<"每个参数+2后的";
20        cout<<"梯形面积 = "<<RESULT(r1+2,r2+2,h+2)<<endl;
21
22        return 0;
23    }
```

执行结果如图9-4所示。

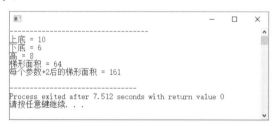

图 9-4

【程序解析】

第05行：定义宏函数。

第18、20行：调用宏函数。

不知道读者是否注意到这个范例程序的执行结果，第18行的RESULT(r1,r2,h)，其中r1=10、r2=6、h=8，所求得的梯形面积为64，是正确的。但是当第20行传递r1、r2和h变量都加上2时，宏函数是以下列形式展开函数表达式的：

(r1+2+r2+2)*h2+2/2.0

由于运算符的优先级问题（乘法高于加法），因此代入数值后会造成与数学梯形面积计算的结果不符合，如下所示：

(10+2+6+2)*8+2/2.0=161

而实际的梯形面积应该为：

(10+2+6+2)*(8+2)/2.0=100

该怎么办呢？解决办法就是在定义宏函数时，将函数表达式的变量都加上括号，如下所示：

#define RESULT(r1,r2,h) ((((r1)+(r2))*(h))/2.0)

9.2.4　标准预处理宏

通常C++编译器都有自己内建的宏，用来协助程序编写更加便利。表9-1中所列的都是标准的预处理宏，可以运用在各类的编译器上。

表 9-1　C++标准的预处理宏

宏 名 称	说　　明	输出类型
__LINE__	定义一个整数，存储程序文件正在被编辑的行数	整数
__FILE__	定义一个字符串，存储正在被编译的文件路径与名称	字符串
__DATE__	定义一个字符串，存储文件被编译的系统日期	字符串
__TIME__	定义一个字符串，存储文件被编译的系统时间	字符串
__STDC__	如果此数值为1，代表编译器符合ANSI标准	整数

每个宏名称都以两个下画线字符开头，再以两个下画线字符结束。这些标准宏会在编译器的预处理阶段替换成各自所代表的整数或字符串。通过这些宏可以返回程序编译时的各种信息。

【范例程序：CH09_05.cpp】

本范例程序示范C++中标准预处理宏的使用。

```
01   #include <iostream>
02
03   using namespace std;
04   int main()
05   {
06      cout << "在源程序的第 " << __LINE__ << " 行开始使用预处理宏";
07      // __LINE__宏可打印出此宏所在行的行号
08      cout << endl;
09      cout << "编译的程序名称：" << __FILE__;       // __FILE__ 宏
10      cout << endl;
11      cout << "程序编译日期在 " << __DATE__ << " 的 " << __TIME__;// 宏记录编译的日期和时间
12      cout << endl;
13
14      return 0;
15   }
```

执行结果如图9-5所示。

图 9-5

【程序解析】

第06行：__LINE__宏可打印出此宏所在行的行号。

第09行：__FILE__宏可打印出正在被编译的文件的路径与名称。

第11行：宏记录编译的日期和时间。

9.3 条件编译语句

宏定义也可以设置某些条件以符合实际的程序需求，这样的宏被称为条件编译（Conditional Compilation）语句，共有6种：#if、#else、#elif、#endif、#ifdef和#ifndef。它们的功能类似于流程控制语句，只是条件编译语句不需加大括号"{}"和语句结束符";"。

#if、#endif、#else、#elif 语句

#if条件编译语句类似于if条件语句，当此条件成立时，就会执行此程序区块内的程序代码，如果不成立，则略过此程序区块不执行。而#endif语句要搭配#if等条件编译语句使用，作用类似于右大括号"}"，作为条件编译的结束语句。语法如下：

```
#if 条件表达式
    程序区块
#endif
```

另外，还有#else条件编译语句，也必须搭配#if语句来使用，形成和if else条件语句类似的功能，当#if语句不成立时，就会跳过程序区块1，执行#else下面的程序区块2，语法如下：

```
#if 条件表达式1
    程序区块1
#else 条件表达式2
    程序区块2
#endif
```

#if语句也可以与#elif条件编译语句组合，#elif语句类似于C++语言中的if else if条件语句中的else if语句部分。它可以用于对多种编译条件进行验证，当其中之一的条件成立时，就执行该条件对应的程序区块。#elif语句的嵌套并没有个数的限制，可以根据程序的需求加入多个#elif语句来选择要编译的程序代码。语法如下：

```
#if 条件表达式1
    程序区块1
#elif 条件表达式2
    程序区块2
#elif 条件表达式3
    程序区块3
…
#endif
```

9.4 上机编程实践

（1）请设计一个C++程序，包含正确计算出梯形面积的宏函数，并且可传递上底、下底与高三个参数。

解答▶ 可参考范例程序ex09_01.cpp。

（2）请设计一个C++程序，提示用户TRUE与FALSE两个宏名称是否定义过，如果没有，则分别把它们定义为符号常数，对应的常数值为1与2。

解答▶ 可参考范例程序ex09_02.cpp。

（3）请使用条件运算符"?:"来设计一个宏函数，可让用户输入一个整数，然后判断此数是偶数还是奇数。

解答▶ 可参考范例程序ex09_03.cpp。

（4）请设计一个C++程序，使用#define语句定义一个宏FUNCTION来计算x^3+5x^2的值。

解答▶ 可参考范例程序ex09_04.cpp。

（5）请设计一个C++程序，使用#define语句定义一个简单计算圆面积的宏函数，可以传递半径为参数，也就是让用户输入半径即可计算出圆的面积。

解答▶ 可参考范例程序ex09_05.cpp。

（6）请设计一个C++程序，使用宏将一个变量内容显示在屏幕上。

解答▶ 可参考范例程序ex09_06.cpp。

 本章习题

问答与实践题（参考答案见附录A）

（1）什么是条件编译语句？试说明。

（2）以下程序代码哪里出错了？

```
01 #include <iostream>
02 #include <cstdlib>
03 #define TRUE 1;
04 int main()
05 {
06 #ifdef TRUE
07    cout<<"TRUE已定义了，常数值为1"<<endl;
08 #endif
09
10    system("pause");
11    return 0;
12 }
```

（3）什么是宏函数？

（4）为什么在宏函数中定义的函数运算式子中的所有变量都必须加上括号？

（5）下面这段程序代码在编译时会发生错误，请问哪里有问题？

```
01 #include <iostream>
02 using namespace std;
03 #define NULL 0
04 int main(void)
05 {
06    ...
07    return 0;
08 }
```

（6）下面这段程序代码在定义宏名称时出了什么错误？

```
01 #include <iostream>
02 using namespace std;
03 #define PI = 3.14159
04 int main(void)
05 {
06     cout<<"PI = "<< PI<<endl;
07     return 0;
08 }
```

（7）下面这段程序代码中哪里出了问题而导致程序输出不正确？

```
01 #include <iostream>
02 using namespace std;
03 #define ADD(X,Y) X+Y
04 int main(void)
05 {
06     cout<<"平均 = "<< ADD(10, 20)/2<<endl;
07     return 0;
08 }
```

（8）请说明预处理器与编译器之间的关系，以及C++预处理器语句的用途，并列举3个预处理器语句。

（9）试述下列两种将文件包含进来的方式有什么不同：

```
#include <aa.h>
#include "aa.h"
```

（10）试述#if…#else…#endif的用法。

（11）在程序中，通常我们会使用哪两个宏语句来判断程序代码中的宏语句是否被定义过了？分别说明它们的差异。

（12）若要将程序代码中的宏取消掉，则需要使用哪一条宏语句来取消？

（13）定义一个tempx宏，此宏可传入一个参数，并对此参数执行累减的运算。

（14）请简述"出错处理宏"语句的主要功能。

（15）请说明下列宏名称所代表的意义：

```
__FILE__
__DATE__
```

（16）试简述#define语句的作用。

（17）在C++语言中已提供了const关键字来声明符号常数，为什么还要使用#define语句来定义符号常数呢？

第 10 章

自定义数据类型与应用

10

数组是一种集合体，可以用来记录一组类型相同的数据。假如我们要同时记录多笔数据类型的不同数据，此时数组就不适用了。这时就可以考虑使用C++的结构类型，结构可以集合不同的数据类型，并形成一种新的数据类型。虽然C++的自定义数据类型早在面向对象程序设计概念之前已经提出了，但是它确实已经具备对象概念的雏形，足以用来表示真实世界中独立的个体数据。C++有4种自定义数据类型：结构（Struct）、枚举（Enum）、联合（Union）与类型定义（Typedef）。

10.1 结构

结构为一种用户自定义数据类型，能将一种或多种数据类型集合在一起，形成新的数据类型。在前面的章节中，我们曾经应用过数组来记录一组相同类型的数据。不过，如果是考虑描述一位学生成绩的数据，这时除了要记录学生的学号与姓名等字符串数据外，还必须定义数值数据类型来记录学生的各科成绩，如英语、语文、数学等，此时就不适合用数组来存储这些数据或信息了。这时可以把这些数据类型组合成结构类型，以简化数据的处理。数据库就是存储了各种数据类型的综合体，如图10-1所示。

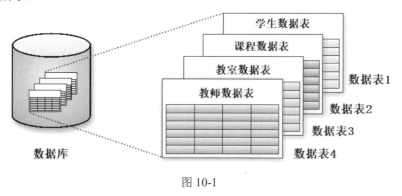

图 10-1

10.1.1 结构声明方式

结构是一种数据类型而不是变量，因此结构声明（或称为结构定义）就是创建一种新的数据类型，创建后才能声明结构变量来加以使用。结构声明的语法如下：

```
struct 结构类型名称
{
```

```
        数据类型 结构成员1;
        数据类型 结构成员2;
        ...
    };
```

在结构定义中可以使用C++的基本数据类型、数组、指针，甚至是其他结构成员。请注意，在结构定义之后的分号";"不可省略，这是经常忽略而出错的地方。在定义结构类型时，可以同时声明结构变量。当然，也可以在定义结构后，再单独使用它来声明结构变量，语法如下：

```
struct 结构类型名称
{
    数据类型 结构成员1;
    数据类型 结构成员2;
    ...
} 结构变量1;
```

或

```
结构类型名称 结构变量3;
```

下面就以学生成绩记录为例，声明Student结构类型，并以Student类型声明结构变量John，示例如下：

```
struct Student
{
    char S_Num[10];
    char Name[20];
    int Chi_score;
    int Math_score;
    int Eng_score;
};
Student John;
```

在声明结构变量时，可以同时赋予初值。赋初值时，应注意所赋值的数据类型顺序必须与结构类型内的结构成员的数据类型顺序相同。对于相同结构类型的结构变量，可以通过赋值运算符"="直接把值赋给另一个结构变量，示例如下：

```
Student May={
            "92013368",        // 学号
            "May",             // 姓名
            80, 75, 92         // 各科成绩
           };
```

10.1.2　结构的存取

定义完新的结构类型及声明结构变量后，就可以开始使用所定义的结构成员了。只要在结构变量后加上成员运算符"."与结构成员名称，就可以直接存取结构成员存储的数据：

```
结构变量.结构成员名称;
```

【范例程序：CH10_01.cpp】

本范例程序使用结构类型来定义Student结构，示范如何声明、存取结构成员并演示结构变量间的赋值运算过程。

```
01    #include <iostream>
02
03    using namespace std;
04
05    int main()
06    {
07        struct student
08        {
09            char name[10];
10            int score;
11        } s1, s2;                    // 结构类型的定义与结构变量的声明
12
13        cout<<"学生姓名 = ";
14        cin>>s1.name;                // 给s1结构变量的name成员输入值
15        cout<<"学生成绩 = ";
16        cin>>s1.score;               // 给s1结构变量的score成员输入值
17        s2 = s1;                     // 结构变量间的赋值
18        cout<<"s1.name = "<<s1.name<<endl;
19        cout<<"s1.score = "<<s1.score<<endl;
20        cout<<"s2.name = "<<s2.name<<endl;
21        cout<<"s2.score = "<<s2.score<<endl;
22
23        return 0;
24    }
```

执行结果如图10-2所示。

图 10-2

【程序解析】

第07~11行：结构类型的定义与结构变量的声明。

第14行：给s1结构变量的name成员输入值。

第16行：给s1结构变量的score成员输入值。

第17行：结构变量间的赋值。

10.1.3　结构指针

定义一个结构并不是声明一个变量，而是定义一种数据类型，然后以此类型声明变量，得到的变量就被称为结构变量。如果以结构为数据类型声明指针变量，得到的指针就被称为结构指针。结构指针的声明语法如下：

```
struct 结构名称 *结构指针名称;
```

例如：

```
struct student
{
    char name[10];
    int score;
};
struct student s1;    // 声明结构变量
struct student *s2;   // 声明结构指针
```

　　虽然可以直接存取结构变量的成员，但由于结构指针是以此结构为数据类型的指针变量，所存储的内容是地址，因此还是与一般指针变量一样，必须先把结构变量的地址赋给指针，才能间接存取其指向的结构变量的成员。把结构变量的地址赋给结构指针的语法如下：

　　结构指针 = &结构变量;

　　结构指针的数据存取方法有以下两种：

　　（1）使用“->”符号指向结构指针的数据成员：

　　结构指针->结构成员名称;

　　（2）先使用取值运算符“*”，再使用小数点“.”运算符存取结构变量的数据成员。

　　(*结构指针).结构成员名称;

【范例程序：CH10_02.cpp】

　　本范例程序定义一个具有圆特性的结构数据类型，并分别声明一个结构变量和一个结构指针，而此结构指针指向该结构变量。接着利用结构变量计算出圆面积后，再分别用两种结构指针方式将数据显示在屏幕上。

```
01  #include <iostream>
02
03  using namespace std;
04
05  struct circle
06  {
07      float r;
08      float pi;
09      float area;
10  };  // 定义circle结构类型
11
12  int main()
13  {
14      struct circle myCircle;
15      struct circle *getData;
16
17      // getData指向myCircle
18      getData = &myCircle;
19      // 设置圆半径
20      myCircle.r = 5;
21      myCircle.pi = 3.14159;
22      // 设置圆周率
23      myCircle.area = myCircle.r*myCircle.r*myCircle.pi;
24      // 计算圆面积
25
26      cout<<"getData->r = "<<getData->r<<endl;
```

```
27        cout<<"getData->pi = "<<getData->pi<<endl;
28        cout<<"getData->area = "<<getData->area<<endl;
29        // 结构指针的第一种存取方式
30        cout<<"----------------------------------------"<<endl;
31        cout<<"(*getData).r = "<<(*getData).r<<endl;
32        cout<<"(*getData).pi = "<<(*getData).pi<<endl;
33        cout<<"(*getData).area = "<<(*getData).area<<endl;
34        // 结构指针的第二种存取方式
35
36        return 0;
37    }
```

执行结果如图10-3所示。

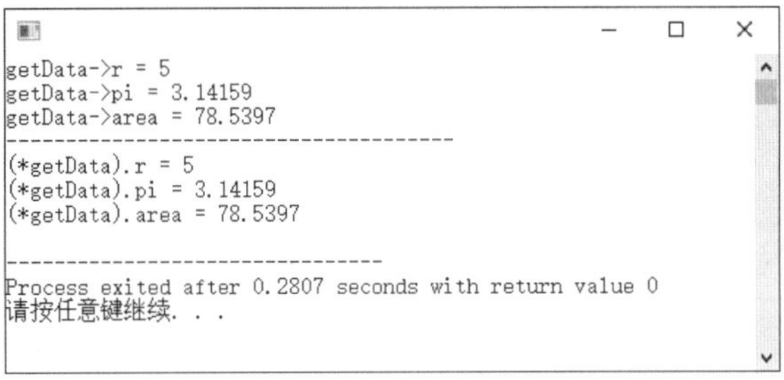

图 10-3

【程序解析】

第05~10行：定义circle结构类型。

第14行：声明circle结构类型的结构变量。

第15行：声明circle结构类型的结构指针。

第20行：设置圆半径。

第21行：设置圆周率。

第26~28行：结构指针的第一种存取方式。

第31~33行：结构指针的第二种存取方式。

10.2 结构与数组

数组在程序设计中使用相当频繁，主要用来存储相同数据类型成员的集合，而结构的作用是可以集合不同数据类型的成员，不过结构变量只能存储一笔结构数据，如果要存储多笔结构数据，就需要声明结构数组。声明结构数组的语法如下：

```
struct 结构名称 结构数组名[数组长度];
```

10.2.1 结构数组

例如以下代码段将建立具有5个元素的student结构数组，数组中每个元素都各自拥有字符串name与整数score成员：

```
struct student
{
```

```
    char name[10];
    int score;
};
struct student class1[5];    // 声明具有5个元素的student结构数组
```

当然，也可以在声明结构数组的同时，给结构数组的各个成员赋初值，示例所示：

```
struct student
{
    char name[10];
    int score;
};
struct student class1[5] = { {"Justin", 90},
                             {"momor", 95},
                             {"Becky", 98},
                             {"Bush", 75},
                             {"Snoppy",80} };
```

如果要存取结构数组的成员，那么在数组名后面加上"[索引值]"，再加上"."和结构成员名称即可，语法如下：

结构数组名[索引值].结构成员名称

【范例程序：CH10_03.cpp】

本范例程序示范结构数组的声明以及存取方法。不过请读者留意，第24行是个重要的概念，因为数组名即为此数组第一个元素的内存地址,所以数组中的各个元素也可以使用指针常数运算的概念来存取。例如：

(结构数组名+i)-> 结构成员

```
01  #include <iostream>
02
03  using namespace std;
04
05  int main()
06  {
07      struct student
08      {
09          char name[10];
10          int score;
11      }; // 声明student结构
12      struct student class1[5] = { {"Justin", 90},
13                                   {"momor",  95},
14                                   {"Becky",  98},
15                                   {"Bush",   75},
16                                   {"Snoopy", 80} };   // 给结构数组赋初值
17      int i;
18      cout<<"----------打印student结构数组的成员------------"<<endl;
19      for(i = 0; i < 5; i++)
20          cout<<"姓名: "<<class1[i].name<<"\t成绩: "<<class1[i].score<<endl;
21      // 打印student结构数组的成员
22      cout<<"---------使用指针来存取student结构成员----------"<<endl;
23      for(i = 0; i < 5; i++)
24          cout<<"姓名: "<<(class1+i)->name<<"\t成绩: "<<(class1+i)->score<<endl;
25      // 可以使用指针来存取student结构成员
```

```
26
27      return 0;
28  }
```

执行结果如图10-4所示。

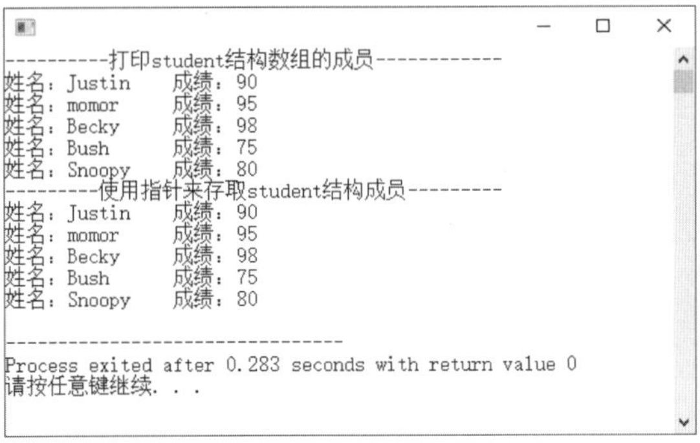

图 10-4

【程序解析】

第07~11行：声明student结构。

第12~16行：给结构数组赋初值。

第19、20行：打印student结构数组的成员。

第23~24行：使用指针来存取student结构成员。

10.2.2　结构数组的成员

先在结构中声明数组成员，而后声明结构类型的数组即可，如下所示：

```
struct 结构类型名称
{
    …
    数据类型  数组名[数组长度];
};

struct 结构类型名称 结构数组名[数组长度];
```

要存取结构数组的成员，在数组名后面加上"[索引值]"即可，例如：

```
结构数组名[索引值].数组成员名称[索引值]
```

【范例程序：CH10_04.cpp】

本范例程序声明5个学生的结构数组，其中每个学生的结构中又有成绩的数组成员，最后结果将打印与存取学生结构数组的数组成员元素。

```
01  #include <iostream>
02
03  using namespace std;
04
05  int main()
06  {
07      struct student
```

```
08      {
09          char name[10];
10          int  score[3];
11      }; // 声明student结构
12      struct student class1[5] = { {"Justin", 90,76,54},
13                                   {"momor", 95,88,54},
14                                   {"Becky", 98,66,90},
15                                   {"Bush",  75,54,100},
16                                   {"Snoopy", 80,88,97} };   // 给结构数组赋初值
17      int i;
18
19      for(i = 0; i < 5; i++)
20      {
21          cout<<"姓名: "<<class1[i].name<<'\t'<<"成绩: "<<class1[i].score[0]<<'\t'
22              <<class1[i].score[1]<<'\t'<<class1[i].score[2]<<endl;
23          // 打印与存取student结构数组的成员
24          cout<<"-----------------------------------------"<<endl;
25      }
26
27      return 0;
28  }
```

执行结果如图10-5所示。

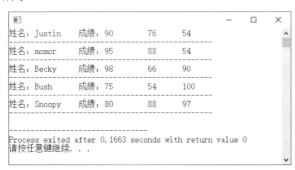

图 10-5

【程序解析】

第12~16行：给结构数组赋初值。

第21、22行：打印与存取student结构数组的成员。

10.2.3 结构指针数组

结构数组是以结构变量的方式呈现的，当然也可以声明成结构指针数组的方式，使得数组中的每个元素所存放的都是指针。下面将通过范例程序来说明。请注意，因为是结构指针数组，所以不能使用"*"运算符或指针运算符来存取结构内的数据成员，例如把CH10_05.cpp范例程序中第25行代码改为下面的两种方式都是不合法的：

```
cout<<"姓名: "<< *s2[i].name;        // 这条语句不合法
```

或

```
cout<<"姓名: "<<(s2+i)->name;        // 这条语句也不合法
```

【范例程序：CH10_05.cpp】

本范例程序示范结构指针数组中成员的声明与存取。

```cpp
01    #include <iostream>
02
03    using namespace std;
04
05    int main()
06    {
07        struct student
08        {
09            char name[10];
10            int score;
11        };
12        struct student s1[5] = { {"Justin", 90},
13                                 {"Momor", 95},
14                                 {"Becky", 98},
15                                 {"Bush", 75},
16                                 {"Snoopy", 80} };        // 给结构数组赋初值
17        struct student *s2[5]; // 声明结构指针数组
18        int i;
19
20        for(i = 0; i < 5; i++)
21            s2[i] = &s1[i];        // 复制结构成员
22
23        for(i = 0; i < 5; i++)
24        {
25            cout<<"姓名："<<s2[i]->name<<'\t';
26            cout<<"成绩："<<s2[i]->score<<endl;
27        }   // 打印出结构成员
28
29        return 0;
30    }
```

执行结果如图10-6所示。

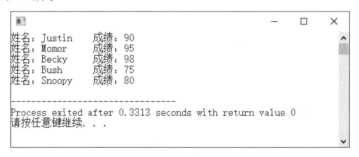

图 10-6

【程序解析】

第12~16行：给结构数组赋初值。

第17行：声明结构指针数组。

第21行：复制结构成员。

第23~27行：打印出结构成员。

10.3　嵌套结构

所谓嵌套结构，就是在一个结构中声明另一个结构。就如同一个书包（外层结构）里面还装有数个文件夹（内层结构），如图10-7所示。

声明嵌套结构

嵌套结构的好处是在已建立好的数据分类上继续分类，可以将数据再进行细分。嵌套结构的声明方式有以下两种：

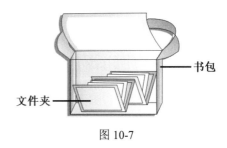

书包

文件夹

图 10-7

（1）将内层结构与外层结构分开声明，其中内层结构A声明在一处，外层结构B则以结构A为数据类型声明变量，如下所示：

```
struct 结构名称A
{
    ...
};
struct 结构名称B
{
    ...
    struct 结构名称A 变量名称a;
    ...
};
```

以下是一个班级信息的基本结构，在这个代码段中定义了grade结构，并在其中使用定义好的student结构来声明std结构数组，以此来表示一个年级有50位学生与1位老师：

```
struct student
{
    char *name;
    int height;
    int weight;
};
struct grade
{
    struct student std[50];
    char *teacher;
};
```

（2）内层结构被包含于外层结构中。定义内层结构的成员时一并声明变量，可省略单独定义内层结构，如下所示：

```
struct 结构名称B
{
    ...
    struct
    {
        ...
    } 变量名称a;
    ...
};
```

下面以嵌套结构方式来编写grade结构，在这个结构中省略了单独定义内层结构student，直接在grade结构中定义内层结构，示例如下：

```
struct grade
{
    struct
    {
        char *name;
        int height;
        int weight;
    } std[50];

    char *teacher;
};
```

如果要存取grade嵌套结构的内层结构成员，就必须指定std变量（多一层结构），多一层结构就要多使用一次"."运算符，例如以下存取数据成员的方式：

```
struct grade g1;

g1.std[0].name = "Justin";
g1.std[0].height = 155;
g1.std[0].weight = 50;
g1.std[1].name = "Bush";
g1.std[1].height = 145;
g1.std[1].weight = 50;
...
g1.teacher = "monica";
```

【范例程序：CH10_06.cpp】

本范例程序以嵌套结构方式定义grade结构，示范嵌套结构成员的声明与存取。要注意的是，嵌套结构成员的存取与一般结构一样，只是多一层结构就要多使用一次"."运算符。

```
01   #include <iostream>
02
03   using namespace std;
04
05   int main()
06   {
07       struct grade
08       {
09           struct
10           {
11               const char *name;
12               int height;
13               int weight;
14           } std[3];    // 省略了内层结构的定义，用嵌套方式定义grade结构
15           const char *teacher;
16       } g1={"John",174,65,"Justin",168,56,"Bush",177,80,"Mary"};
17       // 给结构变量g1赋初值
18
19       int i;
20
21       cout<<"老师: "<<g1.teacher<<endl;
22       cout<<"------------------------------------------------"<<endl;
```

```
23        cout<<"学生姓名，身高，体重如下："<<endl;
24
25        for (i=0;i<3;i++)
26           cout<<g1.std[i].name<<" "<<g1.std[i].height<<" "<<g1.std[i].weight<<endl;
27        // 嵌套结构的存取与一般结构一样，只是多一层结构就要多使用一次 "." 运算符
28
29        return 0;
30    }
```

执行结果如图10-8所示。

图 10-8

【程序解析】

第07~17行：省略了内层结构的定义，用嵌套方式定义grade结构。

第16行：给结构变量g1赋初值。

第26行：嵌套结构的存取与一般结构一样，只是多一层结构就要多使用一次 "." 运算符。

10.4　函数与结构

结构是一种用户自定义数据类型，在函数与函数之间可以传递结构变量。结构数据类型并不是C++的基本数据类型，因此要在函数中传递结构类型，必须声明为全局作用域的结构类型，只有这样，其他函数才可以使用此结构类型来声明变量。

在C++的函数间传递参数，可分为传值、传址与传引用三种方式，函数中的结构数据的传递也可以使用这三种参数传递方式。

10.4.1　结构传值调用

结构传值调用会将整个结构变量的值复制到函数中供函数使用。但是，当结构对象容量很大时，不仅要占用许多内存，还会降低程序执行的效率。不过，如果在函数中更改了传进来的参数值，主函数内结构变量的值并不会被更改。结构传值调用的函数原型声明如下：

　　　返回值类型 函数名称(struct 结构类型名称 结构变量);

或

　　　返回值类型 函数名称(struct 结构类型名称);

　　　例如：

```
int calculate(struct product inbook);
```

在调用时，直接将结构变量传入函数即可：

```
calculate(book);
```

【范例程序：CH10_07.cpp】

本范例程序输入一份书籍订购，包含书名、单价及数量。使用传值调用方式将结构变量传递到函数中以计算订购总额。

```
01   #include <iostream>
02
03   using namespace std;
04
05   struct product
06   {
07       char name[20];
08       int price;
09       int number;
10   };// 声明为全局作用域的结构类型
11   int calculate(struct product );
12   // 传值调用的原型声明
13
14   int main()
15   {
16       struct product book;
17
18       cout<<"书名: ";
19       cin>>book.name;
20       cout<<"单价: ";
21       cin>>book.price;
22       cout<<"数量: ";
23       cin>>book.number;
24       cout<<"---------------------------------------"<<endl;
25       cout<<"书名: "<<book.name<<endl;
26       cout<<"单价 = "<<book.price<<endl;
27       cout<<"数量 = "<<book.number<<endl;
28       cout<<"订购金额 = "<<calculate(book)<<endl; // 调用时，直接将结构变量名传入函数即可
29
30       return 0;
31   }
32   int calculate(struct product inbook)
33   {
34       int money;
35       money = inbook.price*inbook.number; // 计算订购金额
36       return money;
37   }
```

执行结果如图10-9所示。

【程序解析】

第05~10行：声明为全局作用域的结构类型。

第11行：传值调用的原型声明。

第28行：调用时，直接将结构变量名传入函数即可。

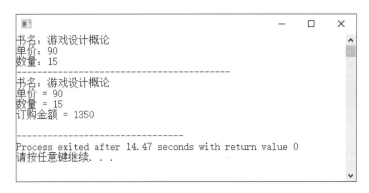

图 10-9

第35行：计算订购金额。

第32~37行：calculate()函数的定义，传入结构变量的值并使用这些值。

10.4.2　结构传址调用

结构传址调用所传入的参数为结构变量的内存地址，以"&"运算符将地址传给函数，在函数内则通过结构指针来存取结构数据。这样的方式可解决传值调用时所造成的内存占用与执行效率下降的问题，此时如果在函数中更改了传进来的参数值，那么主函数内结构变量的值也会同步更改。结构传址调用的函数原型声明如下：

返回值类型 函数名称(struct 结构类型名称 *结构变量);

或

返回值类型 函数名称(struct 结构类型名称 *);

例如：

int calculate(struct product *inbook);

调用时，直接将结构变量的地址传入函数即可：

calculate(&book);

10.4.3　结构传引用调用

C++中的传引用调用方式类似于传址调用，当然结构类型也可以使用传引用调用方式。当在函数内变动形式参数的值时，也会更改原先调用函数（例如主函数）中的实际参数。在使用结构传引用调用时，只需要在函数原型和定义函数所要传递的参数前加上"&"运算符即可。结构传引用调用的函数原型声明如下：

返回值类型 函数名称(struct 结构类型名称 &结构变量);

或

返回值类型 函数名称(struct 结构类型名称 &);

例如：

int calculate(struct product &inbook);

调用时，直接将结构变量的地址传入函数即可：

```
    calculate(book);
```

10.5 其他自定义数据类型

所谓自定义数据类型，其实可以看成是将指定数据类型的组合自定义为新的数据类型，再以自定义数据类型来声明对应的变量。除了前面章节介绍的结构（Struct）自定义数据类型外，C++还包含列举（Enum）、联合（Union）与类型定义（Typedef）三种自定义类型。本节将分别介绍这三种类型及其特性。

10.5.1 类型定义

类型定义语句（关键字为typedef）可用来重新定义数据类型，将原有的类型或结构通过typedef语句以有意义的新名称来替代，让程序可读性更高。声明的语法如下：

typedef 原数据类型 新定义的数据类型；

例如程序设计人员可以使用typedef语句将int类型重新定义为integer：

```
typedef int integer;
integer age=20;
```

经过以上声明，这时int和integer都声明为整数类型。如果重新定义结构类型，程序代码声明就不必每次加上struct保留字了，例如：

```
typedef struct house
{
    int roomNumber;
    char houseName[10];
} house_Info;

house_Info  myhouse;
```

【范例程序：CH10_08.cpp】

本范例程序用来说明类型定义语句（typedef）重新定义int类型、字符数组与hotel结构，随后在声明结构变量时就不必加上struct关键字了。

```
01   #include <iostream>
02
03   using namespace std;
04
05   typedef int INTEGER;               // INTEGER被定义成int类型
06   typedef char STRING[20];           // STRING被定义成长度为20的字符数组
07
08   typedef struct hotel
09   {
10       INTEGER roomNumber;
11       STRING hotelName;
12   } hotel_Info;                      // 以typedef语句将hotel结构重新定义成hotel_Info
13
14   int main()
15   {
16       hotel_Info myhotel;           // 声明结构变量，不必加上struct关键字
```

```
17      cout<<"旅馆名称: ";
18      cin>>myhotel.hotelName;
19      cout<<"房间数: ";
20      cin>>myhotel.roomNumber;
21      cout<<"----------------------------------"<<endl;
22      cout<<"旅馆名称: "<<myhotel.hotelName<<endl;
23      cout<<"房间数: "<<myhotel.roomNumber<<endl;
24
25      return 0;
26  }
```

执行结果如图10-10所示。

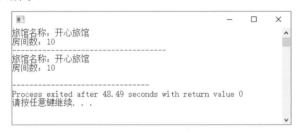

图 10-10

【程序解析】

第05行：INTEGER被定义成int类型。

第06行：STRING被定义成长度为20的字符数组。

第08~12行：以typedef语句将hotel结构类型重新定义成hotel_Info类型。

第16行：声明结构变量，不必加上struct关键字。

10.5.2　枚举类型

枚举类型也是一种自行定义的数据类型，枚举成员由一组常数组成，各个常数具有自己的名称。枚举类型的特点在于把变量值限定在枚举成员的常数集合中，并使用常数名称来赋值，使得程序的可读性大为提高。语法如下：

```
enum 枚举类型名称
{
    枚举成员1,
    枚举成员2,
    ...
};
enum枚举类型名称 枚举类型变量;
```

在程序中，如果以数值0~3来表示饮料种类，程序含义不是非常清楚，这时就可以使用枚举类型来表示不同饮料，示例如下：

```
enum Drink
{
    coffee,    // 默认值为0
    milk,      // 默认值为1
    tea,       // 默认值为2
    water      // 默认值为3
};
```

在定义枚举类型时，如果没有设置枚举成员的常数值，C++会将第一个枚举成员的常数值自动设置为0，而后续枚举成员的常数值按序递增。若要设置枚举成员的常数值，则可在定义枚举类型的同时直接设置。对于没有设置常数值的枚举成员，C++会以最后一次设置常数值的枚举成员为基准，后续枚举成员的常数值按序递增，示例如下：

```
enum Drink
{
    coffee=20,  // 值为20
    milk=10,    // 值为10
    tea,        // 值为11
    water       // 值为12
};
```

下面用Drink枚举类型声明两个枚举类型的变量my_drink与his_drink：

```
enum Drink
{
    coffee=10,  // 值为10
    milk,       // 值为11
    tea,        // 值为12
    water       // 值为13
} my_drink;

enum Drink his_drink;
```

【范例程序：CH10_09.cpp】

本范例程序定义Drink枚举类型，并声明Drink枚举类型变量c_drink及显示变量c_drink的值，请仔细观察枚举成员常数值间的变化。

```
01   #include <iostream>
02
03   using namespace std;
04
05   int main()
06   {
07       enum Drink
08       {
09           coffee=25,
10           milk=20,
11           tea=15,
12           water
13       };                          // 定义Drink枚举类型
14       enum Drink c_drink;         // 声明Drink枚举类型变量corp_drink
15
16       c_drink=coffee;             // 把coffee赋值给变量c_drink
17       cout<<"枚举类型的coffee值 = "<<c_drink<<endl ;
18
19       c_drink=milk;               // 把milk赋值给变量c_drink
20       cout<<"枚举类型的milk值 = "<<c_drink<<endl;
21
22       c_drink=water;              // 把water赋值给变量c_drink
23       cout<<"枚举类型的water值 = "<<c_drink<<endl;
24
25       return 0;
26   }
```

执行结果如图10-11所示。

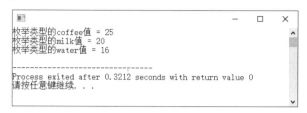

图 10-11

【程序解析】

第07~13行：定义Drink枚举类型。

第14行：定义Drink枚举类型变量c_drink。

第16行：把coffee赋值给变量c_drink。

第19行：把milk赋值给变量c_drink。

第22行：把water赋值给变量c_drink。

10.5.3　联合类型

对于联合类型（union）与结构类型，无论是在定义方法或成员的存取上都十分相似，但是结构类型定义的每个成员都拥有各自的内存空间，而联合类型定义的所有成员要共享同一个内存空间，如图10-12所示。

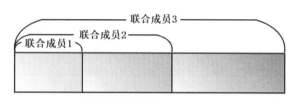

图 10-12

联合类型的定义与联合类型变量声明的语法如下：

```
union 联合类型名称
{
    数据类型 联合成员1;
    数据类型 联合成员2;
    数据类型 联合成员3;
    ...
};

union 联合类型名称 联合变量;
```

联合类型内的各成员以同一个内存区块存储数据，并以占最大内存空间的成员作为联合变量的内存空间大小。例如定义以下的联合类型Data，则u1联合变量的内存空间会以字符数组name所占的内存空间为主，也就是20字节的内存空间：

```
union Data
{
```

```
       int a;
       int b;
       char name[20];
   } u1;
```

定义好新的联合类型及声明联合变量后，就可以存取所声明的联合变量的各个成员了。只要
在联合变量名后加上成员运算符"."与联合成员名称即可，语法如下：

```
联合变量名.联合成员;
```

【范例程序：CH10_10.cpp】

本范例程序将使用联合成员共享内存空间的特性来编写简单的口令加解密程序。程序中简单
地将口令每字节的数值加上一个整数来加密这个口令，若要解密，则将加密后每字节的数值减去加
密时用的那个整数即可。

```
01   #include <iostream>
02
03   using namespace std;
04   int encode(int);    // 加密函数
05   int decode(int);    // 解密函数
06   int main()
07   {
08       int pwd; cout<<"请输入要加密的口令: ";
09       cin>>pwd; pwd = encode(pwd);
10       cout<<"加密后的口令为: "<<pwd<<endl;
11       pwd = decode(pwd);
12       cout<<"解密后的口令为: "<<pwd<<endl;
13
14       return 0;
15   }   // 参 数：未加密的口令
16       // 返回值：加密后的口令
17
18   int encode(int pwd)
19   {
20       int i;
21       union{
22           int num;
23           char c[sizeof(int)];
24       } u1;
25       u1.num = pwd;
26       for(i = 0; i< sizeof(int); i++)
27           u1.c[i] += 32;
28
29       return u1.num;
30   }
31
32   int decode(int pwd)
33   {
34       int i;
35       union{
36           int num;
37           char c[sizeof(int)];
38       } u1;
39       u1.num = pwd;
```

```
40        for(i = 0; i< sizeof(int); i++)
41            u1.c[i] -= 32;
42
43        return u1.num;
44    }
```

执行结果如图10-13所示。

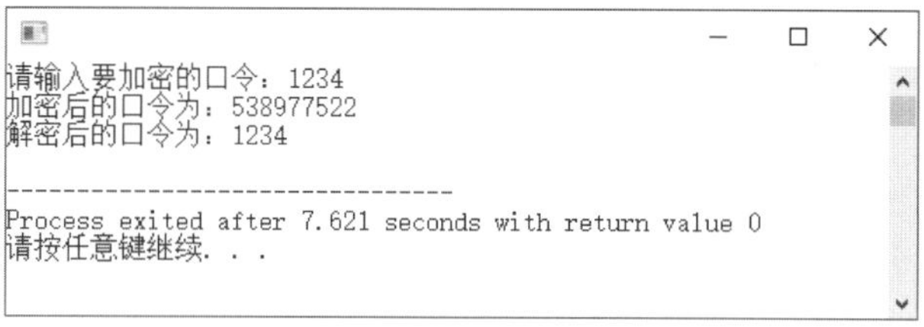

```
请输入要加密的口令: 1234
加密后的口令为: 538977522
解密后的口令为: 1234

------------------------------
Process exited after 7.621 seconds with return value 0
请按任意键继续. . .
```

图 10-13

【程序解析】

第04、05行：加解密函数的声明。

第20~23行：union联合空间的声明。

第18~30行：加密函数，参数为未加密的口令，返回值为加密后的口令。

第32~44行：解密函数，参数为加密后的口令，返回值为未加密的口令。

10.6　上机编程实践

（1）请设计一个C++程序，用来说明当使用结构指针进行结构成员运算时必须特别注意运算符的优先级。

解答▶ 可参考范例程序ex10_01.cpp。

（2）请设计一个C++程序，声明圆的结构类型，并把结构成员area声明为指针变量，用以记录圆面积。

解答▶ 可参考范例程序ex10_02.cpp。

（3）请设计一个C++程序，练习建立与存取3个学生节点的链表。使用结构指针ptr来作为链表的读取游标（指针）。每次读完链表的一个节点，就将ptr往下一个节点（地址）移动，直到ptr指向NULL（空指针）为止。

解答▶ 可参考范例程序ex10_03.cpp。

（4）请设计一个C++程序，输入一份书籍订购信息，包含书名、单价及数量。使用传址调用将结构变量传递到函数来计算订购总额。

解答▶ 可参考范例程序ex10_04.cpp。

（5）请设计一个C++程序，输入一份书籍订购信息，包含书名、单价及数量。使用传引用调用将结构变量传递到函数来计算订购总额，然后观察参数在函数调用前后变动的情况。

解答▶ 可参考范例程序ex10_05.cpp。

（6）请设计一个C++程序，声明含有3个元素的结构数组，计算3位学生的数学成绩平均分与英语成绩平均分并输出3位学生的姓名、数学成绩与英语成绩。

解答▶ 可参考范例程序ex10_06.cpp。

（7）GB2312汉字编码字符集中的每个汉字编码是由2字节组成的，第一个汉字的编码为0xB0A1（对应"啊"字），请设计一个C++程序，使用结构变量存储GB2312中的前5个汉字，并将它们显示出来。

解答▶ 可参考范例程序ex10_07.cpp。

（8）请设计一个C++程序，以传址调用将存储学生成绩的数组传递到min()函数中，在该函数中使用结构数组来存取结构中的各种数据成员，并找出这些学生中成绩最低分的学生姓名及成绩。

解答▶ 可参考范例程序ex10_08.cpp。

（9）请设计一个C++程序，定义一个时间结构类型并声明结构变量，然后输入并输出该结构变量的成员数据。

```
struct Time
{
    int hour;
    int minute;
    int second;
};
```

解答▶ 可参考范例程序ex10_09.cpp。

（10）请设计一个C++程序，试以结构类型的方式来计算应缴的水费。从键盘输入用水量，假定基本水费为2元（起步费），而实际用水量对应的水费单价如表10-1所示（仅作为示例用，非现实计费方式）。

表 10-1 实际用水量对应的水费单价

用　水　量	水费单价（元）
10吨以下	1
11~20吨	2
21~40吨	3
41~50吨	4
50吨以上	5

解答▶ 可参考范例程序ex10_10.cpp。

（11）请设计一个C++程序，以传引用调用方式接收两个外部输入的结构变量，并根据数据成员salary值的大小来决定两个结构变量中哪一个对应存储的是主管的信息，然后按照职位在main()函数中输出员工的信息。

解答▶ 可参考范例程序ex10_11.cpp。

（12）请设计一个C++程序，可以让老师输入学生学号、姓名及电话号码，并可根据姓名进行数据的查询，学生的数据必须使用结构来存储。

解答▶ 可参考范例程序ex10_12.cpp。

（13）请设计一个C++程序，使用sizeof运算符来获取结构类型数组或变量所占内存空间的大小。

解答▶ 可参考范例程序ex10_13.cpp。

 本章习题

问答与实践题（参考答案见附录A）

（1）在结构中定义另一个结构，形成嵌套结构。嵌套结构的好处是在已建立好的数据分类上继续分类。以下的结构定义有什么错误？

```
struct member
{
    char name[80];
    struct member no;
}
```

（2）请简述枚举类型（enum）的意义与作用。

（3）下面这个程序段哪里出了问题？

```
01 #include <iostream>
02 #include <cstring>
03 using namespace std;
04 int main(void)
05 {
06     struct student
07     {
08         char name[40];
09         int number;
10     };
11     student Tom={"吴灿铭",87};
12     student *st=&Tom;
13     cout<<st.name<<endl;
14     cout<<st.number<<endl;
15     return 0;
16 }
```

（4）下面这个代码段哪里出了问题？

```
01 #include <iostream>
02 using namespace std;
03 int main(void)
04 {
05     struct
06     {
07         char *name;
08         int number;
09     } st
10
11     st.name = "Justin";
12     st.number = 90;
13
14     return 0;
15 }
```

（5）以下的声明有什么错误？

```
struct student
{
    char name[80];
    struct student next;
}
```

（6）结构传址调用的作用是什么？

（7）结构传引用调用的作用是什么？

（8）有一个结构类型的定义如下：

```
struct circle
{
    float r;
    float pi;
    float area;
};
```

且声明了结构指针：

```
struct circle *getData;
getData = &myCircle;
```

请根据上述程序代码，写出两种结构指针的存取方式。

（9）二叉树（又称为Knuth树）是一个由有限节点所组成的集合，此集合可以为空集合，或由一个树根及左右两个子树所组成。简单地说，二叉树最多只能有两个子节点，就是分支度小于或等于2。二叉树的链表表示法就是使用链表来存储二叉树，使用易失性存储器及指针的方式来建立二叉树，二叉树的节点结构如表10-2所示。

表10-2　二叉树的节点结构

left *ptr	data	right *ptr
指向左子树	节点值	指向右子树

请用struct与typedef关键字来实现二叉树的节点结构。

（10）请简述联合类型与枚举类型之间的差异。

（11）什么是自定义数据类型？C++中有哪些自定义数据类型？

（12）结构传值调用的缺点是什么？试说明。

（13）试简述嵌套结构的意义。

（14）以下代码段将声明具有5个元素的student结构数组，数组中每个元素都各自拥有字符串name与整数score成员：

```
struct student
{
    char name[10];
    int score;
};
struct student class1[5];
```

请问此结构数组共占用多少字节？

（15）延续上题，如果改为结构指针数组，代码如下：

```
struct student
{
    char name[10];
    int score;
};
struct student *class1[5];
```

请问此结构指针数组共占用多少字节？为什么？

（16）一个初学结构的学生试图由用户输入来设置结构成员的值，但是程序执行时发生了错误，请问下面的程序哪里出了问题？

```
01 #include <iostream>
02 using namespace std;
03 int main(void)
04 {
05     struct
06     {
07         int a;
08         int b;
09     } word;
10     cout<<"输入两个整数: ";
11     cin>>&word.a>>&word.b;
12     cout<<word.a<<word.b;
13     return 0;
14 }
```

（17）结构类型的定义与结构变量的声明有哪两种方式？

第 11 章

认识面向对象程序设计

11

面向对象程序设计的主要思想就是将日常生活中的对象概念应用于软件设计开发模式（Software Development Model）。也就是说，面向对象程序设计方法让我们在进行程序设计时能以一种更生活化、可读性更高的方式来进行，并且开发出来的程序也更容易扩充、修改及维护。在现实生活中，各式各样的物品都可以看成是对象，例如正在阅读的书是一个对象，手上的笔也是一个对象。当然，对象除了是一种随处可触及的物体外，从程序设计的视角来看，抽象的概念或事物也都可以看成是对象，如图11-1所示。

对象是面向对象程序设计最基本的元素，每一个对象在程序设计语言中的声明都必须通过类（Class）来实现。C++与C语言最大的差异在于C++加入了类语法，因此让C++具有面向对象程序设计的功能。在前面的章节中，我们所介绍的内容都是C++的基本功能，从本章开始我们正式进入C++面向对象设计的大门。

11.1 类的基本概念

图 11-1

类在C++的面向对象程序设计中是重要的概念，属于用户定义的抽象数据类型（Abstract Data Type，ADT），类的概念其实是从C语言的结构类型派生而来的，二者的差别在于结构类型只能包含数据变量，而类类型则可扩充到包含处理数据的函数（或被称为方法）。以下就是结构与类的声明范例。

结构的声明：

```
struct  Student              // 结构名称
{
    char name[20];           // 结构的数据成员
    int  height;
    int  weight;             // 不可在结构内定义成员函数或方法
}
```

类的声明：

```
class  Student               // 类名称
{
    char name[20];           // 类的数据成员（又被称为类的属性）
    int  height;
    int  weight;
```

```
    void show_data()           // 可以在类内定义成员函数
    {
        cout<<height;          // 显示类内的数据成员
        cout<<weight;
    }
}
```

11.1.1　类对象的声明

C++中用来定义类类型的关键字是class，类名称可由程序设计人员自行定义，但必须符合C++的标识符命名规则。程序设计人员可以在类中定义多种数据类型，这些数据称为类的数据成员（Data Member），而类中存取数据的函数被称为成员函数（Member Function）。

在C++中，定义类的语法如下：

```
class 类名称       // 定义类
{
  private:
    私有成员        // 声明私有的数据成员
  public:
    公有成员        // 定义公有的成员函数
};
```

以下我们就示范定义一个Student类，并且在类中加入一个私有的数据成员与两个公有的成员函数：

```
class Student              // 定义类
{
  private:
    int StuID;             // 声明私有的数据成员
  public:
    void input_data()      // 定义公有的成员函数
    {
        cout << "请输入学号: " << endl;
        cin >> StuID;
    }
    void show_data()       // 定义公有的成员函数
    {
        cout << "你的学号: " << StuID << endl;
    }
};
```

上例是一个非常典型且简单的类定义模式，细节说明如下。

1. 数据成员

数据成员主要用于描述类的状态（属性），可以在类中声明任何数据类型的数据成员。简单来说，数据成员就是类的数据变量，当定义数据成员时，不可以赋初值。

类的数据成员的声明和一般的变量声明相似，唯一不同之处是类的数据成员可以设定访问权限。通常数据成员的访问权限设置为private，若要存取数据成员，则要通过成员函数来实现。数据成员的声明语法如下：

```
数据类型 变量名称;
```

2. 成员函数

成员函数主要用于存取数据成员，描述类对象的行为，用于内部状态改变的操作，或者与其他对象沟通的桥梁。成员函数与一般函数的定义类似，只不过封装在类中，成员函数的个数并无限制。定义成员函数的语法如下：

```
返回值类型 函数名称(参数行)
{
    ...
    程序语句;
    ...
}
```

11.1.2 访问权限的关键字

在类定义的两个大括号"{}"中可使用访问权限关键字来定义类所属的成员，访问权限也被称为存取权限。访问权限关键字分为以下三种：

```
class 类名称
{
  private:        // 不被外界所存取，未设置默认值
    私有成员
  protected:      // 只被继承的类所引用
    保护成员
  public:         // 无存取限制，可任意存取
    公有成员
    ...
};
```

上述三种关键字的作用与意义分别说明如下。

- private: 表示此区块属于私有成员，具有最高的保护权限。也就是此区块内的成员只可被类对象的成员函数所存取，在类中默认的访问权限为私有的，不加上关键字private也表示是私有成员。
- protected: 表示此区块属于受保护的成员，具有第二高的保护权限。外界无法存取受保护的成员，此访问权限主要让继承此类的子类能定义该成员的存取权限，也就是专为继承关系量身定制的一种存取权限。
- public: 表示此区块属于公有成员，外界存取这类成员完全不受限，此存取权限具有最低的保护权限。此区块内的成员是类提供给外界的接口，可以被其他对象或外部程序调用与存取。通常为了实现数据隐藏的目的，只会将成员函数声明为public存取权限。

11.1.3 声明类对象

类定义之后，相当于创建了一个新的数据类型，然后就可以使用这个类型来声明（创建）对象。声明类对象的语法如下：

```
类名称 对象名称;
```

类名称是指class定义的名称，对象名称则是类实例的名称。对于每一个类对象，都可以存取或调用自己的成员数据或成员函数，存取对象中的数据成员与调用成员函数的语法如下：

```
对象名称.类成员;            // 存取数据成员
对象名称.成员函数(参数行)    // 调用成员函数
```

【范例程序：CH11_01.cpp】

本范例程序使用类所声明的对象来让用户输入学号、数学成绩以及英语成绩，然后将总分及平均分打印出来。

```cpp
01   #include <iostream>
02
03   using namespace std;
04
05   class Student                        // 定义Student类
06   {
07     private:                           // 声明私有数据成员
08     char StuID[8];
09     float Score_E,Score_M,Score_T,Score_A;
10     public:                            // 声明公有数据成员
11     void input_data()                  // 定义成员函数
12       {
13           cout << "**请输入学号及各科成绩**" << endl;
14           cout << "学号: ";
15           cin >> StuID;
16           cout << "输入英语成绩: ";
17           cin >> Score_E;
18           cout << "输入数学成绩: ";
19           cin >> Score_M;
20       }
21     void show_data()                   // 定义成员函数
22       {
23           Score_T = Score_E + Score_M;
24           Score_A = (Score_E + Score_M)/2;
25           cout << "==============================" << endl;
26           cout << "学生的学号: " << StuID << "" << endl;
27           cout << "总分是 " << Score_T << " 分, 平均分是 " << Score_A << " 分。" << endl;
28           cout << "==============================" << endl;
29       }
30   };
31
32   int main()
33   {
34     Student stud1;                     // 声明Student类的对象
35     stud1.input_data();                // 调用input_data成员函数
36     stud1.show_data();                 // 调用show_data成员函数
37
38     return 0;
39   }
```

执行结果如图11-2所示。

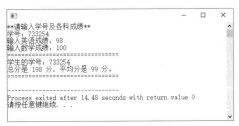

图 11-2

【程序解析】

第05~30行：定义Student类。

第07~09行：声明私有数据成员。

第10~29行：定义成员函数。

第34~36行：声明一个stud1对象，并调用stud1.input_data()与stud1.show_data()成员函数来存取Student类内的私有数据成员。

我们也可以使用指针形式来创建对象，语法如下：

```
类名称* 对象指针名称 = new 类名称;
```

类的对象都可以存取自己的成员数据或调用自己的成员函数，即使是指针形式也不例外。以下通过对象指针存取对象的数据成员与调用对象的成员函数，这时必须使用"->"运算符：

```
对象指针名称->数据成员    // 存取数据成员
对象指针名称->成员函数(参数行)
```

在前面的类声明范例程序中，我们把成员函数定义在类内。事实上，类中成员函数的程序代码不一定要写在类内，我们也可以在类内事先声明成员函数的原型，然后在类外面定义成员函数（实现成员函数的程序代码部分）。

如果是在类外面定义成员函数，那么只要在外部定义时在成员函数名称前面加上类名称与范围解析运算符"::"即可。范围解析运算符的主要作用就是指出成员函数所属的类。

【范例程序：CH11_02.cpp】

本范例程序在类中声明了input_data成员函数与show_data成员函数的原型，然后在类外定义（实现）成员函数。

```cpp
01   #include <iostream>
02   #include <cstdlib>
03   using namespace std;
04
05   class Student                // 定义类
06   {
07    private:                    // 声明私有数据成员
08      int StuID;
09    public:
10      void input_data();        // 声明成员函数的原型
11      void show_data();
12   };
13   void Student::input_data()   // 定义成员函数input_data()
14   {
15       cout << "请输入你的成绩: ";
16       cin >> StuID;
17   }
18   void Student::show_data()    // 定义成员函数show_data()
19   {
20       cout << "成绩是: " << StuID << endl;
21   }
22   int main()
23   {
```

```
24      Student stu1;
25      stu1.input_data();
26      stu1.show_data();
27
28      return 0;
29   }
```

执行结果如图11-3所示。

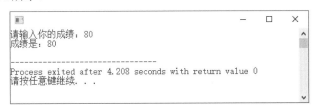

图 11-3

【程序解析】

第13~17行：在类外，使用范围解析运算符来实现input_data函数。

第18~21行：在类外，使用范围解析运算符来实现show_data函数。

11.2　构造函数与析构函数

在C++中，类的构造函数（Constructor）用于对象的初始化，也就是如果在声明对象后希望能给对象中的数据成员赋初值，就可以通过构造函数来完成。析构函数（Destructor）在对象生命周期结束时用来释放对象所占用的内存，以归还给系统。

11.2.1　构造函数

可以把构造函数看成是一种初始化类对象的成员函数，用于给对象内部的私有数据成员赋初值。每个类至少要有一个构造函数，当声明类时，如果没有定义构造函数，则C++会自动提供一个没有任何程序语句及参数的默认构造函数（Default Constructor）。

构造函数具备以下4个特性，它的定义方式与成员函数类似：

（1）构造函数的名称必须与类名称相同，例如类名称为MyClass，则构造函数名称为MyClass()。

（2）不需要定义返回值类型，也就是没有返回值。

（3）当对象被创建时将自动生成默认构造函数，默认构造函数并不提供参数的传入。

（4）构造函数可以有重载功能，也就是一个类可以有多个相同名称但参数不同的构造函数。

定义构造函数的语法如下：

```
类名称(参数行)
{
    程序语句;
}
```

【范例程序：CH11_03.cpp】

　　本范例程序示范构造函数的定义，除了可以省略的默认构造函数外，又另行定义了一个有三个参数的构造函数，它们在创建类对象时会赋予对象不同的初值。

```cpp
01   #include <iostream>
02
03   using namespace std;
04
05   class Student                        // 定义类
06   {
07     private:                           // 声明私有数据成员
08       int StuID;
09       float English,Math,Total,Average;
10     public:                            // 定义公有函数成员
11       Student();                       // 默认的构造函数，也可以省略
12       Student(int id, float E, float M)  // 定义一个有三个参数的构造函数
13       {
14           StuID=id;                    // 把参数id赋值给StuID
15           English=E;                   // 把参数E赋值给English
16           Math=M;                      // 把参数M赋值给Math
17           Total = E + M;
18           Average = (E + M)/2;
19
20           cout << "---------------------------------" << endl;
21           cout << "学生学号: " << StuID << "" << endl;
22           Cout << "英语成绩: "<<E<<endl;
23           Cout << "数学成绩: "<<M<<endl;
24           cout << "总分是 " << Total << " 分, 平均分是 " << Average << " 分。" << endl;
25       }
26   };
27
28   int main()
29   {
30       Student stud1(920101,80,90);     // 给stud1对象赋初值
31       Student stud2(920102,60,70);     // 给stud2对象赋初值
32       cout << "---------------------------------" << endl;
33
34       return 0;
35   }
```

　　执行结果如图11-4所示。

图 11-4

【程序解析】

第11行：默认构造函数，也可以省略。

第12~25行：定义一个有三个参数的构造函数。

第30行：声明stud1对象，并通过构造函数赋初值。

第31行：声明stud2对象，并通过构造函数赋初值。

在此补充说明一点，因为构造函数也是一种公有成员函数，所以可以使用范围解析运算符"::"将构造函数内程序主体的定义置于类之外。

【范例程序：CH11_04.cpp】

本范例程序定义默认构造函数的内容及声明三个参数的构造函数，并将构造函数的程序代码如成员函数般放在类外实现。

```
01   #include <iostream>
02
03   using namespace std;
04
05   class Student                              // 定义类
06   {
07     private:                                 // 声明私有数据成员
08       int StuID;
09       float Score_E,Score_M,Score_T,Score_A;
10     public:                                  // 声明公有成员
11       Student();                             // 声明默认的构造函数原型
12      Student(int id,float E,float M);        // 声明有三个参数的构造函数原型
13      void show_data();                       // 声明成员函数的原型
14   };
15   Student::Student()                         // 构造函数的定义在Student类之外
16   {
17      StuID = 920101;
18      Score_E = 60;
19       Score_M = 80;
20   }
21   Student::Student(int id,float E,float M)   // 使用参数赋初值
22   {
23      StuID=id;                               // 用参数id给StuID赋值
24      Score_E=E;                              // 用参数E给Score_E赋值
25      Score_M=M;                              // 用参数M给Score_M赋值
26   }
27   void Student::show_data() // 定义show_data()函数
28   {
29      Score_T = Score_E + Score_M;
30      Score_A = (Score_E + Score_M)/2;
31      cout << "=============================" << endl;
32      cout << "学生学号: " << StuID << "" << endl;
33      cout << "总分是 " << Score_T << " 分，平均分是 " << Score_A << " 分。" << endl;
34   }
35   int main()
36   {
37      Student stud;                           // 声明Student类的对象，此时会调用无参数的构造函数
38      stud.show_data();                       // 调用show_data()成员函数
```

```
39      Student stud1(920102,30,40); // 声明Student类的对象,此时会调用有三个参数的构造函数
40      stud1.show_data();                   // 调用show_data()成员函数
41
42      return 0;
43  }
```

执行结果如图11-5所示。

图 11-5

【程序解析】

第11行：声明默认的构造函数。

第12行：声明有三个参数的构造函数。

第15~26行：使用范围解析运算符将构造函数定义在类之外。

第37行：声明Student类的对象，此时会调用默认的构造函数。

第39行：声明Student类的对象，此时会调用有三个参数的构造函数。

11.2.2 构造函数的重载

从前一节我们已经知道构造函数具备重载功能，除了默认的构造函数外，我们还可以定义新的构造函数。接下来，我们通过定义具有不同参数或参数类型的构造函数来实现更多构造函数的重载。

【范例程序：CH11_05.cpp】

本范例程序示范更多构造函数的重载功能。

```cpp
01  #include <iostream>
02
03  using namespace std;
04
05  class MyClass              // 定义一个名称为MyClass的类
06  {
07    public:                  // 定义公有成员
08      MyClass()
09      {
10          cout<<"无任何参数的构造函数: "<<endl;
11      }
12
13      MyClass(int a)
14      {
15          cout<<"传入一个参数的构造函数: "<<endl;
16          cout<<"a="<<a<<endl;
17      }
18
```

```
19      MyClass(int a,int b)
20      {
21          cout<<"传入两个参数的构造函数: \n";
22          cout<<"a="<<a<<" b="<<b<<endl;
23      }
24
25   private:
26      // MyClass(){} 若重复定义, 则编译时将报错
27  };
28
29  int main()
30  {
31      int a, b;
32
33      a=100, b=88;
34      MyClass myClass1;
35      cout<<"---------------------------------"<<endl;
36      MyClass MyClass2(a);
37      cout<<"---------------------------------"<<endl;
38      MyClass MyClass3(a,b);
39      cout<<"---------------------------------"<<endl;
40
41      return 0;
42  }
```

执行结果如图11-6所示。

图 11-6

【程序解析】

第08~11行: 无任何参数的构造函数。

第13~17行: 传入一个参数的构造函数。

第19~23行: 传入两个参数的构造函数。

11.2.3 析构函数

当对象被创建时, 会在构造函数内部动态分配内存空间, 当程序结束或对象被释放时, 该动态分配的内存空间并不会自动释放, 这时必须经由析构函数来执行内存释放的操作。

析构函数所做的工作刚好和构造函数相反, 它的功能是在对象生命周期结束后执行清除与释放对象的操作。它的名称也必须与类名称相同, 只是前面必须加上 "~" 符号, 并且不能有任何参数。定义析构函数的语法如下:

```
~类名称()
{
    // 程序语句
}
```

析构函数具备以下4个特性，定义方式和成员函数类似：

（1）析构函数不可以重载，一个类只能有一个析构函数。

（2）析构函数名称的第一个字符必须是"~"，其余则与该类的名称相同。

（3）析构函数不含任何参数，也不能返回值。

（4）当对象的生命期结束时，或者我们以delete语句将当初用new语句创建的对象释放时，编译器就会自动调用该类对象的析构函数。在程序区块结束前，所有在区块中曾经声明的对象都会按照先创建后析构的顺序执行析构函数。

【范例程序：CH11_06.cpp】

本范例程序示范析构函数的定义与使用过程。析构函数与构造函数一样，函数名称都为类的名称，只是析构函数名称前必须加上"~"符号，且析构函数无法重载及传入参数。

```
01   #include <iostream>
02
03   using namespace std;
04
05   class testN          // 声明类
06   {
07       int no[20];
08       int i;
09    public:
10       testN()          // 定义构造函数
11       {
12           int i;
13           for(i=0;i<10;i++)
14               no[i]=i;
15           cout << "构造函数执行完成。" << endl;
16       }
17       ~testN()         // 定义析构函数
18       {
19           cout << "析构函数被调用。\n显示数组内容: ";
20           for(i=0;i<10;i++)
21               cout << no[i] << " ";
22           cout << "析构函数已执行完成。" << endl;
23       }
24   };
25
26   int show_result()
27   {
28       testN test1;     // 对象离开程序区块之前，会自动调用析构函数
29       return 0;
30   }
31
32   int main()
33   {
34       show_result(); // 调用含有testN类对象的函数
35
```

```
36      return 0;
37  }
```

执行结果如图11-7所示。

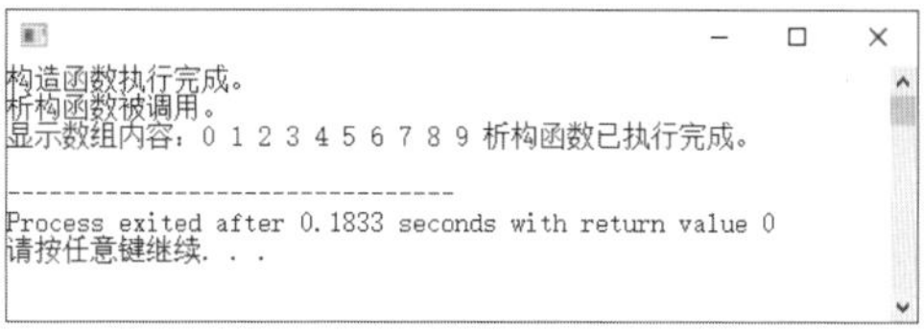

图 11-7

【程序解析】

第10~16行：定义构造函数。

第17~23行：定义析构函数。

第28行：对象离开程序区块之前会自动调用析构函数。

第34行：调用含有testN类对象的函数。

11.2.4　创建指针对象

由于C++支持内存管理，因此除了一般的对象创建方式外，还可以使用new和delete语句来执行指针对象的创建与释放操作。使用new创建对象的语法如下：

类名称* 对象指针名称 = new 类名称；

例如：

```
class Man
{
    // 类定义
};
void main()
{
    Man* m = new Man;
}
```

上述程序使用new关键字来分配一块与Man类大小相同的内存，并且调用类的构造函数，然后执行类成员初始化的操作。如果内存分配成功，就会返回指向这块内存起始地址的指针，这时的m是一个Man类的指针；如果内存分配失败，那么m的内容是NULL（空指针）。

当使用这种方式创建对象时，对象并不会在生命周期结束时自动释放掉，而会一直保存在内存中，这时就必须使用delete关键字来释放对象占用的系统资源。使用delete释放对象的语法如下：

delete 对象指针名称；

【范例程序：CH11_07.cpp】

本范例程序使用类声明的指针对象来让用户输入学生的学号、数学成绩以及英语成绩，并示范存取指针对象中的数据成员与调用成员函数的方式。我们可以发现使用一般方式创建的对象会在对象的生命周期结束时自动清除和释放对象，而使用new创建的对象则不会，必须使用delete语句清除和释放对象。

```
01    #include <iostream>
02
03    using namespace std;
04    class Student              // 定义Student类
05    {
06      private:                 // 声明私有数据成员
07        char StuID[8];
08        float Score_E,Score_M,Score_T,Score_A;
09      public:                  // 定义公有成员函数
10        Student(){ cout << "%%%% 执行构造函数 %%%%" << endl; }
11        ~Student(){ cout << "#### 执行析构函数 ####" << endl; }
12
13        void input_data()       // 定义成员函数
14        {
15            cout << "**请输入学生的学号及各科成绩**" << endl;
16            cout << "学生学号: ";
17            cin >> StuID;
18        }
19        void show_data()// 定义成员函数
20        {
21            cout << "输入英语成绩: ";
22            cin >> Score_E;
23            cout << "输入数学成绩: ";
24            cin >> Score_M;
25            Score_T = Score_E + Score_M;
26            Score_A = (Score_E + Score_M)/2;
27            cout << "==============================" << endl;
28            cout << "学生学号: " << StuID << "" << endl;
29            cout << "总分是 " << Score_T << " 分，平均分是 " << Score_A << " 分。" << endl;
30            cout << "==============================" << endl;
31        }
32    };
33    int main()
34    {
35        Student *stud1=new Student;   // 声明Student类的指针对象，并调用构造函数
36        stud1->input_data();          // 调用成员函数input_data()
37        stud1->show_data();
38        // 调用成员函数input_data()
39        delete stud1;    // 调用析构函数
40
41        return 0;
42    }
```

执行结果如图11-8所示。

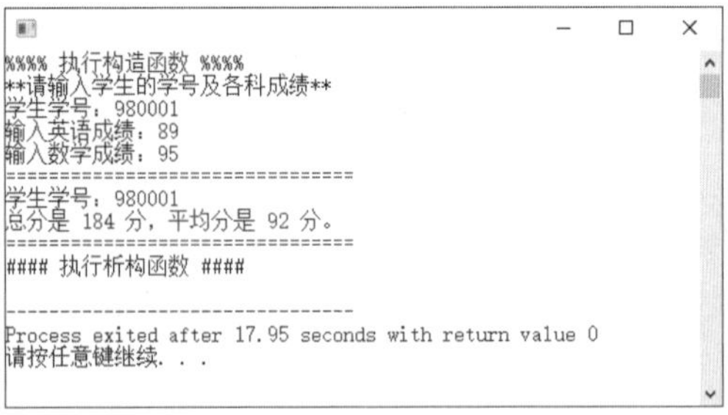

图 11-8

【程序解析】

第10行：构造函数的定义。

第11行：析构函数的定义。

第35~37行：声明一个stud1指针对象，并通过stud1->input_data()与stud1.show->data()成员函数来存取Student类内的私有数据成员。

第39行：调用析构函数。

11.3　上机编程实践

（1）请设计一个C++程序，定义Cube类的对象，并计算三个数据成员的立方和。

解答▶ 可参考范例程序ex11_01.cpp。

（2）请设计一个C++程序，使用类所声明的指针对象来让用户输入学生的学号、数学成绩以及英语成绩，并示范存取指针对象中的数据成员与调用成员函数的方式，最后使用delete语句释放此指针对象。

解答▶ 可参考范例程序ex11_02.cpp。

（3）请设计一个C++程序，以类方式来创建学生成绩节点，接着使用数据声明来建立5位学生成绩的单向链表，然后遍历链表的每一个节点并打印出学生的成绩。

```
class list                    // 定义链表结构
{                             // 类内容以"{ };"作为起止
  public:
    int num;                  // 学生学号
    char name[10];            // 姓名
    int score;                // 成绩
    class list *next;         // 指针，指向下一个节点
};
```

解答▶ 可参考范例程序ex11_03.cpp。

本章习题

问答与实践题（参考答案见附录A）

（1）试说明默认构造函数与一般构造函数的不同。

（2）请试着定义一个类，类中必须包含构造函数及析构函数。

（3）请设计一个类的析构函数，使用new语句分配10个元素的内存空间，并赋初值，然后在析构函数中释放这些内存空间。

（4）试简述面向对象程序设计的特点。

（5）试说明C++的类与结构类型的不同之处。

（6）什么是数据成员？

（7）类访问权限关键字可分为哪3种？试简述。

（8）范围解析运算符"::"的作用是什么？

（9）下列程序代码有什么错误，请指出来并加以修改，使程序代码能顺利通过编译。

```
01 #include <iostream>
02 class ClassA
03 {
04     int x;
05     int y;
06 };
07 int main(void)
08 {
09     ClassA formula;
10     formula.x=10;
11     formula.y=20;
12     cout<<"formula.x = "<<formula.x<<endl;
13     cout<<"formula.y = "<<formula.y<<endl;
14     return 0;
15 }
```

第 12 章

类的进阶应用

12

在以往的结构化程序设计中，数据变量与处理数据变量的函数是互相独立的，而函数与函数之间又往往隐含许多不易看见的关联，所以当程序的体量开发到很大规模时，程序的开发及维护就相对变得困难。在C++中是以类来实现抽象化数据类型的，类将函数与数据结合在一起，形成独立的模块，这种方式除了可以加速程序的开发外，也使得程序的维护变得容易。本章将继续为读者介绍类的许多相当实用的进阶功能，例如友元函数、静态成员声明、常数对象、this指针、嵌套类等。

12.1　对象数组和友元函数

假设我们打算一次声明数个同类的对象，除了可以给予这些对象不同的名称外，还可以考虑使用对象数组的声明方式，一次为多个对象命名。C++的封装性的最大特色就是类内部私有的数据只能由该类的成员函数存取，而其他非成员函数不能从外面直接存取，这样就能保护类本身的数据不被破坏，以达到隐藏数据的目的。不过在类内部的任何地方都可以使用friend关键字来声明一些函数或类的原型，它们并非类的成员，却可以直接存取类的任何数据，它们被称为类的"朋友"，即友元函数。本节将介绍对象数组和友元函数。

12.1.1　对象数组

声明类的对象和声明一般数据类型的变量一样，声明类的对象数组和声明一般数组的方式也类似，声明类的对象数组的语法如下：

　　类名称 对象数组名[数组大小]；

其中，数组大小就是对象的个数。从上述语法可知，对象数组名后面接着[]（数组元素选择符号），所以无法与声明单个对象一样使用参数行。例如：

```
Player p1[30];       // 声明对象数组
Player p2("Bob",22); // 声明单个对象
```

对象数组存取方式也和结构数组存取方式类似，对象数组索引值的起始值是从0开始的，也就是说，要存取第30个对象的name数据成员，它的表达方式应该为：

```
p1[29].name;
```

【范例程序：CH12_01.cpp】

本范例程序使用对象数组声明与循环的方式输入3位棒球选手的数据，同时计算、显示他们的击打率。

```
01    #include <iostream>
02
03    using namespace std;
04
05    // 定义Baseball类
06    class Baseball
07    {
08      // 声明私有数据成员和定义私有成员函数
09      private:
10        char player[20];                      // 棒球选手的姓名
11        int fires;                            // 击打次数
12        int safes;                            // 安打次数
13        // 声明私有成员函数countsafe()的原型,该函数用于计算选手的击打率
14        float countsafe(void);
15
16      // 定义公有成员函数
17      public:
18        // 声明公有成员函数inputplayer()的原型,该函数用于显示棒球选手的数据
19        void inputplayer();
20        // 声明公有成员函数showplayer()的原型,该函数用于显示棒球选手的数据
21        void showplayer();
22    };
23    void Baseball::inputplayer (void)         // 在类外定义成员函数inputplayer()
24    {
25        cout<<"棒球选手: ";
26        cin>>player;                          // 输入棒球选手的姓名
27        cout<<"击打次数: ";
28        cin>>fires;                           // 输入击打次数
29        cout<<"安打次数: ";
30        cin>>safes;                           // 输入安打次数
31    }
32    void Baseball::showplayer(void)           // 在类外定义成员函数showplayer()
33    {
34        float fs;
35        fs=countsafe();                       // 调用成员函数countsafe()计算并返回打击率
36        cout<<"==============================="<<endl;
37        cout<<"棒球选手: "<<player<<endl;        // 显示棒球选手的姓名
38        cout<<"击打次数: "<<fires<<endl;          // 显示击打次数
39        cout<<"安打次数: "<<safes<<endl;          // 显示安打次数
40        cout<<"击打率: "<<fs<<endl;              // 显示击打率
41    }
42    float Baseball::countsafe()               // 在类外定义成员函数countsafe()
43    {
44        float counts;                         // 声明存储击打率的变量
45        counts=(float(safes) / float(fires)); // 计算击打率 = 安打次数/击打次数
46        return counts;                        // 返回击打率
47    }
48    int main()
49    {
50        Baseball b[3];                        // 声明类数组
51        int i;
52        cout<<"输入数据"<<endl;
53        cout<<"==============================="<<endl;
54
55        for (i=0;i<3;i++)
56        {
```

```
57          b[i].inputplayer();
58     }
59
60     cout<<"================================"<<endl;
61     cout<<"显示数据"<<endl;
62     for (i=0;i<3;i++)
63     {
64          b[i].showplayer();
65     }
66
67     return 0;
68  }
```

执行结果如图12-1所示。

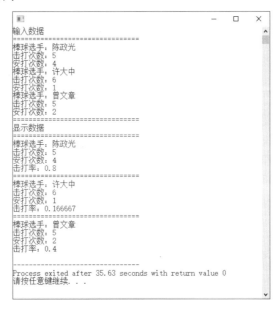

图 12-1

【程序解析】

第50行：声明类Baseball的对象数组b[3]。

第55~58行：以循环方式输入3位棒球选手的数据并存储到对象数组b[3]中。

第62~65行：以循环方式调用成员函数showplayer()，显示对象数组b[3]存储的3位棒球选手的数据，并计算和显示他们的击打率。

12.1.2 友元函数

友元函数虽然不算是类的成员，但是它可以直接存取类的任何数据与调用类的成员函数，就好像把友元函数当成是类的成员函数一样，给予友元函数存取类的私有成员的权限。在定义类时可以使用friend关键字声明函数的原型，那么对应的函数就被称为类的友元函数。声明的语法如下：

```
friend 返回值类型 函数名称(参数行);
```

由于类的友元函数不是类的成员，没有存取权限的限制，因此可以在类定义部分的任何位置声明，可以在private、public和protected的任何区块内声明该类的友元函数，不过通常会置于类定义部分的首行，如下所示：

```
class A
{
    友元函数声明的位置1；
  private:
    友元函数声明的位置2；
  protected:
    友元函数声明的位置3；
  public:
    友元函数声明的位置4；
};
```

【范例程序：CH12_02.cpp】

本范例程序把加分函数add_score()声明为Student类的友元函数，然后调用它来存取类中的私有数据成员。

```
01   #include <iostream>
02
03   using namespace std;
04
05   class Student
06   {
07       friend float add_score(Student);      // 把函数add_score()声明为Student类的友元函数
08     private:
09       int StuID;
10       float Score_E, Score_M, Score_T;
11     public:
12       Student(int id,float E,float M)      // 定义构造函数
13       {
14           StuID=id;
15           Score_E=E;
16           Score_M=M;
17           Score_T = Score_E + Score_M;
18           cout << "学生学号: " << StuID << "" << endl;
19           cout << "总分为: " << Score_T << " 分" << endl;
20       }
21   };
22   float add_score(Student a)                // 定义友元函数add_score()
23   {
24       a.Score_T+=30;
25       return a.Score_T;
26   }
27   int main()
28   {
29       Student stud1(920101,80,90); // 给stud1对象赋初值
30       cout << "加30分后, 总分为: " << add_score(stud1) << " 分" << endl; //调用add_score()
     函数
31
32       return 0;
33   }
```

执行结果如图12-2所示。

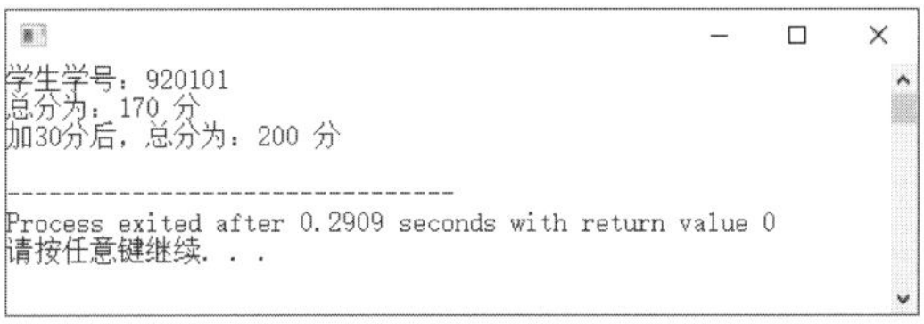

图 12-2

【程序解析】

第07行：把函数add_score()声明为Student类的友元函数。

第29行：给stud1对象赋初值。

第30行：使用add_score()函数可以直接存取Student类的Score_T值进行运算。

类的友元函数除了是一般函数外，也可以是其他类的成员函数。语法如下：

```
class 类名称B;
class 类名称A
{
    返回值类型 函数名称A1(参数行);
    // 类A的其他成员
};
class 类名称B
{
    //类B的成员
    friend 返回值类型 类名称A::函数名称A1(参数行);
};
```

如上所示，因为类A的成员函数A1()是类B的友元函数，所以在类A中能够使用类B的成员，但是必须先在类A之前声明类B的原型，让编译器知道B是一个类，这样类B的成员才能被类A使用。

【范例程序：CH12_03.cpp】

本范例程序用来说明类的友元函数可以存取类中所有访问权限的成员，并将类Friend的成员函数Access()声明为类Share的友元函数。请注意，其中Access()函数的内容必须定义在类Share之后，否则编译时会发生找不到类定义而报错。

```
01  #include <iostream>
02
03  using namespace std;
04
05  class Share;
06  class Friend
07  {
08    public:
09      void Access(Share* s); // 在类Friend中声明Access()成员函数
10  };
11  class Share
12  {
13      friend void Friend::Access(Share* s);
14      // 声明类Friend的成员函数Access()为类Share的友元函数
15    private:
16      int a;    void printA(){ cout<<"调用Share的private方法"<<endl; }
17    protected:
```

```
18        int b;    void printB(){ cout<<"调用Share的protected方法"<<endl; }
19    public:
20        int c;
21        Share() {  a = 1;  b = 2;  c = 3;    }
22        void printC(){ cout<<"调用Share的public方法"<<endl; }
23    };
24    void Friend::Access(Share* s)
25    {
26        s->a = s->b = s->c = 5;
27        cout<<"a="<<s->a<<" b="<<s->b<<" c="<<s->c<<endl;
28        cout<<"------------------------------------"<<endl;
29        s->printA();
30        s->printB();
31        s->printC();
32    } // 定义类Friend成员函数Access()的内容
33    int  main()
34    {
35        Share sh;
36        Friend fr;
37        fr.Access(&sh); // 因为参数是Share类的对象指针，所以必须传入&sh
38
39        return 0;
40    }
```

执行结果如图12-3所示。

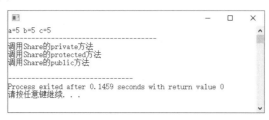

图 12-3

【程序解析】

第13行：声明类Friend的成员函数Access()为类Share的友元函数。

第21行：给类Share的数据成员赋初值。

第24~32行：在类Share之后定义类Friend的成员函数Access()。

第37行：因为参数是类Share的对象指针，所以必须传入&sh。

12.1.3 友元类

除了可以声明友元函数之外，也可以在类中直接声明友元类，让友元类可以直接存取类中访问权限为private或protected的数据成员。如果在类A中使用friend关键字声明类B的原型，那么类B就被称为类A的友元类。声明友元类的语法如下：

```
class A
{
    friend class B;   // 声明友元类B
    // 类A的成员
};
```

```
class B
{
    // 类B的成员
};
```

【范例程序：CH12_04.cpp】

本范例程序示范友元类的基本应用，将Student类声明为teacher类的友元类，并在Student类中调用teacher类的teacher成员函数来指定tName的内容值。

```
01   #include <iostream>
02
03   #include <cstring>
04   using namespace std;
05
06   class teacher
07   {
08     friend class Student;                        // 声明Student类为teacher类的友元类
09     private:
10     char tName[10];
11     public:
12     void teach(int ID)
13     {
14         if (ID==1)
15             strcpy(tName, "John");               // 复制值tName
16         else
17             strcpy(tName, "Andy");               // 复制值tName
18     }
19   };
20   class Student
21   {
22     private:
23       int StuID,Select_C;
24     public:
25       Student(int id,int C)
26       {
27         StuID=id;
28         Select_C=C;
29         cout << "学生学号: " << StuID << endl;
30         cout << "课程编号: " << Select_C << endl;
31         teacher t;                               // 声明teacher类的对象
32         t.teach(Select_C);                       // 调用teacher类的teach函数
33         cout << "授课教授: " << t.tName << endl;  // 调用teacher类的tName数据成员
34       }
35   };
36
37   int main()
38   {
39     Student stud1(920101,2);                     // 给stud1对象赋初值
40     Student stud2(920102,1);                     // 给stud2对象赋初值
41
42     return 0;
43   }
```

执行结果如图12-4所示。

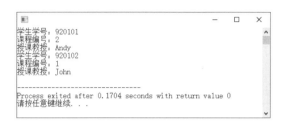

图 12-4

【程序解析】

第08行：声明Student类是teacher类的友元类。

第31行：声明teacher类的对象。

第32行：调用teacher类的teach函数给Name赋值。

第39行：给stud1对象赋初值。

第40行：给stud2对象赋初值。

12.2　this 指针与静态数据成员

在创建类对象的同时，对象会自动创建属于自己的指针，在引用时可以用this关键字来表示。this指针为指向对象本身的指针，这个指针存储的是该对象在内存中的位置（内存地址）。此外，虽然C++中类的数据成员都分属于各个对象，但是在类中，当任何一个数据成员被声明为静态存储类型时，类的所有对象都可分享这个静态成员的数据。

12.2.1　this 指针

this指针代表指向当前这个对象的指针,通过this指针可以存取该类的数据成员或调用成员函数,对应的语法如下：

```
this->数据成员;        // 第一种存取方式或调用方式
(*this).数据成员;      // 第二种存取方式或调用方式
```

我们可以使用第一种方式,即使用间接成员选择运算符"->"来存取数据成员或调用成员函数,也可使用第二种方式,不过在使用第二种方式时必须注意,"."运算符的优先级高于"*"运算符,所以必须使用小括号"( )"让"*this"保持运算的优先顺序。

【范例程序：CH12_05.cpp】

本范例程序用于说明this指针的声明与使用方式,并示范当函数返回值为类对象时的用法。事实上,"*this"代表当前这个对象,而使用"return *this;"语句表示返回当前这个对象的内容。

```
01   #include <iostream>
02
03   using namespace std;
04
05   class Square                        // 定义Square类
06   {
07       int a;
```

```
08    public:
09      Square(int n)
10      {
11          a=n*n;
12      }  // 定义构造函数
13      Square squ_sum(Square b)
14      {
15          this->a=this->a+b.a;
16          return *this;                    // 通过this指针返回Square类的对象
17      }
18      int show_data()
19      {
20          cout<<(*this).a<<endl;           // 打印私有数据成员a的值
21          return 0;
22      }
23    };
24
25    int main()
26    {
27        int n1,n2;
28
29        cout<<"输入第一个数: ";
30        cin>>n1;
31        cout<<"输入第二个数: ";
32        cin>>n2;
33        Square first(n1),second(n2),third(0);    // 声明对象与初始化
34        third=first.squ_sum(second);             // 调用first的成员函数，并返回Square类的对象
35        third.show_data();                       // 直接调用成员函数打印结果
36
37        return 0;
38    }
```

执行结果如图12-5所示。

图 12-5

【程序解析】

第16行：通过this指针返回Square类的对象。

第15、20行：以"this->"与"(*this)"方式都可以通过this指针存取数据成员的值，不过一般编写程序时，并不需要明确写出this指针，C++编译器在编译时会自动加上。这是因为this指针的作用域在类的内部，当在类的非静态成员函数中访问类的非静态成员时，C++编译器会自动将对象本身的地址（this）作为一个隐含参数传递给该非静态成员函数。也就是说，即使我们没有明确写出this指针，编译器在编译的时候也会自动加上this指针，把它作为非静态成员函数的隐含形参，对类的各成员的访问均是通过this进行的。

第33行：声明对象与初始化。

第34行：调用first对象的成员函数，并返回Square类的对象。

第35行：直接调用成员函数打印结果。

12.2.2　静态数据成员

当类中的数据成员被声明成静态存储类型后，该静态数据成员的值将会保留下来，直到程序结束或下一次该数据成员的值被改变时。如果要将类中的数据成员或成员函数声明成静态存储类型，只要在数据成员或成员函数前面加static关键字即可，语法如下：

```
static 数据类型 数据成员;
```

一般来说，类的数据成员在声明时不能赋初值，都是在构造函数中进行初始化的。但是，如果被声明成静态存储类型的数据成员，那么在程序执行的过程中一定要赋初值，而且赋初值的操作只能有一次。

另外，静态数据成员必须在类外部赋初值，语法如下：

```
数据类型 类名称::静态数据成员=初值;
```

对于静态数据成员值的引用方式，采用的语法如下：

```
类名称::静态数据成员名称;
```

【范例程序：CH12_06.cpp】

本范例程序使用静态数据成员来存储类对象的"共享数据"，例如在本范例程序中计算类总共产生多少个对象。

```
01   #include <iostream>
02
03   #include <cstring>
04   using namespace std;
05
06   class Dog{
07     private:
08       char* pName;
09       char* pColor;
10       static int counter;    // 声明为静态数据成员
11
12     Public:
13       Dog(const char* pN,const char* pC)
14       {
15          pName = new char[strlen(pN) + 1];
16          strcpy(pName,pN);   // 复制字符串
17          pColor = new char[strlen(pC) + 1];
18          strcpy(pColor,pC); // 复制字符串
19          counter++;
20       }
21       int getCounter(){ return counter; }
22   };
23   int Dog::counter = 0;       // 在类外给静态数据成员赋初值
24
25   int main()
26   {
27       Dog d1("小白","白色"); // 声明对象d1
28       Dog d2("小黄","黄色"); // 声明对象d2
```

```
29        Dog d3("小红","红色");   // 声明对象d3
30
31        cout<<d1.getCounter()<<endl; // 计算产生对象的总数
32
33        return 0;
34    }
```

执行结果如图12-6所示。

图 12-6

【程序解析】

第10行：声明为静态数据成员。

第23行：在类外给静态数据成员赋初值。

第31行：通过静态数据成员counter计算Dog类产生对象的总数。

12.2.3　嵌套类

所谓嵌套类，就是定义在某个类内部的类，是一个类内部包含另一个类的定义。例如：

```
class A
{
  private:
    class B{};
  protected:
    class C{};
  public:
    class D{};
};
```

类A称为外围类（Enclosing Class）或外部类，而类B、类C、类D则称为嵌套类或内部类。定义嵌套类的成员与定义类的一般成员并无差异，有关成员访问权限的规定也相同。

此外，无论哪种存取权限的嵌套类，它的成员函数除了可以在嵌套类内部进行定义外，还可以在嵌套类外部进行定义，但是不能定义在外围类与嵌套类之间。此外，嵌套类的静态数据成员的初值也是在外围类外部进行设置的。

【范例程序：CH12_07.cpp】

本范例程序通过一个例子来练习嵌套类的使用。假设书架只能容纳10本书，并且可以为书架命名，而书的数据有书名及价格两项，最后打印出书架上书的书名和价格。

```
01   #include <iostream>
02   #include <cstring>
03   using namespace std;
04
05   class BookShelf     // 定义外围类BookShelf
06   {
```

```
07    private:
08      static int MAX_BOOKS;
09      int count;
10      char* name;
11
12      class Book                 // 定义嵌套类Book
13      {
14       private:
15         char* title;
16         int price;
17       public:
18         Book(const char* t,int p)
19         {
20            title = new char[strlen(t) + 1];
21            strcpy(title,t);
22            price = p;
23         }
24         char* getTitle() { return title; }
25         int getPrice() { return price; }
26      };
27      Book* book[10];
28    public:
29      BookShelf(const char* n)
30      {
31         name = new char[strlen(n) + 1];
32         strcpy(name,n);
33         count = 0;
34      }
35      void InsertBook(const char* t,int p)
36      {
37         if(count == MAX_BOOKS)
38         {
39            cout<<"书架已经满了！\n"<<endl;
40         }
41         book[count++] = new Book(t,p);
42      }
43      void ListAllBooks()
44      {
45         cout<<"["<<name<<"]"<<endl;
46         cout<<"=========================="<<endl;
47         for(int i=0;i<count;i++)
48            cout<<book[i]->getTitle()<<"\t"<<book[i]->getPrice()<<endl;
49      }
50  };
51  int BookShelf::MAX_BOOKS = 10;
52
53  int main()
54  {
55      BookShelf bks("我的书架");
56      bks.InsertBook("VC++范例教本",110);        // 插入书1
57      bks.InsertBook("游戏设计概论",100);        // 插入书2
58      bks.InsertBook("英语中级",90);             // 插入书3
59      bks.ListAllBooks();                        // 打印出书架上书的书名和价格
60
61      return 0;
62  }
```

执行结果如图12-7所示。

图 12-7

【程序解析】

第05~50行：定义外围类BookShelf。它有4个数据成员，其中MAX_BOOKS是常数，代表书架最多可以容纳的书本数；count是计数器，记录当前书架上的书本数；name是书架名称；Book类的book对象指针数组用来存储书架上的书。

第12~26行：定义嵌套类Book，它有两个数据成员，title代表书名，price代表书的价格。

12.3　在函数中传递对象参数

在函数中传递对象参数和传递一般数据类型参数的方式大同小异，只要将函数参数行原先的一般数据类型改为类名称即可。

12.3.1　对象传值调用

首先来介绍对象传值调用的方式，在调用该函数时以对象作为函数的参数，对象传值调用函数的定义语法如下：

```
返回值类型　函数名称（类名称1　参数1，类名称2　参数2,…）
{
    // 程序代码
}
```

以两个对象参数为例，调用方式为：

```
对象名称.函数名称(对象参数1，对象参数2);
```

12.3.2　对象传址调用

对象传址调用是将所传入的对象参数的内存地址传入调用的函数，就是以取地址运算符"&"将对象的地址传给函数，而在函数内部则通过指针来存取对象的数据。对象传址调用函数的定义语法如下：

```
返回值类型　函数名称（类名称1　*参数1，类名称2　*参数2,…）
{
    // 程序代码
}
```

以两个对象参数为例，调用方式为：

```
对象名称.函数名称(&对象参数1，&对象参数2);
```

12.3.3　对象传引用调用

C++中的传引用调用方式其实比传址调用更容易理解，因为传引用调用就是别名的应用。在使用对象传引用调用时，只需要在函数原型和定义函数所要传递的参数前加上"&"运算符即可，另外，在函数内部使用"."运算符来存取对象成员。对象传引用调用函数的定义语法如下：

```
返回值类型　函数名称（类名称1　&参数1，类名称2　&参数2,…）
{
    // 程序代码
}
```

以两个对象参数为例，调用方式为：

```
对象名称.函数名称(对象参数1,对象参数2);
```

12.4　上机编程实践

（1）请设计一个C++程序，其中定义了square类与该类的成员函数，并以传值调用方式来接收另一个square类的对象，然后计算两个数据成员的平方和。

解答▶　可参考范例程序ex12_01.cpp。

（2）请设计一个C++程序，其中定义了square类与该类的成员函数，并以传址调用方式来接收另一个square类的对象，然后计算两个数据成员的平方和。比较传址调用与传值调用的差别。

解答▶　可参考范例程序ex12_02.cpp。

（3）请设计一个C++程序，以a对象调用sum()函数，并将b对象作为参数传给sum( )函数。

```
class Addsum
{
    int x;
  public:
    // 声明构造函数的原型
    Addsum(int);
    // 声明成员函数的原型
    void sum(Addsum); // 传入类参数
    void show();
};
```

解答▶　可参考范例程序ex12_03.cpp。

本章习题

问答与实践题（参考答案见附录A）

（1）什么是友元函数？

（2）什么是友元类？

（3）试简述this指针的功能。

（4）在类中，间接成员选择运算符与直接成员选择运算符的符号分别是什么？说明它们的差异之处。

第 13 章

运算符重载

13

在前面的章节中介绍过函数重载（Function Overloading）的特性，通过传递参数数据类型的不同，可使用同一个函数名称来编写不同功能的函数。在C++程序中，运算符也可以视为一种函数，所谓的运算符重载，就是将运算符原有的功能加以扩充，让它能够根据操作数的数据类型来执行不同的功能。也就是说，C++可以允许重新定义运算符（如+、−、*、/、>、<等），除了保留原有功能外，还能扩充某些特定的运算。

13.1　运算符重载简介

在C++程序中，运算符就是一种函数，因此也具有重载的特性，可以为该运算符定义不同的运算功能。运算符重载还有另一个好处，就是将既复杂又难懂的程序代码转变成更直观易懂的程序。假设Test1、Test2和Test3是某类的对象，而Multiply是该类的成员函数，用来将另外两个对象的内容相乘并把结果存回该对象。以我们目前学过的语法会将程序代码编写成如下的函数格式：

```
Test1.Multiply(Test2, Test3);
```

然而，这样的语句可读性不高，如果将它改成以下格式，那么程序看上去就显得自然多了：

```
Test1 = Test2 * Test3;
```

运算符函数声明方式与一般的函数相似，不过必须在运算符前面加上operator关键字。运算符函数声明的语法如下：

```
返回值数据类型 operator运算符 (数据类型 参数1,…)
```

13.1.1　重载的定义与规则

运算符重载并不会产生新的运算符，它只是在原有的运算符功能上加以扩充。如果希望能够在自定义数据类型的对象上使用运算符重载，就必须编写一个函数来重新定义特定的运算符，让它可以在自定义数据类型的对象上执行某些特定的功能。

借助运算符重载的特性，使得基本运算符可以直接应用于类，不过为了与C++语言内建的基本算符有所区别，在声明运算符函数重载时需遵循以下5点定义规则：

（1）在声明运算符函数时，函数参数行内参数的个数必须符合原本运算符操作数的个数。举例来说，一元运算符只能拥有一个参数，在声明运算符函数时，该函数参数行内参数的个数就只能是一个。

（2）假如运算符本身拥有一元运算符和二元运算符的特性，我们可以分别定义一元运算符和二元运算符函数。以"+"运算符来说，可以定义如下的重载函数：

```
int operator+(Student&);              // 一元运算符
int operator+(Student&, Student&);    // 二元运算符
```

（3）运算符重载只是用来扩充基本运算符的功能，即使定义新的运算符函数，也无法更改原先运算符的优先级。另外，在C++中，大部分基本运算符都可以通过定义重载运算符。不能重载的运算符如表13-1所示。

表 13-1　不能重载的运算符

名　称	运　算　符	功　能
成员运算符	.	存取结构或对象内的成员
范围解析运算符	::	范围解析运算符
条件运算符	?:	进行二选一的条件运算
成员指针运算符	.*	使用指针存取结构或对象内的成员
sizeof运算符	sizeof	计算数据所占内存空间的大小
预处理符号	#	预处理指令的起始符号
预处理符号	##	预处理指令的终止符号

（4）运算符函数可以声明成一般的函数（非成员函数），也可以声明成类内的成员函数。下面通过重载运算符"+"的表达式来进行比较：

非成员函数的定义方式：

```
Student operator+(Student& var1, Student& var2, Student& var3, ···, Student& varN);
```

成员函数的定义方式：

```
Student operator+(Student& var2, Student& var3, ···, Student& varN);
```

读者是否发现在以上成员函数的定义方式中，Student& var1不见了，这是因为如果这个运算符函数是类的成员函数，就可以使用this指针来存取对象本身的成员数据，进而取代其中一个原本必须传递给函数的参数。

因此，在类中声明运算符函数时，该函数的参数会比以非成员函数定义的参数少一个。另外，当运算符函数被声明成类成员函数时，左操作数必须是该类的对象，否则此运算符函数就必须声明成非成员函数。请注意，根据C++的规定，表13-2所列的运算符只能以成员函数的方式来定义。

表 13-2　C++中只能以成员函数的方式来定义的运算符

运　算　符	说　明
=	赋值运算符
+=	加法复合赋值运算符
-=	减法复合赋值运算符
*=	乘法复合赋值运算符
/=	除法复合赋值运算符
%=	余数复合赋值运算符
<<=	左移复合赋值运算符

（续表）

运　算　符	说　　　明
>>=	右移复合赋值运算符
&=	AND（与）复合赋值运算符
|=	OR（或）复合赋值运算符
^=	XOR（异或）复合赋值运算符
[]	注标
()	括号
->	直接成员选择指针

（5）当程序使用非成员函数的方式来定义运算符重载时，除了public区块的成员数据外，其他区块的成员将无法存取。此时可以在类中把该运算符函数声明为友元函数。例如以下加号函数并非Student类的成员函数，所以必须将其声明为友元函数后，才可以存取private区块的成员数据Score：

```
class Student
{
    friend Student operator+(Student, Student); // 将加号函数声明为友元函数
 private:
    int Score;              // 私有数据成员
};
Student operator+(Student, Student)
{…}
```

【范例程序：CH13_01.cpp】

本范例程序示范在Student类中定义加号的重载，当传递的参数为Student类的数据类型时，将执行此加号函数，并将加号函数声明为友元函数。

```
01  #include <iostream>
02
03  using namespace std;
04
05  class Student
06  {
07      friend int operator+(Student&, Student&); // 声明友元operator+()运算符函数
08   private:
09      int Score;
10   public:
11      Student(int S_Score)                      // Student类的构造函数
12      {
13          Score=S_Score;
14      }
15  };
16
17  int operator+(Student& a, Student& b)         // 加号函数
18  {
19      return (a.Score+b.Score);
20  }
21
22  int main()
23  {
24      Student x(90);                            // 声明Student类的对象x
```

```
25        Student  y(75);                              // 声明Student类的对象y
26        cout << "x+y=" << x+y << endl;
27
28        return 0;
29  }
```

执行结果如图13-1所示。

图 13-1

【程序解析】

第07行：声明友元operator+()运算符函数，可以存取私有数据成员Score。

第17~20行：声明加号函数。

第24~26行：由于加号两端都是Student类的对象，因此程序将会调用所定义的加号函数进行加法运算，并返回整数类型的数值。

13.1.2 一元运算符重载

一元运算符函数根据定义类型的不同可分为下面两种声明方式。

（1）定义成员函数的一元运算符函数：

返回值数据类型 operator 运算符();

（2）定义非成员函数的一元运算符函数：

返回值数据类型 operator 运算符(参数);

要重载类的运算符，只需要编写运算符成员函数即可。由于参与运算的操作数即为this对象本身，因此不需要传递任何参数给函数，如下所示：

返回值类型 operator 运算符();

【范例程序：CH13_02.cpp】

本范例程序声明一个IsZero类，并定义成员函数的"!"运算符重载。请注意，由于"!"的右操作数为Num1对象，而此对象是由自定义IsZero类所生成的，因此C++编译器会将该行语句替换成Num1.operator!()，而不是C++中的求反"!"（NOT）运算。

```
01  #include <iostream>
02
03  using namespace std;
04
05  class IsZero                        // 定义IsZero类
06  // 主要用来判断成员的值是否大于或等于0
07  {
08      int Num;                        // 声明类的数据成员
```

```
09   public:
10     IsZero(int n)              // 声明类的构造函数
11     {
12        Num=n;                  // 若创建对象时指定了初值
13     }                         // 则将初值赋给成员Num
14     IsZero()
15     {
16        Num=-1;                 // 若创建对象时没有指定初值
17     }                         // 则自动将Num设置成-1
18     bool operator !();         // 重载一元运算符 "!"
19   };
20   bool IsZero::operator ! ()   //定义运算符函数
21   {
22     if (Num >= 0)
23        return true;            // 如果数据成员的值大于或等于0, 就返回true
24     else
25        return false;           // 否则返回false
26   }
27   int main()
28   {
29     IsZero Num1(3);            // 创建IsZero类的对象
30     if (!Num1)                 // 调用重载运算符 "!"
31        cout << "Num1 大于或等于 0" << endl;
32     else
33        cout << "Num1 小于 0" << endl;
34
35     return 0;
36   }
```

执行结果如图13-2所示。

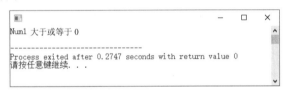

图 13-2

【程序解析】

第05~19行：定义IsZero类。

第20~26行：定义 "!" 运算符成员函数。

第29行：创建IsZero类的对象，并初始化对象成员。

13.1.3 二元运算符重载

运算符重载常用于二元运算符，二元运算符函数的声明也有以下两种方式。

（1）定义成员函数的二元运算符函数：

返回值数据类型 operator 运算符(数据类型 参数);

（2）定义非成员函数的二元运算符函数：

返回值数据类型 operator 运算符(数据类型 参数1, 数据类型 参数2);

【范例程序：CH13_03.cpp】

本范例程序以成员函数方式定义"＞"运算符重载，用来比较Student类所创建的对象x与y，并以非成员函数方式定义"－"运算符重载，然后查看对象x和对象y和满分100的差值。

```cpp
01   #include <iostream>
02   #include <cstring>
03
04   using namespace std;
05
06   class Student                              // 定义Student类
07   {
08       // 将减法运算符函数声明为友元函数
09       friend int operator-(int, Student);
10     private:
11       char Name[20];                         // 声明字符数组Name[]
12       int Score;                             // 声明整数变量Score
13     public:
14       Student(const char *N, int s)          // Student类的构造函数
15       {
16           strcpy( Name, N );
17           Score=s;
18       }
19       bool operator>(Student b)              // 大于运算符 "＞" 函数的重载
20       {
21           if ( this->Score > b.Score )
22               return true;
23           else
24               return false;
25       }
26       void ShowName(void) { cout << "名字=" << Name << endl; }  // 显示变量Name的内容
27       void ShowScore(void) { cout << "成绩=" << Score << endl; }// 显示变量Score的内容
28   };
29
30   // 定义减法运算符的重载
31   int operator-(int p, Student q)
32   {
33       return (p-q.Score);
34   }
35
36   int main()
37   {
38       Student x("Tom", 70);                          // 声明Student类的对象x
39       Student y("Mary", 85);                         // 声明Student类的对象y
40       cout << "对象x的数据: " << endl;               // 显示对象x的数据
41       x.ShowName();
42       x.ShowScore();
43       cout << "差 " <<(100-x) <<" 分到100分。 " <<endl;  // 调用减法运算符函数
44       cout << "对象y的数据: " << endl;               // 显示对象y的数据
45       y.ShowName();
46       y.ShowScore();
47       cout << "差 " <<(100-y) <<" 分到100分。 " <<endl;  // 调用减法运算符函数
48       cout << "成绩较高的是: " << endl;
49       if ( x > y )                                   // 使用 "＞" 运算符比较x与y
50           x.ShowName();
```

```
51      else
52          y.ShowName();
53
54      return 0;
55  }
```

执行结果如图13-3所示。

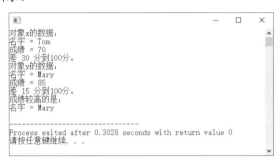

图 13-3

【程序解析】

第19~25行：以成员函数类型定义比较运算符 ">" 函数的重载。

第31~34行：请注意，由于减法运算符的左操作数并不是Student类的对象，因此必须把减法运算符函数声明为非成员函数，并在第09行的Student类中将减法运算符函数声明为友元函数，这样才可以读取类的私有数据成员。

第49行：使用 ">" 运算符比较x与y。

如果二元运算符的左右操作数可能会有类对象或基本数据类型出现，则可针对不同数据类型编写二元运算符函数，C++编译器会根据二元运算符左右操作数的数据类型来决定调用哪个二元运算符函数，如下所示：

```
int operator-(int, Student);        // 左操作数为int数据类型，右操作数为Student类
int operator-(Student, Student);    // 左右操作数都为Student类
int operator-(Student, int);        // 左操作数为Student类，右操作数为int数据类型
```

13.2　特殊运算符重载

除了上一节提到的算术运算符重载功能外，还有许多其他特殊类型的运算符也可以进行重载。本节将介绍一些常用的特殊运算符重载。

13.2.1　">>" 与 "<<" 运算符重载

C++的iostream类库中定义了istream和ostream这两个类，并定义了 ">>" 运算符和 "<<" 运算符供我们直接使用，它们除了可作为位位移运算符之外，也是C++中执行输入输出的运算符。而cin和cout则分别为istream类与ostream类所定义的对象，主要作用是方便我们执行输入输出的操作。C++同样允许我们重载 ">>" 和 "<<" 这两个运算符，让它们能够输入和输出自定义数据类型的对象。

在定义 ">>" 或 "<<" 运算符重载时，在运算符的左边必须有istream&或ostream&类的操作

数（例如C++内建的cin与cout关键字），因此这两个运算符必须被重载为非成员函数。它们的运算符重载声明方式如下：

```
istream& operator>>(istream& 返回参数, 类名称, 对象参数)
ostream& operator<<(ostream& 返回参数, 类名称, 对象参数)
```

【范例程序：CH13_04.cpp】

本范例程序示范 "＞＞" 和 "＜＜" 运算符重载，用于处理输入与输出的操作。另外，由于 "＞＞" 与 "＜＜" 必须被重载为非成员函数，而且有时需要存取类中的私有成员，因此通常将这两个运算符重载为友元函数以方便调用。

```cpp
01   #include<iostream>
02
03   using namespace std;
04
05   // 声明类Score
06   class Score
07   {
08      private:
09         int var1;    // 声明变量var1
10
11      friend istream& operator>>(istream& inputvar,Score& s1);
12      friend ostream& operator<<(ostream& outputvar,Score& s1);
13   };
14
15   // 定义 "＞＞" 运算符的重载
16   istream& operator>>(istream& inputvar,Score& s1)
17   {
18      cout << "请输入一个数值: ";
19      inputvar >> s1.var1;
20      return inputvar;
21   }
22
23   // 定义 "＜＜" 运算符的重载
24   ostream& operator<<(ostream& outputvar,Score& s1)
25   {
26      cout << "输入的值为: ";
27      outputvar << s1.var1 << endl;
28      return outputvar;
29   }
30
31   int main()
32   {
33      Score st1;              // 声明Score类的对象st1
34
35      cin >> st1;             // 使用重载 "＞＞" 运算符来输入一个变量值
36      cout << st1;            // 使用重载 "＜＜" 运算符来打印一个变量值
37
38      return 0;
39   }
```

执行结果如图13-4所示。

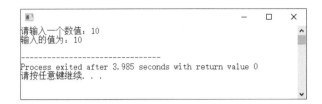

图 13-4

【程序解析】

第11行："`>>`"运算符的重载函数原型声明，inputvar是由istream类生成的输入对象。

第12行："`<<`"运算符的重载函数原型声明，outputvar是由ostream类生成的输出对象。

第11、12行：把重载函数声明为友元关系方便调用。

第35、36行：使用类Student中所声明的友元函数来调用第16、24行在类外定义的重载函数。

13.2.2　"="运算符重载

赋值运算符"="是一个二元运算符，所以它重载的声明方式与其他的二元运算符一样，语法如下：

```
返回值数据类型 operator=(参数) {…}
```

在使用重载赋值运算符函数时，还必须注意以下原则：

（1）"="运算符函数必须为非静态的成员函数，它不能声明为非成员函数。

（2）"="运算符函数不能被派生类所继承。

（3）即使没有任何类存在，默认的"="运算符函数依然可以被C++编译器所接受。

【范例程序：CH13_05.cpp】

本范例程序示范在输入学生成绩创建新对象时，可以通过"="运算符将右边的对象赋值给左边的对象。在本范例程序中使用new和delete来创建对象与释放对象。

```cpp
01    #include <iostream>
02
03    using namespace std;
04
05    class MyClass        // 定义MyClass类
06    {
07        char* m_Name;
08        int m_English;
09        int m_Math;
10        int m_Chinese;
11
12    public:
13        MyClass(char* cName,int iEng=0,int iMath=0,int iCh=0)  // 构造函数
14        {
15            m_Name=cName;
16            m_English=iEng;
17            m_Math=iMath;
18            m_Chinese=iCh;
19        }
```

```
20
21        //  定义 "=" 运算符的重载
22        MyClass& operator=(const MyClass& myClass)
23        {
24            m_English=myClass.m_English;
25            m_Math=myClass.m_Math;
26            m_Chinese=myClass.m_Chinese;
27            return *this;  // 返回对象
28        }
29
30        friend ostream& operator<<(ostream&,MyClass&);
31    };
32    // 定义输出串行数据流
33    ostream& operator<<(ostream& out,MyClass& myClass)
34    {
35        out<<"\n姓名: "<<myClass.m_Name
36            <<"\n英语: "<<myClass.m_English
37            <<"\n数学: "<<myClass.m_Math
38            <<"\n语文: "<<myClass.m_Chinese<<endl;
39        return out;
40    }
41
42    int main()
43    {
44        char cName[10];          // 定义长度为10的数组
45        int iEng,iMath,iCh;      // 用于存储英语成绩、数学成绩、语文成绩
46        cout<<"请输入学生姓名: ";
47        cin>>cName;
48        cout<<"请输入英语分数: ";
49        cin>>iEng;
50        cout<<"请输入数学分数: ";
51        cin>>iMath;
52        cout<<"请输入语文分数: ";
53        cin>>iCh;
54
55        MyClass* myClass=new MyClass(cName,iEng,iMath,iCh);
56        cout<<(*myClass);
57
58        MyClass* myClass1=new MyClass(cName);        // 赋值运算符的重载
59        *myClass1=*myClass;
60        cout<<(*myClass1);
61
62        delete myClass1;
63        delete myClass;
64
65        return 0;
66    }
```

执行结果如图13-5所示。

【程序解析】

第13~19行：类的构造函数，主要用来初始化类的数据成员。

第30行：把 "<<" 运算符函数声明为友元函数。

第33~40行：定义 "<<" 运算符重载函数。

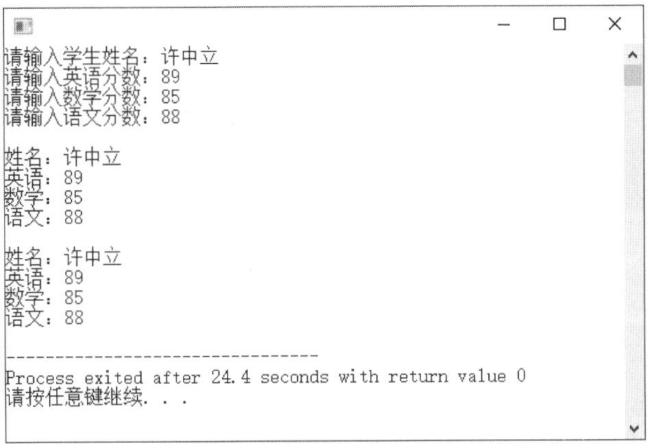

图 13-5

第55行：动态分配新对象，用于记录学生姓名、英语成绩、数学成绩、语文成绩。

第56行：使用"<<"运算符输出对象数据。

第58行：赋值运算符的重载。

13.2.3　"=="运算符重载

由于运算符"="为C++默认的赋值运算符，因此不能重载"="来进行相等比较运算，这时可以使用"=="运算符来进行相等比较运算。C++编译器并未提供默认的"=="运算符用于比较对象是否相等，因此当我们想执行两个对象是否相等的对比运算时，就必须定义"=="运算符的重载。

【范例程序：CH13_06.cpp】

本范例程序示范如何使用"=="运算符重载来进行学生成绩对比的工作，该程序中重载了对比运算符">"和"=="。

```
01   #include <iostream>
02   #include <cstring>
03
04   using namespace std;
05
06   // 定义类Student
07   class Student
08   {
09    public:
10      char Student_Num[10];  // 学号
11      int Student_Score;     // 总分
12    // 构造函数
13      Student() {}
14    // Student函数：设置学生的学号和总分
15      Student(char *a, int b)
16      {
17          strcpy(Student_Num,a);
18          Student_Score = b;
19      }
20    // 重载对比运算符">" "=="
```

```
21    bool operator>(Student b)
22    {
23        if (this->Student_Score > b.Student_Score)
24            return true;
25        else
26            return false;
27    }
28    bool operator==(Student c)
29    {
30        if (this->Student_Score == c.Student_Score)
31            return true;
32        else
33            return false;
34    }
35    // 把 ">>" 运算符重载函数声明为友元函数
36    friend istream& operator>>(istream& input, Student& obj);
37 };
38
39 // 定义 ">>" 运算符的重载
40 istream& operator>>(istream& input, Student& obj)
41 {
42     cout <<endl <<"请输入学生学号：";
43     input >>obj.Student_Num;
44     cout <<endl <<"请输入学生分数：";
45     input >>obj.Student_Score;
46     return input;
47 }
48
49 int main()
50 {
51     // 声明对象x与y
52     Student x, y;
53     // 使用刚定义的 ">>" 运算符重载给对象x与y输入数值
54     cout <<"第一位学生" <<endl;
55     cin >>x;
56     cout <<endl <<"第二位学生" <<endl;
57     cin >>y;
58
59     if (x == y)
60         cout <<endl <<"学号" <<x.Student_Num <<"与学号" <<y.Student_Num <<"分数相同。"
   <<endl;
61     else
62         if (x > y)
63             cout <<endl <<"学号" <<x.Student_Num <<"分数比学号" <<y.Student_Num <<"高。
   " <<endl;
64         else
65             cout <<endl <<"学号" <<x.Student_Num <<"分数比学号" <<y.Student_Num <<"低。
   " <<endl;
66
67     return 0;
68 }
```

执行结果如图13-6所示。

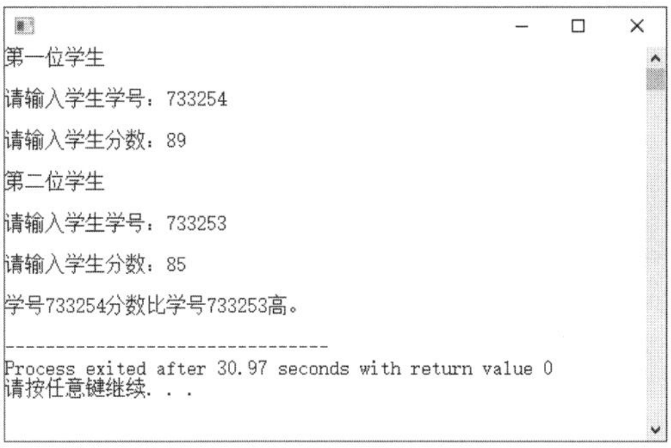

图 13-6

【程序解析】

　　第21~27行：定义 ">" 运算符重载函数。
　　第28~34行：定义 "==" 运算符重载函数。
　　第59行：使用 "==" 运算符对比两个学生对象。
　　第62行：使用 ">" 运算符对比两个学生对象。

13.2.4　"++" 与 "--" 运算符重载

　　由于 "++" 与 "--" 运算符会因为在操作数前后位置的不同而有不一样的运算顺序，因此需要对 "++" 和 "--" 运算符分别定义两个重载函数，一个负责前置运算，另一个负责后置运算。表13-3是这两个运算符前置与后置运算的重载函数原型的声明方式。

表 13-3　"++" 与 "--" 运算符前置和后置运算的重载函数原型的声明方式

运算符	前置重载函数原型	后置重载函数原型
++	返回值类型operator++();	返回值类型operator++(int);
--	返回值类型operator--();	返回值类型operator--(int);

　　具有int数据类型参数的重载函数用于执行后置运算，而没有参数的重载函数则用于执行前置运算。

【范例程序：CH13_07.cpp】

　　本范例程序利用矩阵对象来示范重载 "++" 运算符的前置与后置形式，读者可以观察运算后结果的变化。

```
01   #include <iostream>
02
03   using namespace std;
04
05   class Matrix                              // 计算矩阵相加的自定义类
06   {
07       int Matrix_Num[2][2];                 // 声明2×2的矩阵
08     public:
09       Matrix()
10       {
11           int i,j;
```

```
12          for (i=0; i<2; i++)
13              for(j=0; j<2; j++)
14                  Matrix_Num[i][j]=0;        // Matrix矩阵的构造函数, 全部初始化为0
15      }
16
17      Matrix(int Tmp_a1, int Tmp_a2, int Tmp_b1, int Tmp_b2)
18      {
19          Matrix_Num[0][0]=Tmp_a1;           // Matrix矩阵的构造函数
20          Matrix_Num[0][1]=Tmp_a2;           // 初始化格式为
21          Matrix_Num[1][0]=Tmp_b1;           // |a1  a2|
22          Matrix_Num[1][1]=Tmp_b2;           // |b1  b2|
23      }
24      friend istream& operator >> (istream& in, Matrix& Tmp_Mat);
25      // ">>"运算符的重载函数的原型声明, in是由istream类生成的输入对象
26      friend ostream& operator << (ostream& out, Matrix& Tmp_Mat);
27      // "<<"运算符的重载函数的原型声明, out是由ostream类生成的输出对象
28      Matrix operator ++();                        // "++"前置运算符的重载函数的原型声明
29      Matrix operator ++(int);                     // "++"后置运算符的重载函数的原型声明
30  };
31
32  istream& operator >> (istream& in, Matrix& Tmp_Mat)
33  {
34      int i,j;
35      for (i=0; i<2; i++)
36          for (j=0; j<2; j++)
37              in >> Tmp_Mat.Matrix_Num[i][j];       // 通过循环设置类的数据成员
38          return (in);                              // 返回输入对象
39  }
40  ostream& operator << (ostream& out, Matrix& Tmp_Mat)
41  {
42      int i,j;
43      for (i=0; i<2; i++)
44          for (j=0; j<2; j++)
45              cout << Tmp_Mat.Matrix_Num[i][j] << "\t"; // 通过循环设置类的数据成员
46      cout << endl;
47      return (out);                                 // 返回输出对象
48  }
49  Matrix Matrix::operator ++ ()
50  {
51      int i,j;
52      for (i=0; i<2; i++)
53          for (j=0; j<2; j++)
54              ++Matrix_Num[i][j];         // 利用循环对类的数据成员进行 "++" 前置运算
55      return (*this);
56  }
57  Matrix Matrix::operator ++ (int)
58  {
59      Matrix Tmp;
60      int i,j;
61      for (i=0; i<2; i++)
62          for (j=0; j<2; j++)
63              Tmp.Matrix_Num[i][j] = Matrix_Num[i][j]++;  // 通过循环对类的数据成员进行"++"
    后置运算
64      return (Tmp);
65  }
66  int main()
```

```
67  {
68      Matrix M1,M2,Prefix,Postfix;
69      cout << "请输入M1矩阵的值: ";
70      cin >> M1;                          // 调用重载运算符">>"设置对象的内容
71
72      cout << "请输入M2矩阵的值: ";
73      cin >> M2;                          // 调用重载运算符">>"设置对象的内容
74      Prefix = ++M1;                      // 调用重载运算符"++"执行前置运算
75      Postfix = M2++;                     // 调用重载运算符"++"执行后置运算
76      cout << endl;
77      cout << "执行Prefix = ++M1后, Prefix矩阵的值为: " << endl;
78      cout << Prefix << endl;             // 调用重载运算符"<<"输出对象的内容
79      cout << "执行Postfix = M2++后, Postfix矩阵的值为: " << endl;
80      cout << Postfix << endl;            // 调用重载运算符"<<"输出对象的内容
81
82      return 0;
83  }
```

执行结果如图13-7所示。

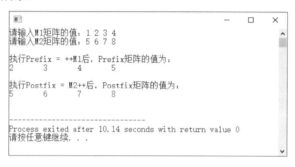

图 13-7

【程序解析】

第05~30行：定义Matrix类。

第28、29行："++"运算符进行前置与后置运算的重载函数的原型声明。

第52~54行：通过循环对类的数据成员进行"++"前置运算。

第61~63行：通过循环对类的数据成员进行"++"后置运算。

第74行：对M1进行"++"前置运算，并将结果赋值给Prefix对象。

第75行：对M2进行"++"后置运算，并将结果赋值给Postfix对象。

第78行：调用重载运算符"<<"输出对象的内容。

第80行：调用重载运算符"<<"输出对象的内容。

13.3 类型转换运算符重载

C++内建的基本数据类型可以使用强制类型转换方式进行转换,例如将某一种数据类型（如int）转换成另一种数据类型（如double）。假如我们想将自定义类的对象内容转换成基本数据类型，就必须对类型转换运算符进行重载。表13-4列出的三种类型转换，必须在来源位置重载内建类型转换函数或在目的位置使用类构造函数。

表 13-4　三种类型转换

转换类型	基本类型转类类型	类类型转基本类型	类类型转类类型
来源位置	无	重载内建类型转换函数	重载内建类型转换函数
目的位置	使用目的位置的类构造函数	无	使用目的位置的类构造函数

13.3.1　类类型转换为基本数据类型

假若我们想将类类型转换成基本数据类型，那么只能在类中重载类型转换运算符。下面的例子是在类中声明浮点数（float）的重载转换函数，被在类外定义浮点数转换的。

```
class test
{
      ...
public:
      ...
    operator float()           // 声明浮点数的重载转换函数
      ...
};

    test::operator float()       // 定义浮点数的重载转换函数
    {
        ...
    }
```

由于自定义的类型转换函数必须属于某个已知的类，因此在进行函数定义时要使用"::"范围解析运算符来指明该函数所隶属的类是哪一个。

【范例程序：CH13_08.cpp】

本范例程序包含计算人民币和美元汇率兑换的自定义类，并由用户自行输入汇率及所兑换的人民币数量。然而汇率通常不是整数值，因此需要对类的对象RMB进行类型转换。

```
01   #include <iostream>
02
03   using namespace std;
04
05   class Dollar                        // 计算汇率转换的自定义类
06   {
07       int RMB_Yuan;                    // RMB_Yuan代表拥有的人民币
08       float Exchange_Rate;             // Exchange_Rate表示1美元可兑换的人民币金额
09     public:
10       Dollar()                         // Dollar类的构造函数
11       {
12           RMB_Yuan=1;
13           Exchange_Rate=7.0;
14       }
15       Dollar(int Money,float Rate)     // Dollar类的构造函数——重载
16       {
17           RMB_Yuan=Money;
18           Exchange_Rate=Rate;
19       }
20       friend istream& operator >> (istream& in, Dollar& Tmp_Money);
21       // ">>"运算符的重载函数的原型声明，in是由istream类生成的输入对象
22       friend ostream& operator << (ostream& out, Dollar& Tmp_Money);
```

```
23        // "<<" 运算符的重载函数的原型声明，out是由ostream类生成的输出对象
24        operator float();                          // 重载类型转换运算符的函数原型声明
25        float Get_Rate()
26        {
27            return (Exchange_Rate);                 // 返回汇率
28        }
29    };
30    istream& operator >> (istream& in, Dollar& Tmp_Money)
31    {
32        cout << "请输入1美元可兑换的人民币数量: ";
33        in >> Tmp_Money.Exchange_Rate;              // 获取汇率
34        cout << "请输入您要兑换的人民币金额: ";
35        in >> Tmp_Money.RMB_Yuan;                   // 获取要兑换的人民币金额
36        return (in);                                // 返回输入对象
37    }
38    ostream& operator << (ostream& out, Dollar& Tmp_Money)
39    {
40        out << Tmp_Money.RMB_Yuan << " 元";
41        return (out);                               // 返回输出对象
42    }
43    Dollar::operator float ()
44    {
45        float US_Dollar;
46        US_Dollar = (float)RMB_Yuan / Exchange_Rate; // 根据汇率计算兑换金额
47        return (US_Dollar);                          // 返回计算结果
48    }
49    int main()
50    {
51        Dollar RMB;
52        float USD;
53        cin >> RMB;                                  // 调用重载运算符 ">>" 设置对象的内容
54        USD = (float)RMB;                            // 调用重载类型转换运算符
55        cout << endl;
56        cout << "汇率（美元：人民币）= 1 : " << RMB.Get_Rate() << endl;
57        cout << "要兑换的人民币金额: " << RMB << endl; // 调用重载运算符 "<<" 输出对象的内容
58        cout << "可兑换到的美元金额: " << USD << " 美元" << endl;
59
60        return 0;
61    }
```

执行结果如图13-8所示。

图 13-8

【程序解析】

第05~48行：用来计算人民币与美元汇率转换的自定义类。

第10~19行：定义Dollar类的构造函数及重载的构造函数。

第20行："">>"运算符的重载函数的原型声明，in是由istream类生成的输入对象。

第24行：重载类型转换运算符的函数原型声明。

第27行：将汇率返回给调用程序。

第30~42行：定义重载的">>"运算符和"<<"运算符，用来输入和输出对象的内容。

第47行：根据汇率计算兑换结果，并将计算结果返回给调用程序。

第54行：调用重载类型转换运算符，将RMB对象的内容转换成float类型。

13.3.2　基本数据类型转换为类类型

除了可以将类类型转换成基本数据类型之外，我们还能够反其道而行之，把基本数据类型转换成类类型，例如：

```
class test
{
    ...
}
int main()
{
    test t1;
    float a=49.24;
    t1 = a;       // 将基本数据类型转换成类类型
    ...
}
```

【范例程序：CH13_09.cpp】

本范例程序示范重载运算符进行数据类型的转换。请注意，当执行第51行语句时，由于参与"="赋值运算的右操作数为浮点数类型，因此程序会执行第35~40行的"="赋值运算符重载函数，而不是第20~24行的重载构造函数。

```
01   #include <iostream>
02
03   using namespace std;
04
05   float Exchange_Rate;                    // Exchange_Rate表示1美元可兑换的人民币金额
06   class Dollar                            // 计算汇率转换的自定义类
07   {
08      float RMB_Yuan;                      // RMB_Yuan代表拥有的人民币
09    public:
10      Dollar()                             // Dollar类的构造函数
11      {
12         RMB_Yuan=1;
13         Exchange_Rate=7.0;
14      }
15      Dollar(float Money,float Rate)       // Dollar类的构造函数——重载
16      {
17         RMB_Yuan=Money;
18         Exchange_Rate=Rate;
19      }
20      Dollar(float Money)
21      {
22         cout << "执行Dollar(float Money)构造函数" << endl;
```

```
23              RMB_Yuan=Money * Exchange_Rate;                  // 计算可兑换的人民币数量
24      }
25      friend ostream& operator << (ostream& out, Dollar& Tmp_Money);
26      // "<<"运算符的重载函数的原型声明，out是由ostream类生成的输出对象
27      Dollar operator = (float Money);                          // 重载"="赋值运算符函数的原型声明
28  };
29
30  ostream& operator << (ostream& out, Dollar& Tmp_Money)
31  {
32      out << Tmp_Money.RMB_Yuan << " 元" << endl;
33      return (out);                                             // 返回输出对象
34  }
35  Dollar Dollar::operator = (float Money)
36  {
37      cout << "执行重载"="运算符的函数" << endl;
38      RMB_Yuan=Money * Exchange_Rate;                          // 计算可兑换的人民币金额
39      return (*this);                                          // 返回*this指针
40  }
41
42  int main()
43  {
44      Dollar RMB;
45      float USD, Rate;
46      cout << "请输入1美元可兑换的人民币数量：";
47      cin >> Rate;
48      cout << "请输入您要兑换的美元金额：";
49      cin >> USD;
50      Exchange_Rate=Rate;
51      RMB = USD;                                               // 调用重载类型转换运算符
52      cout << endl;
53      cout << "汇率（美元：人民币） = 1 : " << Exchange_Rate << endl;
54      cout << "要兑换的美元金额：" << USD << " 美元" << endl;
55      cout << "可兑换到的人民币金额：" << RMB << " 元" << endl;
56      // 调用重载运算符"<<"输出对象的内容
57
58      return 0;
59  }
```

执行结果如图13-9所示。

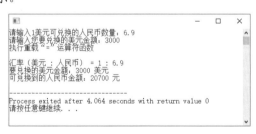

图 13-9

【程序解析】

第20~24行：定义只有一个参数的构造函数。

第27行：重载"="赋值运算符函数的原型声明。

第35~40行：定义重载"="赋值运算符的函数。

第51行：调用重载"="赋值运算符的函数，将浮点数转换成类类型。

第55行：调用重载运算符"<<"输出对象的内容。

13.3.3　类类型转换成其他类类型

不同类对象之间的数据也能够直接进行转换，例如：

```
class Test1              // 定义Test1类
{
    ...
};
class Test2              // 定义Test2类
{
    ...
};
void main()
{
    Test1 A;
    Test2 B;
    A = B;               // 将Test2类对象B的类类型转换成Test1类对象的类类型，再赋值给对象A
    ...
}
```

有两种类类型的转换方式可供选择：一种是在类中使用构造函数来处理数据类型的转换；另一种是重载"="赋值运算符。重载赋值运算的方式与13.3.2节介绍的方式完全相同，传入参数需要变更为右操作数的类类型，此处不再重复说明。

【范例程序：CH13_10.cpp】

本范例程序将示范使用构造函数来实现数据类型转换，其中第20行语句"operator USD();"声明类转换的构造函数，USD为类名称，其含义是当右操作数为USD类类型时，就会调用这个转换函数（构造函数）。

```
01   #include <iostream>
02
03   using namespace std;
04
05   class USD;                     // 声明USD类
06   class RMB                       // 计算汇率转换的自定义类
07   {
08      float RMB_Exchange_Rate;     // RMB_Exchange_Rate表示1美元可兑换的人民币数量
09    public:
10      RMB()                        // Dollar类的构造函数
11      {
12          RMB_Exchange_Rate=7.0;
13      }
14      RMB(float Rate)              // Dollar类的构造函数——重载
15      {
16          RMB_Exchange_Rate=Rate;
17      }
18      friend istream& operator >> (istream& in, RMB& Tmp_Money);
19      // ">>"运算符的重载函数原型声明，in是由istream类生成的输入对象
20      operator USD();                                    // 声明类类型转换函数
```

```
21   };
22   class USD
23   {
24       float US_Exchange_Rate;
25     public:
26       USD()                                        // Dollar类的构造函数
27       {
28           US_Exchange_Rate=7.0;
29       }
30       USD(float Rate)                              // Dollar类的构造函数——重载
31       {
32           US_Exchange_Rate=Rate;
33       }
34       friend ostream& operator << (ostream& out, USD& Tmp_Money);
35           // "<<"运算符的重载函数原型声明，out是由ostream类生成的输出对象
36   };
37   istream& operator >> (istream& in, RMB& Tmp_Money)
38   {
39       cout << "请输入汇率（人民币：美元）：";
40       in >> Tmp_Money.RMB_Exchange_Rate;          // 设置RMB类的数据成员
41       return (in);                                 // 返回输入对象
42   }
43   ostream& operator << (ostream& out, USD& Tmp_Money)
44   {
45       out << Tmp_Money.US_Exchange_Rate            // 输出USD类的数据成员
46       << " 美元" << endl;
47       return (out);                                // 返回输出对象
48   }
49   RMB::operator USD()
50   {
51       float US_Exchange_Rate=1/RMB_Exchange_Rate;  // 计算转换后的兑换汇率
52       return (USD(US_Exchange_Rate));              // 返回USD类
53   }
54
55   int main()
56   {
57       RMB RMB_Yuan;
58       USD US_Dollar;
59       cin >> RMB_Yuan;                             // 输入RMB_Yuan对象的内容
60       US_Dollar = RMB_Yuan;                        // 调用USD()转换函数
61       cout << endl;
62       cout << "等于汇率（美元：人民币）" << endl << "1美元：" << US_Dollar;  // 输出转
     换后的结果
63
64       return 0;
65   }
```

执行结果如图13-10所示。

图 13-10

【程序解析】

第05行：由于USD类是在RMB类之后定义的，因此需要在此先行声明USD类，如此才能顺利地在RMB类中使用USD类。

第06~21行：定义RMB类，用来存放人民币对美元的兑换率。

第20行：声明类类型转换函数。

第22~36行：定义USD类，用来存放美元对人民币的兑换比率。

第59行：调用"＞＞"重载运算符输入RMB_Yuan对象的内容。

13.4 上机编程实践

（1）请设计一个C++程序，示范把一个加号运算符函数声明为非成员函数的方式。

```
int operator+(int x,Score s1)
{
    return (x+s1.var1);
}
```

解答▶ 可参考范例程序ex13_01.cpp。

（2）请设计一个C++程序，定义一个计算面积的类，并重载大于关系运算符来比较两个对象的面积大小。

解答▶ 可参考范例程序ex13_02.cpp。

（3）请设计一个C++程序，包含重载比较运算符"＞""=="与输入运算符"＞＞"，可对两个Student类的对象进行成绩的对比工作，并输出对比结果。

解答▶ 可参考范例程序ex13_03.cpp。

（4）请设计一个C++程序，包含计算矩阵相加的自定义类，对"+"运算符进行重载，让它能够计算两个自定义数据类型对象相加的结果。

解答▶ 可参考范例程序ex13_04.cpp。

（5）"[ ]"运算符用于存取数组内部特定位置的元素。请设计一个C++程序，重载"＞＞"运算符和"[ ]"运算符，用"＞＞"运算符输入自定义字符串，再用"[ ]"运算符来存取字符串中的字符。

解答▶ 可参考范例程序ex13_05.cpp。

 本章习题

问答与实践题（参考答案见附录A）

（1）函数重载时，常因语法错误而造成编译时报错，请列出有哪些错误的函数重载方式。

（2）运算符重载的定义与一般函数的定义有什么差异？

（3）试举出三种运算符，C++规定只能以成员函数的方式来定义。

（4）当程序使用非成员函数的方式来定义运算符重载时，除了公有（public）的数据成员外，其他访问权限的成员将无法存取。该如何解决呢？

（5）如何将二元运算符函数定义为成员函数和非成员函数？

（6）试举出至少3种无法进行重载的运算符。

（7）什么是运算符重载？

（8）在声明运算符函数重载时，有哪些定义规则？

（9）在使用重载"="赋值运算符函数时，我们必须注意什么？

（10）重载函数被调用时，是根据不同的函数代码来调用函数的，那么函数重载调用取决于什么进行编译的？

（11）当设计重载">>"或"<<"运算符时，该处理哪些事项？

（12）定义重载运算符时需要注意哪几点？

第 14 章

继承与多态

继承（Inheritance）关系是面向对象程序设计的重要概念之一。我们可以从现有的类上派生出新的类，新类会继承现有类中大部分的特性，并拥有自己的特性，这样的特性可以大幅提升程序代码的可重用性（Reusability）。C++的继承关系就好比人类的血统关系，如图14-1所示。

事实上，继承除了可重复使用之前开发过的类之外，最大的好处在于维持对象封装的特性，因为继承时不容易改变已经设计完善的类，这样可以减少继承时类设计上错误的发生。

图 14-1

14.1 认识继承关系

在C++中，对于两个类间的继承关系可以描述如下。在继承之前，原先已定义好的类被称为基类（Base Class），而经由继承所产生的新类被称为派生类（Derived Class）。通常会将基类称为父类，而将派生类称为子类，它们之间的相互关系如图14-2所示。

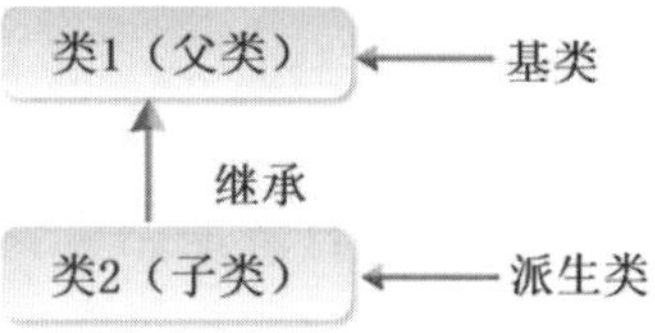

图 14-2

14.1.1 基类与派生类

在继承关系中，基类中的数据成员与成员函数均可被派生类所继承。另外，派生类可具有新的特性，因而必须拥有自己的构造函数、析构函数与重载赋值运算符"="。友元类的关系也仅止于基类，在派生类中必须重新定义。下列基类的特性无法被派生类继承：

- 构造函数。
- 析构函数。
- 重载赋值运算符 "="。
- 友元类。

通过指定类成员的访问权限可以限制外界对类成员的存取权限，这样的机制同样影响从基类继承的派生类。C++中类的继承也可通过三种关键字来达到不同继承关系的访问权限：public（公有的）、private（私有的）、protected（受保护的）。我们以表14-1来说明这三种继承声明与基类和派生类间的关联性。

表 14-1　三种继承声明与基类和派生类间的关联性

继承关联表	public继承声明	protected继承声明	private继承声明
父类公有的成员	继承为子类的公有成员，可以调用和存取	继承为子类的受保护成员，可以调用和存取	继承为子类的私有成员，被隐藏无法存取
父类受保护的成员	继承为子类的受保护成员，可以调用和存取	继承为子类的受保护成员，可以调用和存取	继承为子类的私有成员，被隐藏无法存取
父类私有的成员	继承为子类的私有成员，被隐藏无法存取	继承为子类的私有成员，被隐藏无法存取	继承为子类的私有成员，被隐藏无法存取

由表14-1可以看出，在public继承声明之下，派生类可完全继承基类中的public和protected数据成员，并供成员函数直接存取。而基类的private数据成员则被隐藏，无法直接存取，必须依靠基类的public和protected成员函数来间接存取。

基类中的公有数据成员可以被程序中任何类的所有函数来存取，但非派生类的成员函数无法直接存取基类的受保护的和私有的数据成员，必须通过公有的成员函数间接存取。

14.1.2　单继承

所谓单继承（Single Inheritance），是指派生类只能从一个基类继承。在单继承的关系中，派生类的声明如下：

```
class 派生类: 继承权限关键字 基类
{
    // 类定义
}
```

如前所述，继承关系可以使用public、protected、private三个访问权限关键字来进行声明，而根据使用的继承权限访问关键字的不同会产生不同的继承结果。接下来将详细说明。

14.1.3　public 关键字

当派生类以public访问权限声明从基类继承时，基类中各个成员的访问权限会保留。也就是说，以public访问权限声明继承后，基类各个数据成员的访问权限会按照原有的属性（访问权限）转移到派生类中。换句话说，当访问权限声明为public时，派生类继承而来的类成员（数据成员与成员函数）原有的访问权限保持不变，如表14-2所示。

表 14-2　派生类以 public 从基类继承后的访问权限

基类成员（数据成员、成员函数）的访问权限	派生类以public继承后的访问权限
public	public
protected	protected
private	private

【范例程序：CH14_01.cpp】

本范例程序用来说明当访问权限声明为public时，派生类继承而来的类成员（数据成员与成员函数）的访问权限保持不变。因为freighter类本身并无其他定义，所以本范例程序会直接执行从基类继承而来的成员函数。

```
01   #include <iostream>
02
03   using namespace std;
04
05   class car {
06    public:                    // 基类中的成员函数声明为public
07      void go()                // car类的成员函数go()
08      {
09          cout <<"汽车启动了! "<< endl;
10      }
11      void stop()              // car类的成员函数stop()
12      {
13          cout <<"汽车熄火了! "<<endl;
14      }
15   };
16   class freighter: public car
17   {};   // 派生类将其访问权限声明为public
18
19   int main()
20   {
21       freighter ft;
22
23       ft.stop();
24       cout<<"------------------------------"<<endl;
25       ft.go();
26       cout<<"------------------------------"<<endl;
27       // ft是freighter类的一个对象，因为继承关系，所以可以调用go()与stop()函数
28
29       return 0;
30   }
```

执行结果如图14-3所示。

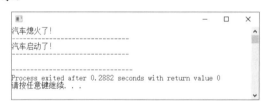

图 14-3

【程序解析】

第05~15行：定义基类car，并定义两个成员函数go()和stop()。

第16行：派生类将其访问权限声明为public。

第21行：声明一个继承自类car的派生类freighter的对象，它的访问权限声明为public。

第23行：调用派生类中继承自car类的成员函数stop()。

第25行：调用派生类中继承自car类的成员函数go()。

14.1.4 protected 关键字

当派生类以protected访问权限声明从基类继承时，继承而来的所有成员除了private访问权限继承之后仍是private访问权限之外，protected和public访问权限都会变成protected访问权限的成员。另

外，派生类内的其他成员函数可以直接存取基类的protected与public访问权限的成员，但是不可以存取基类的private访问权限的成员。派生类以protected从基类继承后的访问权限如表14-3所示。

表 14-3　派生类以 protected 从基类继承后的访问权限

基类成员（数据成员、成员函数）的访问权限	派生类以protected继承后的访问权限
public	protected
protected	protected
private	private

【范例程序：CH14_02.cpp】

本范例程序用来说明当派生类的访问权限声明为protected时，可直接存取基类中protected与public访问权限的成员，对于基类中private访问权限的数据成员age（在本范例程序中），则必须通过调用set_age()成员来设置。

```
01   #include<iostream>
02
03   using namespace std;
04
05   // 定义类student
06   class student
07   {
08     private:
09       int age;
10     protected:
11       int lang;
12     public:
13       int math;
14       student()  // 构造函数
15       {
16           age=0;
17           lang=0;
18           math=0;
19       }
20       void set_age(int a1)
21       {
22           age=a1;
23       }
24       void show_age()
25       {
26           cout << "age = " << age << endl;
27       }
28   };
29
30   // 以protected访问权限从类student继承的新类s1
31   class s1:protected student
32   {
33     public:
34       void set_lang(int v3)
35       {
36           lang=v3;       // 可直接设置访问权限为protected的数据成员lang
37       }
38       void set_math(int v4)
```

```
39            {
40                math=v4;        // 可直接设置访问权限为public的数据成员math
41            }
42        void setage(int v5)
43        {
44            // 因为无法直接存取private访问权限的数据成员age
45            // 所以必须通过调用set_age()成员函数来设置数据成员age
46            set_age(v5);
47        }
48        void show_data()
49        {
50            // 因为无法直接存取private访问权限的数据成员age
51            // 所以必须通过调用show_age()成员函数来获取age的值，然后在屏幕上显示
52            show_age();
53            // 将数据成员lang和math显示在屏幕上
54            cout << "lang = " << lang << endl;
55            cout << "math = " << math << endl;
56        }
57    };
58
59    int main()
60    {
61        // 声明对象obj1
62        s1 obj1;
63        // 可通过调用setage()成员函数来调用类student内public访问权限的成员函数set_age()
64        obj1.setage(10);
65        // 可直接存取类student内的protected访问权限的数据成员lang
66        obj1.set_lang(90);
67        // 可直接存取类student内的public访问权限的数据成员math
68        obj1.set_math(88);
69        // 可直接存取类student内的protected访问权限的数据成员lang
70        // 可直接存取类student内的public访问权限的数据成员math
71        obj1.show_data();
72
73        return 0;
74    }
```

执行结果如图14-4所示。

图 14-4

【程序解析】

第46行：必须通过调用set_age()成员函数来设置数据成员age。

第31~57行：以protected访问权限从类student继承的新类s1，并添加了4个成员函数。

第71行：因为无法直接存取private访问权限的数据成员age，所以必须通过调用show_age()成员函数来获取age的值。

14.1.5　private 关键字

当派生类以private访问权限声明继承基类时，基类中的所有数据成员与成员函数在派生类中都会变成private访问权限的成员。与protected访问权限声明继承一样，非派生类的外部成员无法存取派生类的对象，对基类进行调用或存取的操作必须通过派生类的public访问权限的成员函数来间接完成。派生类以private从基类继承后的访问权限如表14-4所示。

表 14-4　派生类以 private 从基类继承后的访问权限

基类成员（数据成员、成员函数）的访问权限	派生类以private继承后的访问权限
public	private
protected	private
private	private

【范例程序：CH14_03.cpp】

本范例程序用来说明当派生类的访问权限声明为private时，相关数据成员的存取限制。

```
01   #include<iostream>
02
03   using namespace std;
04
05   // 定义类student
06   class student
07   {
08     private:
09       int age;
10     protected:
11       int lang;
12     public:
13       int math;
14       student() // 构造函数
15       {
16          age=0;
17          lang=0;
18          math=0;
19       }
20       void set_age(int a1)
21       {
22          age=a1;
23       }
24       void show_age()
25       {
26          cout << "age = " << age << endl;
27       }
28   };
29
30   // 以private访问权限从类student继承的新类s1
31   class s1:private student
32   {
33     public:
34       void set_lang(int v3)
35       {
```

```
36            lang=v3;         // 可直接设置访问权限为protected的数据成员lang
37        }
38        void set_math(int v4)
39        {
40            math=v4;          // 可直接设置访问权限为public的数据成员math
41        }
42        void setage(int v5)
43        {
44            // 因为无法直接存取private访问权限的数据成员age
45            // 所以必须通过调用set_age()成员函数来设置数据成员age
46            set_age(v5);
47        }
48        void show_data()
49        {
50            // 因为无法直接存取private访问权限的数据成员age
51            // 所以必须通过调用show_age()成员函数来获取age的值，并在屏幕上显示
52            show_age();
53            // 可直接存取类student内用protected声明的成员数据lang
54            cout << "lang = " << lang << endl;
55            // 可直接存取类student内用public声明的成员数据math
56            cout << "math = " << math << endl;
57        }
58    };
59
60    int main()
61    {
62        // 声明对象obj1
63        s1 obj1;
64        // 可通过调用setage()成员函数来调用类student内的public访问权限的成员函数set_age()
65        obj1.setage(35);
66        // 可直接存取类student内的protected访问权限的数据成员lang
67        obj1.set_lang(100);
68        // 可直接存取类student内的public访问权限的数据成员math
69        obj1.set_math(95);
70        obj1.show_data();
71
72        return 0;
73    }
```

执行结果如图14-5所示。

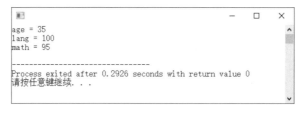

图 14-5

【程序解析】

第31行：以private访问权限从类student继承的新类s1。

第46行：调用set_age()成员函数来设置数据成员age。

第67行：可直接存取类student内的protected访问权限的数据成员lang。

第69行：可直接存取类student内的public访问权限的数据成员math。

14.1.6　多继承

所谓多继承（Multiple Inheritance），是指派生类可以从多个基类继承，而这些被继承的基类相互之间可能都没有什么关联，就是一种直接继承的类型，派生类直接继承了两个或多个基类，而这些被继承的基类之间因为并无任何继承或友元关系，所以彼此无法互相存取，如图14-6所示。

图 14-6

派生类多继承的声明语法如下：

```
class 派生类：继承访问权限关键字 基类1，继承访问权限关键字 基类2，…
```

【范例程序：CH14_04.cpp】

在本范例程序中，可以看出在派生类Student中，可使用对象object1成功调用基类Math、基类Chinese与基类History的成员。这代表类Student继承了多种基类中的所有数据成员和成员函数。

```cpp
01   #include <iostream>
02   #include <cstring>
03   using namespace std;
04   // 定义基类Math
05   class Math
06   {
07     private:
08       int Math_Score; // 数学成绩
09     public:
10       // 函数Math_make()：设置数学成绩
11       void Math_make(int a)
12       {
13           Math_Score = a;
14       }
15       // 函数Math_take()：返回数学成绩，方便派生类调用
16       int Math_take()
17       {
18           return Math_Score;
19       }
20   };
21
22   // 定义基类Chinese
23   class Chinese
24   {
25     private:
26       int Chinese_Score;      // 语文成绩
27     public:
28       // 函数Chinese_make()：设置语文成绩
29       void Chinese_make(int b)
30       {
31           Chinese_Score = b;
32       }
33       // 函数Chinese_take()：返回语文成绩，方便派生类调用
34       int Chinese_take()
35       {
```

```
36          return Chinese_Score;
37      }
38  };
39
40  // 定义基类History
41  class History
42  {
43    private:
44      int History_Score;      // 历史成绩
45    public:
46      // 函数History_make()：设置历史成绩
47      void History_make(int c)
48      {
49          History_Score = c;
50      }
51      // 函数History_take()：返回历史成绩，方便派生类调用
52      int History_take()
53      {
54          return History_Score;
55      }
56  };
57
58  // 定义类Student并以三种访问权限关键字分别从三个基类继承
59  class Student: public Math, protected Chinese, private History
60  {
61    private:
62      int Student_Number;      // 学号
63    protected:
64      char Student_Name[20]; // 姓名
65    public:
66      // 函数Student()：设置学号与姓名
67      Student(int d, const char *N)
68      {
69          Student_Number = d;
70          strcpy (Student_Name, N);
71      }
72      // 函数Student_C_make()：间接调用Chinese_make()
73      void Student_C_make(int e)
74      {
75          Chinese_make (e);
76      }
77      // 函数Student_H_make()：间接调用History_make()
78      void Student_H_make(int f)
79      {
80          History_make (f);
81      }
82      // 在屏幕显示结果
83      void Student_Show()
84      {
85          cout << endl;
86          cout << "学号: " << Student_Number << endl;
87          cout << "姓名: " << Student_Name << endl;
88          cout << "数学成绩:  " << Math_take() << endl;
89          cout << "语文成绩:  " << Chinese_take() << endl;
90          cout << "历史成绩:  " << History_take() << endl;
91          cout << "总成绩:    " << Math_take() + Chinese_take() + History_take() << endl;
```

```
92        }
93    };
94
95    // 主程序
96    int main()
97    {
98        // 类Student：对象object1
99        Student object1(31232, "Alex");
100       object1.Math_make(65);
101       object1.Student_C_make(78);
102       object1.Student_H_make(34);
103       object1.Student_Show();
104
105       return 0;
106   }
```

执行结果如图14-7所示。

图 14-7

【程序解析】

第05、23、41行：分别定义三个基类。

第59行：定义类Student并以三种访问权限关键字分别从三个基类继承。

第73、78行：分别再定义两个*_make()函数，用以间接调用类Chinese和类History的成员函数。

14.2　派生类的构造函数与析构函数

一般情况下，在创建类的对象之后，就会调用构造函数，到程序结束执行时，才会自动调用析构函数以将不再使用的内存空间释放掉，归还给系统。派生类因为具有新的特性，所以不能继承基类的构造函数与析构函数，而必须要有自己版本的构造函数与析构函数。不过，针对继承而来的特性，派生类会调用基类的构造函数与析构函数。

现在我们要讨论的问题是在定义派生类时要如何定义构造函数及析构函数。其实在创建派生类的对象时，会先调用基类的构造函数，再调用派生类的构造函数；当程序结束时，会先调用派生类的析构函数，再调用基类的析构函数。接下来，我们将分别针对单继承与多继承来说明构造函数与析构函数的调用顺序。

14.2.1　单继承构造函数与析构函数的调用顺序

单继承调用构造函数与析构函数的顺序是先调用基类的构造函数，再调用派生类的构造函数。而当程序执行结束时，会先调用派生类的析构函数，再调用基类的析构函数。

【范例程序：CH14_05.cpp】

本范例程序将说明在单继承关系中，派生类的对象调用构造函数与析构函数的顺序。

```
01   #include<iostream>
02
03   using namespace std;
04
05   // 定义类stclass
06   class stclass
07   {
08    public:
09      stclass()                // 构造函数
10      {
11         cout << "调用基类的构造函数" << endl;
12      }
13      ~stclass()               // 析构函数
14      {
15         cout << "调用基类的析构函数" << endl;
16      }
17   };
18   // 定义类student，以public访问权限从类stclass继承
19   class student : public stclass
20   {
21    public:
22      student()                // 构造函数
23      {
24         cout << "调用派生类的构造函数" << endl;
25      }
26      ~student()               // 析构函数
27      {
28         cout << "调用派生类的析构函数" << endl;
29      }
30   };
31   void call()
32   {
33       student st1;
34   }
35   // 主程序
36   int main()
37   {
38       call();                 // 调用用于声明对象st1的函数
39
40       return 0;
41   }
```

执行结果如图14-8所示。

图 14-8

【程序解析】

第06行：定义类stclass。

第19行：定义类student，以public访问权限从类stclass继承。

第33行：声明对象st1，从执行结果来了解基类与派生类之间的单继承关系及其构造函数与析构函数调用的顺序。

14.2.2　多继承构造函数与析构函数的调用顺序

多继承和单继承一样，在创建派生类的对象时，是先调用基类的构造函数，再调用派生类1、派生类2、…、派生类n等的构造函数。当程序执行结束时，会先调用派生类n、…、派生类2、派生类1的析构函数，再调用基类的析构函数，如图14-9所示。

在图14-9中，构造函数调用的顺序为类Base1、类Base2及类Der1。反之，析构函数的调用顺序为类Der1、类Base2，最后才是类Base1。

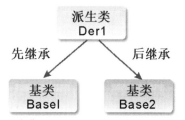

1. 声明：class Der1 :public Base1,public Base2
2. 构造顺序：Base1→Base2→Der1
3. 析构顺序：Der1 →Base2→Base1

图 14-9

【范例程序：CH14_06.cpp】

本范例程序用于演示在多继承关系中派生类的对象调用构造函数与析构函数的顺序。

```
01  #include<iostream>
02
03  using namespace std;
04
05  // 定义stclass类
06  class stclass
07  {
08    public:
09      stclass()          // 构造函数
10      {
11          cout << "调用stclass类的构造函数" << endl;
12      }
13      ~stclass()         // 析构函数
14      {
15          cout << "调用stclass类的析构函数" << endl;
16      }
17  };
18
19  // 定义类score
```

```
20  class score
21  {
22    public:
23      score()                 // 构造函数
24      {
25          cout << "调用score类的构造函数" << endl;
26      }
27      ~score()                // 析构函数
28      {
29          cout << "调用score类的析构函数" << endl;
30      }
31  };
32
33  // 定义类student，以public访问权限分别从类stclass和类score继承
34  class student : public stclass, public score
35  {
36    public:
37      student()               // 构造函数
38      {
39          cout << "调用student类的构造函数" << endl;
40      }
41      ~student()              // 析构函数
42      {
43          cout << "调用student类的析构函数" << endl;
44      }
45  };
46
47  void call()
48  {
49      student st1;            // 声明对象st1
50  }
51  // 主程序
52  int  main()
53  {
54      call();
55
56      return 0;
57  }
```

执行结果如图14-10所示。

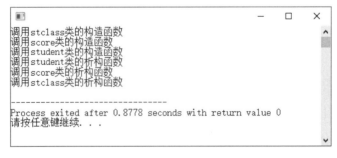

图 14-10

【程序解析】

第06行：定义stclass类。

第34~45行：定义student类，以public访问权限分别从stclass类和score类继承，在该类中定义构造函数及析构函数。

第49行：声明对象st1，从执行结果来了解基类与派生类之间的多继承关系及其构造函数与析构函数调用的顺序。

14.3　多态与虚函数简介

在C++程序中常常会在基类或派生类中声明相同名称但不同功能的public成员函数，这些函数被称为同名异式或是多态（Polymorphism）。假如我们已定义了某个基类的成员函数open()，并且定义了多个由基类派生出来的成员函数open()。在程序开始执行时，可根据打算开启物品的编号来指定要调用哪一个派生类的open()成员函数来开启该物品。要实现这一目标，我们可以在基类中将open()成员函数声明为虚函数（Virtual Function），并且在每一个派生类中重载open()函数。接下来，我们将介绍虚函数的作用与使用时机。

14.3.1　静态绑定与动态绑定

当我们在程序中调用某函数时，编译器会将此函数调用连接到函数的实体地址，这种连接的关系被称为绑定（Binding）。若绑定在编译时期已经定义完成，则称为静态绑定或早期绑定（Early Binding）。如果基类的指针指向派生类的对象之后再调用它的成员函数，结果仍是调用基类的成员函数，这是因为函数的绑定在编译时期就已经完成而无法改变，所以永远都会指向基类。

【范例程序：CH14_07.cpp】

本范例程序用于说明在静态绑定的作用下，使得派生类的对象所调用的函数仍然是指向同存于基类中的多态函数（同名异式函数），并不是我们指定存于派生类中的函数。

```cpp
01   #include <iostream>
02
03   using namespace std;
04
05   class vehicle {
06      // 定义基类vehicle
07    public:
08      void start()            // 成员函数start()
09      {
10          cout << "运输工具启动"<< endl;
11      }
12      void stop()             // 成员函数stop()
13      {
14          cout << "运输工具停止"<< endl;
15      }
16   };
17   class aircraft: public vehicle {
18      // 定义派生类aircraft
19    public:
20      void start()            // 具有和基类中相同名称的成员函数start()
21      {
22          cout  << "飞行器启动"<< endl;
```

```
23        }
24        void stop()                      // 具有和基类中相同名称的成员函数stop()
25        {
26            cout << "飞行器停止"<< endl;
27        }
28   };
29   class car: public vehicle {
30        // 定义派生类car
31     public:
32        void start()                     // 具有和基类中相同名称的成员函数start()
33        {
34            cout << "汽车启动"<< endl;
35        }
36        void stop()                      // 具有和基类中相同名称的成员函数stop
37        {
38            cout << "汽车停止"<< endl;
39        }
40   };
41
42   int main()
43   {
44        vehicle* ve = new vehicle();     // 基类的指针
45        aircraft af;
46        car cr;
47        ve->start();                     // 调用它的成员函数start()
48        ve->stop();                      // 调用它的成员函数stop()
49        delete ve;
50        ve = &af;                        // 将基类指针指向派生类aircraft
51        ve->start();                     // 调用它的成员函数start()
52        ve->stop();                      // 调用它的成员函数stop()
53        ve = &cr;                        // 将基类指针指向派生类car
54        ve->start();                     // 调用其成员函数start()
55        ve->stop();                      // 调用其成员函数stop()
56
57        return 0;
58   }
```

执行结果如图14-11所示。

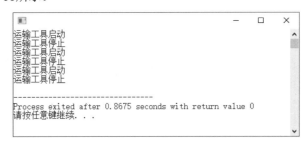

图 14-11

【程序解析】

第05~16行：定义基类vehicle，并定义两个成员函数start()与stop()。

第17~28行：定义派生类aircraft，并定义两个同名成员函数start()与stop()。

第29~40行：定义派生类car，并定义两个同名成员函数start()与stop()。

第44行：初始化基类的实例并将它的地址赋给基类指针。

第50行：将基类指针指向派生类aircraft并调用它的成员函数。

第53行：将基类指针指向派生类car并调用它的成员函数。

如果将基类与派生类中的两个同名异式函数（多态）改以声明为虚函数，那么C++编译器会给予这两个虚函数不同的指针，因此程序执行时会根据所给予的不同指针来调用对应的函数。

对于这种绑定方式，因为是在后期才随着函数的动态变化而形成的，而不是之前所提到的先期绑定的概念，所以将它称为后期绑定（Late Binding）或动态绑定（Dynamic Binding）。

14.3.2 声明虚函数

虚函数就是多态的实现，使得我们能够调用相同的函数执行不同的运算，因为这个成员函数所属的类实例可以被动态连接，且这些派生类又具有相同的基类。

要在C++中创建虚函数，可以直接使用关键字virtual来声明，即表示该函数为虚函数。一旦将函数声明为虚函数之后，就必须在派生类中重载该虚函数。另外，派生类虚函数的参数与返回值还必须与基类中声明的虚函数相同。声明的语法如下：

```
virtual 返回值类型 函数名称(参数)
```

一旦将函数声明为虚函数，编译器会给予这些函数不同的指针，在执行时则根据这些指针来调用适当的函数。所以当我们要声明对象时，必须同时声明指针变量。

【范例程序：CH14_08.cpp】

本范例程序是将范例程序CH14_07.cpp改写为虚函数方式，请注意在派生类继承时访问权限关键字必须声明为public，这样基类的指针才可以指向此派生类的对象，最后程序就可以正确地调用派生类的多态函数。

```cpp
01  #include <iostream>
02
03  using namespace std;
04
05  class vehicle {
06   // 定义基类vehicle
07   public:
08     virtual void start()   // 成员函数start()
09     {
10         cout << "运输工具启动"<< endl;
11     }
12     virtual void stop()    // 成员函数stop()
13     {
14         cout << "运输工具停止"<< endl;
15     }
16  };
17  class aircraft: public vehicle {
18   // 定义派生类aircraft
19   public:
20     virtual void start()  // 具有和基类中相同名称的成员函数start()
21     {
22         cout  << "飞行器启动"<< endl;
```

```
23        }
24      virtual void stop()    // 具有和基类中相同名称的成员函数stop()
25      {
26          cout << "飞行器停止"<< endl;
27      }
28  };
29  class car: public vehicle {
30    // 定义派生类car
31    public:
32      virtual void start()   // 具有和基类中相同名称的成员函数start()
33      {
34          cout << "汽车启动"<< endl;
35      }
36      virtual void stop()    // 具有和基类中相同名称的成员函数stop()
37      {
38          cout << "汽车停止"<< endl;
39      }
40  };
41
42  int main()
43  {
44      vehicle* ve = new vehicle(); // 基类的指针
45      aircraft af;
46      car cr;
47      ve->start();     // 调用它的成员函数start()
48      ve->stop();      // 调用它的成员函数stop()
49      delete ve;
50      ve = &af;        // 将基类指针指向派生类aircraft
51      ve->start();     // 调用它的成员函数start()
52      ve->stop();      // 调用它的成员函数stop()
53      ve = &cr;        // 将基类指针指向派生类car
54      ve->start();     // 调用它的成员函数start()
55      ve->stop();      // 调用它的成员函数stop()
56
57      return 0;
58  }
```

执行结果如图14-12所示。

图 14-12

【程序解析】

第08行：声明基类vehicle的成员函数start()并定义为虚函数。

第12行：声明基类vehicle的成员函数stop()并定义为虚函数。

第44行：将基类指针指向它的类实例。

第50行：将基类指针指向派生类aircraft的类实例。

第53行：将基类指针指向派生类car的类实例。

14.3.3　纯虚函数

如果在声明虚函数时在表达式的尾端加入"=0"，且没有加入任何定义该函数功能的语句，那么这种虚函数被称为纯虚函数（Pure Virtual Function）。纯虚函数是一种特殊的虚函数，也叫抽象函数，在许多情况下，在基类中不能对虚函数给出有意义的实现，因此它只有函数名、参数和返回值类型，没有函数体，也不需要函数体。它的主要作用是形成一种被保留的函数接口（Interface），它的实现留给该基类的派生类来实现。纯虚函数声明的语法如下：

```
virtual 返回值类型 函数名称(参数) = 0;
```

14.3.4　抽象基类

纯虚函数无法在单一类或派生类中声明，只能存在于有继承关系的基类中，因而这种基类也被称为抽象基类（Abstract Class）。抽象基类包含最少一个或多个纯虚函数，所以当派生类继承了抽象基类之后，必须在派生类中覆盖（Override）并实现（Implement）所继承的纯虚函数。

【范例程序：CH14_09.cpp】

本范例程序示范纯虚函数的用法，正确地使用纯虚函数与抽象基类对程序的可移植性和扩充性具有相当大的帮助。程序设计人员在不修改程序基本架构的情况下，仅需编写新增类的程序代码，就可以将虚函数并入主程序架构中。

```
01   #include <iostream>
02
03   using namespace std;
04
05   class vehicle {
06     // 定义基类vehicle
07     public:
08       virtual void start()=0;              // 纯虚函数start()
09       virtual void stop()=0;               // 纯虚函数stop()
10   };
11   class aircraft: public vehicle {
12     // 定义派生类aircraft
13     public:
14       virtual void start()    // 定义多态的成员函数start()（其中的virtual关键字可省略）
15       {
16           cout  << "飞行器启动" << endl;
17       }
18       virtual void stop()     // 定义多态的成员函数stop()（其中的virtual关键字可省略）
19       {
20           cout  << "飞行器停止" << endl;
21       }
22   };
23   class car: public vehicle {
24     // 定义派生类car
25     public:
26       virtual void start()    // 定义多态的成员函数start()（其中的virtual关键字可省略）
27       {
28           cout << "汽车启动"<< endl;
```

```
29          }
30      virtual void stop()     // 声明多态的成员函数stop()（其中的virtual关键字可省略）
31      {
32          cout << "汽车停止"<< endl;
33      }
34  };
35  int main()
36  {
37      vehicle* ve;        // 声明基类vehicle指针，抽象基类不可实例化
38      aircraft af;
39      car cr;
40
41      ve = &af;           // 将基类指针指向派生类aircraft
42      ve->start();        // 调用它的成员函数start()
43      ve->stop();         // 调用它的成员函数stop()
44      ve = &cr;           // 将基类指针指向派生类car
45      ve->start();        // 调用它的成员函数start()
46      ve->stop();         // 调用它的成员函数stop()
47
48      return 0;
49  }
```

执行结果如图14-13所示。

图 14-13

【程序解析】

第08行：声明基类的成员函数start()为纯虚函数。

第09行：声明基类的成员函数stop()为纯虚函数。

第11~22行：定义派生类aircraft并实现它的虚函数start()和stop()。

第23~34行：定义派生类car并实现它的虚函数start()和stop()。

第37行：声明基类vehicle指针，抽象基类不可实例化。

第41行：将基类指针指向派生类aircraft以调用它的虚函数start()和stop()。

第44行：将基类指针指向派生类car以调用它的虚函数start()和stop()。

14.3.5　虚基类

类可以继承不同类的成员，但是这种强大的功能却会造成许多混淆不清的问题。在多继承的关系中，可能会发生基类也派生自同一类，如图14-14所示。

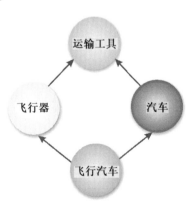

图 14-14

从图14-14中可以看到，飞行器（aircraft）类与汽车（car）类都派生自运输工具（vehicle）类，它们同时也是飞行汽车（aircar）的基类。此时若aircar类需要存取vehicle类的成员函数，则会造成模棱两可的情况。因为函数调用的路径可能为：aircar→aircraft→vehicle或aircar→car→vehicle，变成有两份vehicle类的数据。

为了解决这种问题，就必须将aircraft类与car类声明为虚基类（Virtual Base Class），声明的语法如下：

```
class 派生类: virtual 继承访问权限关键字 基类;
```

【范例程序：CH14_10.cpp】

本范例程序示范使用关键字virtual使得aircraft与car这两个类共享同一个vehicle类的数据。请注意，如果aircraft类与car类没有声明为虚基类，那么会在编译时报错。

```
01  #include <iostream>
02
03  using namespace std;
04
05  class vehicle {
06    // 定义基类vehicle
07    public:
08      void start()
09      {
10          cout << "运输工具启动" << endl;
11      }
12      void shutdown()
13      {
14          cout << "运输工具熄火" << endl;
15      }
16  };
17  class aircraft: virtual public vehicle
18  {
19    // 定义虚基类aircraft
20    public:
21      void fly()
22      {
23          cout << "飞行器飞行" << endl;
24      }
25      void land()
26      {
27          cout << "飞行器着陆" << endl;
28      }
29  };
30  class car: virtual public vehicle
31  {
32    // 定义虚基类car
33    public:
34      void go()
35      {
36          cout << "汽车启动" << endl;
37      }
38      void stop()
39      {
```

```
40              cout << "汽车熄火" << endl;
41          }
42      };
43      class aircar: public aircraft, public car {};  // 声明派生类aircar
44
45      int main()
46      {
47          aircar ac;
48          ac.start();          // 派生函数调用上两层基类vehicle的成员函数start()
49          ac.go();
50          ac.fly();
51          ac.land();
52          ac.stop();
53          ac.shutdown();   // 派生函数调用上两层基类vehicle的成员函数stop()
54
55          return 0;
56      }
```

执行结果如图14-15所示。

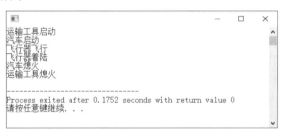

图 14-15

【程序解析】

第05~16行：定义基类vehicle与其成员函数start()与shutdown()。

第17~29行：定义vehicle的派生类aircraft，并声明为虚基类。

第30~42行：定义vehicle的派生类car，并声明为虚基类。

第43行：声明aircraft类与car类的派生类aircar。

第48行：派生类aircar调用它的上两层基类vehicle的成员函数start()。

14.4　上机编程实践

（1）请设计一个C++程序，覆盖继承而来的成员函数，必须在派生类中将此函数再声明一次，并实现其程序代码内容。

解答▶ 可参考范例程序ex14_01.cpp。

（2）请设计一个C++程序，定义一个student类，然后定义一个st1类且以public访问权限继承student类。

```
class student
{
  private:
    int lang;
```

```
    int math;
  public:
    student();  // 构造函数
    void get_score();
    void show_score();
};
```

解答▶ 可参考范例程序ex14_02.cpp。

（3）请设计一个C++程序，分别定义三个基类Math类、Chinese类与History类，然后定义Student类且以三种继承访问权限关键字继承这三个基类，并演示Student类继承了各基类中的所有数据成员和成员函数。

解答▶ 可参考范例程序ex14_03.cpp。

 本章习题

问答与实践题（参考答案见附录A）

（1）试简述抽象类与一般类的差异之处。

（2）试简述类的对象在构造与析构时的顺序。

（3）什么是虚析构函数，它的作用是什么？

（4）请说明类多态的意义。

（5）试说明继承的意义与优点。

（6）请简述继承的基本关系。

（7）请分别说明单继承与多继承的定义。

（8）protected关键字的作用是什么？试说明。

（9）在创建派生类的对象时，调用基类和派生类的构造函数和析构函数的顺序如何，程序结束时的调用顺序如何？

（10）试问下列程序代码的运行结果是什么？说明该程序代码的目的。

```
class A
{
  public:
    void cc(int x,int y){x=y;cout<<"x=y";}
    void cc(int x){cout<<"x=0";}
};

int main()
{
    A;
    a.cc(10);
}
```

（11）请问C++提供了哪几种继承访问权限？

（12）类达到多态的目的可以通过哪三种方式？

第 15 章

文件入门与处理机制

15

当C++的程序执行结束之后，所有存储在内存的数据都会消失，这时如果需要将执行结果存储在非易失性的存储器（如硬盘等）上，就必须通过文件方式来保存这些执行结果。文件是计算机中数据和信息的集合，也是在磁盘驱动器（包含现在的固态硬盘等）这类存储器上处理数据和信息的重要单位，文件中的这些数据和信息以字节的方式存储。文件可以是一份报告、一幅图片或一个可执行程序，对应的文件格式包括数据文件、源程序文件与可执行文件等。在C++中，文件是通过数据流（Stream）方式来存取数据的，主要作用是作为计算机与外围设备的数据传输通道。本章首先从数据流这个基本概念开始介绍。

15.1 数据流的概念

数据流代表一系列数据从源头流向终点，在C++中所有数据的输入和输出（Input/Output，I/O）都建立在数据流的概念上，就是将数据的传递视为数据从源头（Source）流向终点（Sink）的过程，如图15-1所示。

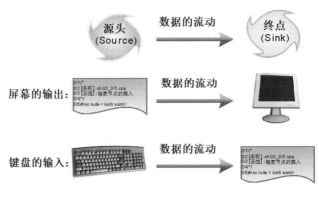

图 15-1

屏幕的输出可以视为数据从程序流向屏幕，而键盘的输入可视为数据从键盘流向程序。从图15-1中可以发现在数据流动的过程中，源头与终点的角色是经常改变的，不同设备具有不同的数据格式与输入和输出方式，因此计算机的外围设备都能输入和输出数据流。所谓数据流类，是C++提供用来处理外围设备的连接与数据的格式化的，让程序设计人员只需专注于将数据传输到数据流上，就可以完成输入和输出的操作，而不必考虑外围设备的多样性与数据格式的转换。

I/O 处理类

在C++的iostream的头文件中定义了许多与处理数据流有关的类，这些类方便程序设计人员从计算机外设输入数据和把数据输出至计算机外设，而不用关注硬件底层的工作原理。下面列出与输入和输出（I/O）处理有关的类的说明与继承关系。

- ios类：支持计算机中的基本I/O操作，是istream类和ostream类的父类，它包含如何设置数据流格式、错误状态回复以及文件的输入和输出模式等特性。
- istream类：支持输入数据流的操作，为ios的子类。它属于虚基类，包含输入数据的格式转换，并且定义了数据流输入的基本特性。
- ostream类：支持输出数据流的操作，为ios的子类。它属于虚基类，包含输出数据的格式转换，并且定义了数据流输出的基本特性。
- iostream类：同时支持输入与输出数据流的操作，为istream类和ostream类的子类，它包含istream类和ostream类这两种类的特性。
- ifstream类：支持文件读取的功能，是istream的子类。
- ofstream类：支持文件写入的功能，是ostream的子类。
- fstream类：支持文件读取与写入的功能，是iostream的子类。

15.2　文件简介

文件是一种存储数据的单位，它能将数据存放在非易失性（Non-volatile）的存储设备中，例如硬盘、光盘、磁带机等。文件还包含日期、只读、隐藏等存取信息。C++的文件读取功能可以看成是数据流的源头，反之文件的写入就是数据流的终点。所有程序产生的数据都可以存成文件，如此数据才能累积再利用。

每个文件都必须有一个代表它的文件名，文件名分为主文件名与文件扩展名，中间以句点"."分隔，通过这样的命名方式可以清楚地分辨文件的名称与它的类型，如下所示：

主文件名.文件扩展名

文件扩展名的功能在于记录文件的类型，表15-1列出了一些常用的文件扩展名。

表 15-1　常用的文件扩展名

文件扩展名	文件类型
.h、.hpp、.h++、.hxx、.hh	C++头文件
.cpp、.c++、.cxx、.cc	C++源程序文件
.gif	GIF格式的图像文件
.zip	ZIP格式的压缩文件
.doc	Microsoft Office Word文件
.html、.htm	网页文件

15.2.1　文件分类

文件存储的种类可分为文本文件（Text File）与二进制文件（Binary File）两种。

1. 文本文件

文本文件是以字符编码方式存储数据的文件，Windows操作系统的记事本（NotePad）程序就默认以ASCII编码来存储文本文件，每个字符占1字节。例如在文本文件中存入10位数的整数1234567890，由于是以字符格式顺序存入的，因此总共需要10字节来存储。

2. 二进制文件

二进制文件是以二进制格式存储数据的文件，将计算机内存中的数据原封不动地存储到文件中，适用于非字符为主的数据。如果以记事本程序打开这类文件，我们只会看到一堆乱码。

除了以字符为主的文本文件外，所有的数据都可以说是二进制文件，例如编译器生成的程序文件、图片或视频文件等。二进制文件的最大优点在于访问速度快、占用空间小以及可随机存取其中的数据，例如在数据库应用中二进制文件就比文本文件更为适合。

15.2.2 顺序存取的文件和随机存取的文件

C++文件的存取方式通常分为两种：顺序存取（Sequential Access）与随机存取（Random Access）。

1. 顺序存取

也就是自上而下，按序读取文件的内容。如果要存储数据，则将数据附加在文件的末尾，这种存取方式常用于文本文件，而被存取的文件则被称为顺序存取的文件。

2. 随机存取

通过指定文件读取指针的位置，从文件中的任一位置读出或写入数据，这种被存取的文件就被称为随机存取的文件。随机存取的文件多半以二进制文件为主，会以一个完整单位来进行数据的写入，这个单位通常以结构为单位，例如结构中可能包括一个账户的名称、余额、投资款项等。由于每笔写入结构记录所占的存储空间固定，因此要添加、修改或删除任一笔记录都很方便。

15.3 文件的输入/输出管理

C++的文件输入/输出比C语言的文件输入/输出简单很多，用于简化了数据流的输入/输出函数，使得初学者更容易上手。在开始对文件进行处理前需要先执行打开文件的操作，因为计算机并不知道我们要对哪一个文件进行处理，当然关闭文件时也要告诉计算机要关闭哪一个文件。

C++文件的输入/输出管理必须先包含<fstream>头文件，<fstream>有三个类可用于文件的存取操作，分别是fstream类、ofstream类和ifstream类，它们的说明如表15-2所示。

表 15-2 fstream 类、ofstream 类和 ifstream 类

类	说　　明
fstream	创建文件输入/输出对象，数据可以输入文件内，也可从文件读取数据
ofstream	创建文件输出对象，仅可以将数据输出到文件中，不能从文件读取数据
ifstream	创建文件输入对象，只能从文件读取数据，不能输出数据到文件中

15.3.1　文件的打开

了解上述类之间的差异后，接着就可以针对各种需求来创建文件对象（File Object）了，创建文件对象的语法如下：

```
ifstream 对象名称;              // 创建文件对象用于从文件读取数据
ofstream 对象名称;              // 创建文件对象用于将数据写入文件
fstream 对象名称;               // 创建文件对象用于对文件进行读写
```

创建文件对象后就可以调用<fstream>中的open成员函数来打开文件了，语法如下：

```
open("文件名或完整路径")
open("文件名或完整路径", ios::打开模式)
```

其中，打开模式定义于ios类中，文件的各种打开模式及其说明如表15-3所示。

表 15-3　文件的各种打开模式

打开模式选项	说　　明
in	以只读模式打开文件，若文件不存在，则会发生错误
out	以写入模式打开文件，若文件已存在，则删除文件的内容，否则新建一个文件
app	以附加模式打开文件，从文件末尾开始写入，若文件不存在，则新建一个文件
ate	打开文件并把文件指针移至文件末尾
trunc	以写入模式打开文件，若文件已存在，则删除该文件，再新建一个文件
binary	以二进制模式打开文件

以下示例程序语句用于创建fileInput作为只读文件的对象，并以只读模式打开fileInput.txt文件：

```
ifstream fileInput;
fileInput.open("fileInput.txt", ios::in);
```

以下示例程序语句用于创建fileIO作为读写文件的对象，并以读写模式打开fileIO.txt文件：

```
fstream fileIO;
fileIO.open("fileIO.txt", ios::in | ios::out);
```

如果打开的文件与程序文件不在同一个目录中，那么open函数的第一个参数就要写上完整的文件路径，特别是路径中所有的“\”都要改成“\\”，如下所示：

```
fileIO.open("C:\\Temp\\fileIO.txt", ios::in | ios::out);
//以读写模式打开C盘Temp目录中的fileIO.txt文件
```

另外，程序打开文件时可能会遇到不同的错误，例如要打开的文件并不存在或者磁盘空间不足，这时我们可以调用is_open()函数进行检查，若文件成功打开，则会返回一个非零值，否则会返回零：

```
If(!fileIO.is_open())                // 检查返回值
{
    cout<<"文件打开有误! "<<endl;     // 打开文件有误，输出提示信息（报错）
}
```

15.3.2　文件的关闭

在执行完文件操作后，一定要记得执行关闭文件的操作，虽然程序在执行结束时会自动关闭所有打开的文件，但仍有两种情况需要手动关闭文件，第一种是打开过多的文件导致系统运行缓慢，第二种是打开文件的数量超过了操作系统同一时间段所能打开文件数目的上限，如此便要手动关闭不再使用的文件来提高系统整体的执行效率。

C++关闭数据流的操作非常简单，只要让所产生的文件对象调用close()函数即可。

```
文件对象名称.close();   // 如FileIO.close();
```

例如：

```
ofstream oFile;
oFile.open("myFile.txt", ios::out);
…
oFile.close( );
```

【范例程序：CH15_01.cpp】

本范例程序用于测试文件是否成功打开，若打开失败，则显示提示信息（报错），若打开成功，则关闭数据流。

```
01   #include<fstream>                  // 包含处理文件输入/输出的头文件
02   #include<iostream>
03   using namespace std;
04
05   int main()
06   {
07       ifstream fin;                  // 创建文件对象用于从文件读取数据
08       fin.open("testFile.txt",ios::in);  // 以读取模式打开testFile.txt文件
09       if(!fin.is_open())
10           cout<<"文件无法打开! "<<endl;
11       else
12       {
13           cout<<"文件打开了……"<<endl;
14           cout<<"关闭数据流……"<<endl;
15           fin.close(); // 调用函数close()以关闭文件
16       }
17
18       return 0;
19   }
```

执行结果如图15-2和图15-3所示。

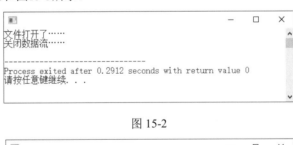

图 15-2

图 15-3

【程序解析】

第07行：创建文件对象用于从文件读取数据。

第08行：以读取模式打开testFile.txt文件。

第09行：调用is_open()函数判断文件是否成功打开。若文件没有成功打开,则执行第10行语句;若文件成功打开,则执行第13~15行语句。

15.4　文本文件操作技巧

读者可以简单地把文件操作看作程序的输入与输出,这样学起来就容易理解了。首先可以用ofstream类来处理文件的写入(输出),在实例化文件对象的同时也可以一并打开要写入的文件,语法如下:

```
ofstream 对象名称("文件名");
```

15.4.1　文本文件的写入

在C++中,要把数据写入文件,可以使用插入运算符“<<”(插入器),插入运算符的用法与cout相同,在后面放置输出的数据即可。语法如下:

```
文件对象 << 要写入的数据;
```

【范例程序：CH15_02.cpp】

本范例程序示范将写入的数据输出到文本文件中,然后使用Windows的记事本来打开这个文件并查看输出的结果。

```
01   #include <iostream>              // 包含<iostream>头文件
02   #include <fstream>               // 包含<fstream>头文件
03   using namespace std;             // 指定使用C++标准库（Standard Library）的命名空间
04
05   int main()
06   {
07     ofstream fileOutput;                        // 创建文件对象，用于从文件读取数据
08     fileOutput.open("fileOutput.txt",ios::out); // 以只读模式打开fileOutput.txt文件
09
10     if(!fileOutput.is_open())                   // 检查文件是否成功打开
11     {
12         cout<<"文件打开错误! "<<endl;           // 打开文件有误，输出提示信息（报错）
13         return 1;                               // 不正常地结束程序
14     }
15     else
16     {
17         fileOutput<<"今日事今日毕! "<<endl;
18         fileOutput<<"留得青山在，不怕没柴烧! "<<endl;    // 输出字符串至文件（写入）
19     }
20
21     fileOutput.close();                         // 关闭文件
22
23     return 0;                                   // 正常结束程序
24   }
```

执行结果如图15-4所示。

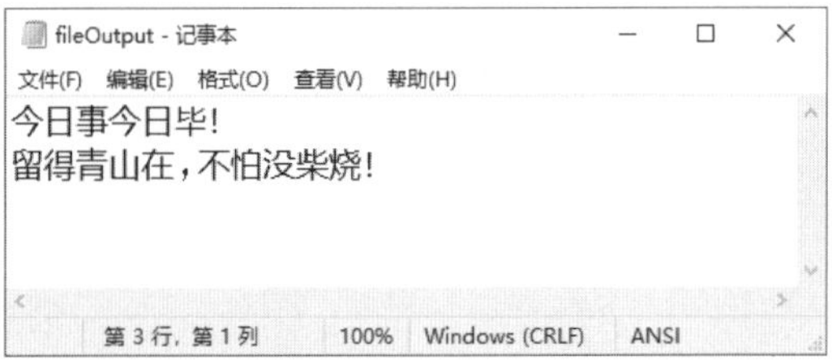

图 15-4

【程序解析】

第07行：创建文件对象，用于从文件读取数据。

第08行：以只读模式打开fileOutput.txt文件。

第10行：调用is_open()函数判断文件是否成功打开。若文件没有成功打开，则执行第12、13行语句；若文件成功打开，则执行第17、18行语句。

此外，C++还提供了一次写入一个字符的成员函数put()，语法如下：

```
文件对象.put(char ch)  // ch为写入文件的字符
```

15.4.2　文本文件的读取函数

在C++中，读取文本文件使用提取运算符"＞＞"（提取器）从文件中把数据传到程序，用法与cin一样，将变量置于"＞＞"后面，这样程序就能读取到文件中的数据。语法如下：

```
文件对象>>读取数据;
```

C++提供了两个函数读取文件的内容：get()与getline()，这两个函数的说明如表15-4所示。

表 15-4　读取文件内容的函数 get()与 getline()

函　　数	说　　明
get(char ch)	从文件中一次读取一个字符并存入ch变量中
getline(char* str, int size)	从文件中一次读取一行字符串，直到遇到换行字符'\n'为止，然后把读取的字符串存储在字符串变量str中，size为字符串str的长度

【范例程序：CH15_03.cpp】

本范例程序用于将text1.txt文本文件的内容读取出来，并输出到屏幕上，在程序中调用eof()函数来判断是否读到了文件末尾。

```
01  #include<iostream>
02  #include<fstream>
03  using namespace std;
04
05  int main()
06  {
07      // 读文件
08      string str;
09      char data[100];
10      char oneChar;
```

```
11      ifstream fin;
12      fin.open("text1.txt");
13      // 调用对象fin的函数open()打开文件数据流，文件名为text1.txt
14
15      for(int i=0;i<12;i++)
16      {
17          // 读取一个字符
18          fin.get(oneChar);                    // 调用get()函数读取字符
19          cout<<oneChar;
20      }
21      // 读取一笔数据
22      fin.getline(data,sizeof(data));          // 调用getline()函数读取整行数据
23      cout<<data<<endl<<endl;
24      // 使用">>"读取数据
25      fin>>str;
26      while(!fin.eof())                        // 调用eof()函数来判断是否读到了文件末尾
27      {
28          cout<<str<<endl;
29          fin>>str;
30      }
31      fin.close();
32
33      return 0;
34  }
```

执行结果如图15-5所示。

图 15-5

【程序解析】

第11行：声明ifstream对象fin。

第12行：调用对象fin的函数open()打开文件数据流，文件名为text1.txt。

第18行：调用get()函数读取字符，并将数据存储在oneChar变量中。

第22行：调用getline()函数读取整行数据，并将读到的数据存到data数组中，读取的字符串长度设为data[]的大小。

第26行：调用eof()函数来判断是否读到文件末尾。

15.5 二进制文件操作技巧

虽然以二进制文件存储的数据不能直接用一般文本编辑器来查看，但它有着访问速度快、占用存储空间小以及可随机存取数据的优点，在文件管理上的确比文本文件更有效率。

15.5.1　写入二进制文件

二进制文件写入的方式不同于文本文件，不能直接用 "<<"（插入运算符）直接写入（输出）。语法如下：

```
文件对象.write((char*) &写入变量, sizeof(写入变量));
```

二进制文件的写入变量非常方便，不论是整数、浮点数、字符串还是一整个结构都没有问题。另外，必须将文件打开模式设置为binary（二进制模式），表示数据流打开为二进制文件。

```
open("filename", ios::binary)
```

【范例程序：CH15_04.cpp】

本范例程序示范将人名与电话号码以二进制方式写入文件，当数据流打开为二进制文件时，必须将文件打开模式设置为binary。

```
01   #include <iostream>                       // 包含<iostream>头文件
02   #include <fstream>                        // 包含<fstream>头文件
03
04   using namespace std;                      // 指定使用C++ Standard Library命名空间
05
06   int main()
07   {
08       ofstream fileOutput;                  // 创建文件对象用于把数据写入文件
09       char str1[8]="胡昭民";                // 声明str1字符串变量
10      char str2[8]="吴灿铭";                 // 声明str2字符串变量
11      char str3[8]="古昌弘";                 // 声明str3字符串变量
12
13       int num1=9134325;                     // 声明num1整数变量
14       int num2=9876543;                     // 声明num2整数变量
15       int num3=7357900;                     // 声明num3整数变量
16       fileOutput.open("text2.txt", ios::binary | ios::out);  // 以二进制写入模式打开
     fileOutput.txt文件
17
18       if(!fileOutput.is_open())             // 检查文件是否成功打开
19       {
20           cout<<"文件打开错误! "<<endl;     // 打开文件有误，输出提示信息（报错）
21           return 1;                         // 不正常地结束程序
22       }
23       else
24       {
25           fileOutput.write(str1, sizeof(str1));          // 把str1的内容写入文件
26           fileOutput.write((char*) &num1, sizeof(int));  // 把num1的内容写入文件
27           fileOutput.write(str2, sizeof(str2));          // 把str2的内容写入文件
28           fileOutput.write((char*) &num2, sizeof(int));  // 把num2的内容写入文件
29           fileOutput.write(str3, sizeof(str3));          // 把str3的内容写入文件
30           fileOutput.write((char*) &num3, sizeof(int));  // 把num3的内容写入文件
31       }
32       fileOutput.close();            // 关闭文件
33
34       return 0;                      // 正常结束程序
35   }
```

执行结果如图15-6所示。

图 15-6

【程序解析】

第09~15行：本范例程序所要输入二进制文件的数据，按序为三个人名和三个电话号码。

第16行：以二进制写入模式打开fileOutput.txt文件。

第25~30行：按照人名与电话号码的组合顺序写入三组数据，通过sizeof()来确定写入数据所占存储空间的大小。str1、str2与str3是字符指针（char*），所以不需要进行数据类型的转换。

第32行：关闭文件。

15.5.2　读取二进制文件

既然二进制文件可以针对数据类型的不同来写入，当然读取二进制文件的内容也是一样的方法。与write()函数互相配合的函数为read()，read()函数可用来读取二进制文件的内容，通过参数设置要读取的数据长度。语法如下：

```
文件对象.read((char*) &写入变量, sizeof(写入变量));
```

【范例程序：CH15_05.cpp】

本范例程序用来读取之前所创建的存储了人名与电话号码的二进制文件text2.txt，调用eof()函数来判断是否读到了文件末尾。

```
01   #include <iostream>              // 包含<iostream>头文件
02   #include <fstream>               // 包含<fstream>头文件
03
04   using namespace std;             // 指定使用C++标准库（Standard Library）的命名空间
05
06   int main()
07   {
08       ifstream fileInput;                              // 创建文件对象用于从文件读取数据
09       char str[8];                                     // 声明str字符数组
10       int num;                                         // 声明整型变量num
11       fileInput.open("text2.txt", ios::binary | ios::in);  // 以二进制读取模式打开
     fileOutput.txt文件
12       if(!fileInput.is_open())                         // 检查文件是否成功打开
13       {
14           cout<<"文件打开错误! "<<endl;                 // 打开文件有误,输出提示信息（报错）
15           return 1;                                    // 不正常地结束程序
16       }
17       else
18       {
19           cout<<"姓名     电话"<<endl;
20           cout<<"=================="<<endl;
21           fileInput.read(str, sizeof(str));            // 读取第一组的姓名
```

```
22          fileInput.read((char*) &num, sizeof(int));      // 读取第一组的电话
23          while(!fileInput.eof())                         // 检查是否读到文件末尾
24          {
25              cout<<str<<"   "<<num<<endl;                // 把数据显示到屏幕上
26              fileInput.read(str, sizeof(str));           // 读取下一组的姓名
27              fileInput.read((char*) &num, sizeof(int));  // 读取下一组的电话
28          }
29      }
30      fileInput.close();              // 关闭文件
31
32      return 0;                       // 正常结束程序
33  }
```

执行结果如图15-7所示。

图 15-7

【程序解析】

第08行：创建文件对象用于从文件读取数据。

第11行：以二进制读取模式打开fileOutput.txt文件。

第21行：读取第一组的姓名。

第22行：读取第一组的电话。

第26行：读取下一组的姓名。

第27行：读取下一组的电话。

15.5.3　随机存取文件方式

文件存取的方式可分为顺序访问与随机存取。以顺序访问的方式处理文件数据时，必须从文件起始处按序向后查找，一直到指定位置才可以执行存取的操作。之前介绍的都属于顺序访问文件，这种文件的优点在于数据的长度不需要保持相同，能够以数据的实际长度进行存储，因此较节省空间。

当数据大小固定时，可以通过计算直接跳到文件中某笔数据所在的位置进行存取，这种文件被称为随机存取文件。也就是说，在文件存取过程中，因为之前是以固定长度的存储空间保存每一笔数据的，所以每一笔数据都可以用一个索引值进行标记（类似于数组），通过索引值就可以计算出对应数据存储的位置，也就是通过索引值跳到某笔数据直接进行存取。

C++的数据流类通过ifstream类和ofstream类的成员函数来支持文件的随机存取，如表15-5和表15-6所示。

表 15-5　ifstream 类的成员函数

Ifstream类的成员函数	说　　明
seekp(pos)	设置文件的写入（put）位置为文件起始处后第pos字节

（续表）

lfstream类的成员函数	说　　明
seekp(pos, seek_dir)	设置文件的写入（put）位置为特定位置seek_dir后第pos字节
pos = tellp()	获取文件当前的写入位置

表 15-6　ofstream 类的成员函数

ofstream类的成员函数	说　　明
seekg(pos)	设置文件的读取（get）位置为文件起始处后第pos字节
seekg(pos, seek_dir)	设置文件的读取（get）位置为特定位置seek_dir后第pos字节
pos = tellg()	获取文件当前的读取位置

另外，seek_dir特定位置（Seeking Direction）为三个定义在ios类中的常数，如表15-7所示。

表 15-7　seek_dir 特定位置的常数

特定位置的常数	说　　明
beg	文件的起始（beginning）位置
cur	文件的当前（current）位置
end	文件的结束（end）位置

【范例程序：CH15_06.cpp】

本范例程序示范通过移动文件指针与对象的数据结构来读取text2.txt文件中的数据。

```
01   #include <iostream>        // 包含<iostream>头文件
02   #include <fstream>         // 包含<fstream>头文件
03
04   using namespace std;       // 指定使用C++标准库（Standard Library）的命名空间
05
06   class NOTE                 // 定义NOTE类
07   {
08     protected:               // 受保护的成员
09       char str[8];           // 存储姓名
10       int num;               // 存储电话号码
11     public:                  // 公有的成员
12       void ShowNote()        // 公有的成员函数
13       {
14           cout<<"姓名："<<str<<endl;
15           cout<<"电话："<<num<<endl;
16       }
17   };
18
19   int main()
20   {
21       int n;
22       ifstream fileInput;                          // 创建文件对象用于从文件中读取数据
23       fileInput.open("text2.txt", ios::binary | ios::in);    // 以二进制读取模式打开
     fileOutput.txt文件
24       if(!fileInput.is_open())                     // 检查文件是否成功打开
25       {
26           cout<<"文件打开错误！"<<endl;            // 打开文件有误，输出提示信息（报错）
27           return 1;                                // 不正常地结束程序
```

```
28          }
29      else
30      {
31          NOTE myNOTE;                              // 创建类NOTE的对象myNOTE
32          int noteLength=sizeof(myNOTE);   // 获取myNOTE对象数据的长度，即占用存储空间的大小
33          fileInput.seekg(0, ios::end);      // 把文件指针移至文件末尾
34
35          cout<<"请问要读取第几笔数据？ ";
36          cin>>n;
37
38          fileInput.seekg((n-1) * noteLength, ios::beg);      // 移至第n笔数据所在的位置
39          fileInput.read((char*) &myNOTE, noteLength);        // 读取第n笔数据
40          cout<<"第 "<<n<<" 笔数据如下： "<<endl;
41          myNOTE.ShowNote();                        // 显示读取的数据
42          cout<<"数据输出完毕…"<<endl;
43      }
44      fileInput.close();                            // 关闭文件
45
46      return 0;                                     // 正常结束程序
47  }
```

执行结果如图15-8所示。

图 15-8

【程序解析】

第23行：以二进制读取模式打开fileOutput.txt文件。

第31行：创建类NOTE的对象myNOTE。

第32行：获取myNOTE对象数据的长度，即占用存储空间的大小。

第38行：移至第n笔数据所在的位置。

第39行：读取第n笔数据。

15.6 上机编程实践

（1）请设计一个C++程序，调用put()函数将文字数据写入文件中，最后使用Windows的记事本来打开这个文件。

解答▶ 可参考范例程序ex15_01.cpp。

（2）请设计一个C++程序，把三个人的姓名与电话号码以类对象的结构按序写入二进制文件中。

解答▶ 可参考范例程序ex15_02.cpp。

（3）请设计一个C++程序，从text3.txt二进制文件中读取一整个对象的结构，并将其内容输出至屏幕上。

解答▶ 可参考范例程序ex15_03.cpp。

（4）请设计一个C++程序，在fileOutput.txt文件末尾加入新的数据，最后使用Windows的记事本来打开这个文件。

解答▶ 可参考范例程序ex15_04.cpp。

（5）编写一个C++程序，将中文文字写入一个文件中，并加上编码信息，中文文字的GB2312编码为0xB0A1~0xF7FE。

解答▶ 可参考范例程序ex15_05.cpp。

（6）请设计一个C++程序，调用put()函数与write()函数将文字数据写入文件中。

解答▶ 可参考范例程序ex15_06.cpp。

 **本章习题**

问答与实践题（参考答案见附录A）

（1）什么是文本文件？什么是二进制文件？

（2）创建文件对象后就可以调用fstream类中的open成员函数来打开文件，请问有哪两种打开方式？

（3）程序打开文件时可能会遇到不同的错误，该如何处理？

（4）在C++中，要把数据写入文件该如何声明？

（5）C++提供了两个函数读取文件的内容：get()与getline()，请简述它们的作用。

（6）二进制文件写入的方式不同于文本文件，请问二进制文件写入语句的语法是什么？

（7）C++的数据流类通过ifstream类和ofstream类的哪些成员函数支持随机存取功能，请加以说明。

（8）数据流从建立到结束有哪些步骤？

（9）请说明随机存取与随机存取文件的作用。

（10）C++文件的输入/输出管理必须先包含<fstream>头文件，fstream中有3个类可供文件存取，请简述。

（11）二进制文件的优点有哪些？

（12）C++的文件输入/输出函数与基本输入/输出函数有什么不同？

（13）试编写一组程序代码来打开a.txt文件。如果该文件不存在，会出现什么情况？

（14）seekg()函数的seek_dir特定位置常数有哪3种？

第 16 章

异常处理与模板

16

我们在编写应用程序的过程中，通常会遇到一些错误，最常见的处理方法是将处理错误的程序代码分散在整个系统中不同的位置，并对预期会发生的错误加以处理。异常处理也被称为错误处理功能，主要就是处理程序运行时（Runtime）所发生的错误（见图16-1）。在C++的语法中添加了异常处理机制（Exception Handling），目的是让程序设计人员在编写程序时专注于程序逻辑的安排，至于程序运行时可能发生的错误，可以在特定的区域加以处理或排除。

图 16-1

16.1　异常处理的基本认识

一般来说，最常见到的异常处理情况就是：除数为零、数组下标越界、溢出（Overflow）、无效的函数参数，以及当我们使用new时无法获取内存等。C++针对异常情况的处理是将程序代码的主控制权转移至负责处理异常(错误)的程序代码，好处是可以提高程序代码的可读性和可维护性。不过，并不是所有的错误都要通过捕捉异常的方式来处理，因为在某些情况下，频繁地借助处理异常的程序代码来处理错误会降低程序执行的效率。

16.1.1　简单的异常处理结构

在C++中，当程序发生错误时，有时会出现令人意外的信息。这时我们会希望所出现的报错信息能够以中文的信息显示并被及时处理，要完成这类工作，我们必须能够"捕捉"到所发生的异常。

当程序发生错误而又无法处理时，此程序会在错误发生点"抛"出一个异常，此时如果程序中包含处理异常情况的程序代码区块，系统就会捕捉到这个异常并加以处理。

所谓的处理异常情况程序代码区块就是由try和catch所组成的程序代码区块。try和catch结构就是用来捕捉和处理异常的，语法如下：

```
try
{
    // 可能出现错误的程序代码内容
}
catch(发生异常的错误类型 p1)
{
    // 处理异常
}
catch(发生异常的错误类型 p2)
{
    // 处理异常
}
```

16.1.2　try 语句

在try区块中，通常后面会跟着一个或多个catch区块，在每一个catch区块中都会指定它所能处理错误的数据类型与用来识别的参数（例如p1和p2）。每一个catch区块中都包含一段处理异常的程序代码，当在try区块内的程序代码发生错误时，系统会在错误发生点抛出一个异常，当所抛出的异常匹配其中某一个catch异常区块的参数类型时，系统就会执行那个catch区块内的程序代码。

如果所抛出的异常不能匹配任何一个catch异常区块的参数类型，就会跳过所有的catch区块，直接将控制权转移至最后一个catch区块之后的程序代码来继续执行程序。另外，当发生异常时，我们使用throw关键字将异常抛出，而throw关键字后面可以接受任何类型的操作数，包括基本类型的变量、字符串或类所创建的对象，如下所示：

```
try
{
    if(条件判断表达式)
        throw 变量或常数值;      // 抛出异常情况
}
catch(数据类型 变量名称)
{
    // 异常情况处理程序语句
}
catch(数据类型 变量名称)
{
    // 异常情况处理程序语句
}
...
```

【范例程序：CH16_01.cpp】

本范例程序使用try…catch结构来捕捉除数为零时的异常，若除数为0，则执行throw 1，并使用一个catch区块来处理这个异常。

```
01  #include<iostream>
02  using namespace std;
03
04  int main()
05  {
```

```
06      cout<<"==异常处理的范例==\n";
07      // 使用try…catch来捕捉异常
08      try
09      {
10          int n1;
11          cout<<"请输入除数：";
12          cin>>n1;                        // 输入除数值
13          if (n1==0)
14              throw 1;                    // 若除数为0，则抛出一个异常
15          cout<<"没有捕捉到异常"<<endl;      // 当捕捉到异常时，此行语句并不会执行
16      }
17      catch(int i)                        // 找到匹配的catch区块处理对应的异常类型
18      {
19          cout<<"捕捉到除数为0的异常。"<<endl;
20      }
21      cout<<"结束程序的执行。"<<endl;          // 提示已到程序代码的末尾
22
23      return 0;
24  }
```

执行结果如图16-2所示。

图 16-2

【程序解析】

第13、14行：判断输入的值是否为0。假如输入的值为0，则使用关键字throw抛出一个异常，并指定此异常的类型为整数类型。接着系统会将控制权直接转移至第17行的程序代码。

第15行：当没有抛出异常时，此行的程序代码才会执行。

第17~20行：找到匹配的catch区块处理对应的异常类型。

16.1.3　catch 区块重载

如果在try区块中所抛出的类型异常不止一种，也就是跟着多个catch区块，则称为catch区块的重载。补充说明一点，catch区块所处理的异常情况必须定义于一对花括号"{}"内，一个try区块可以对应多个catch区块，但先决条件是try区块与catch区块作为try…catch结构的一个整体，它们之间不能插入其他语句。

【范例程序：CH16_02.cpp】

本范例程序使用两个catch区块来处理所输入数值的异常情况，并分别使用整数类型与浮点数类型来判断。

```
01  #include<iostream>
02
03  using namespace std;
```

```
04
05  int main()
06  {
07      int num;                    // 声明一个整数变量num
08
09      try                         // 最内层的try…catch区块
10      {
11          cout<<"输入一个值: ";
12          cin>>num;
13          // 判断变量num的值是否大于0且小于10
14          if ((num > 0) && (num < 10))
15          {
16              throw 1;            // 当变量num的值大于0且小于10时, 抛出一个类型为整数的异常
17          }
18          // 判断变量num的值是否大于10且小于20
19          if ((num > 10) && (num < 20))
20          {
21              throw 0.99;         // 当变量num的值大于10且小于20时, 抛出一个类型为浮点数的异常
22          }
23      }
24      catch(int ex1)              // 捕捉类型为整数的异常
25      {
26          cout<<"执行类型为整数的异常。"<<endl;
27      }
28      catch(double ex2)           // 捕捉类型为浮点数的异常
29      {
30          cout<<"执行类型为浮点数的异常。"<<endl;
31      }
32      cout<<"程序将要结束执行。"<<endl;
33
34      return 0;
35  }
```

执行结果如图16-3所示。

图 16-3

【程序解析】

第14~17行：当变量num的值大于0且小于10时，抛出一个类型为整数的异常。

第19~22行：当变量num的值大于10且小于20时，抛出一个类型为浮点数的异常。

第24行：捕捉类型为整数的异常。

第28行：捕捉类型为浮点数的异常。

16.1.4 嵌套 try…catch 区块

当异常发生时，在try区块内所抛出的异常通常是由最靠近的catch异常处理程序区块来捕捉的，当异常被抛出之后，也会执行一些相关的操作。首先它会创建一份所抛出异常对象的副本，并给它

设置初始值。接着此对象会将异常处理区块内的参数设置为初始值，当异常处理区块执行完毕之后，系统就会将此对象的副本清除。

当异常被抛出时，程序的控制权会从当前的try区块离开，然后将控制权交付给在try区块之后某一个匹配类型的catch异常处理程序区块（假如存在的话）。

嵌套try…catch区块的定义方式为，在try区块内再定义一组try区块（一组代表至少有一个try区块对应一个catch区块），如下所示：

```
try
{
    try
    {
        // 可能发生错误的程序代码
    }
    catch(数据类型 变量名称)
    {
        // 异常情况处理区块
    }
}
catch(数据类型 变量名称)
{
    // 异常情况处理区块
}
```

在嵌套try…catch区块中，外层的catch区块负责外层try区块的异常捕捉，内层的catch区块负责内层try区块的异常捕捉，若内层的catch区块未能捕捉异常情况，则会交由外层catch区块来捕捉，若内外层catch区块皆未能捕捉异常，则该异常情况最后将交由标准函数库中的terminate()函数来处理。

【范例程序：CH16_03.cpp】

在本范例程序中，读者可以发现当在最内层的try区块中抛出一个异常且类型为整数时，其异常处理程序将会由最内层的catch区块来执行，注意在这种情况下，最外层的catch区块并不会执行。但是，如果异常发生在内层的try区块内并且其类型为字符则系统不会执行最内层的catch区块，而是会执行最外层的catch区块。

```
01    #include<iostream>
02
03    using namespace std;
04
05    int main()
06    {
07        int num;            // 声明一个整数变量num
08        try                 // 最外层的try…catch区块
09        {
10            try             //最内层的try…catch区块
11            {
12                cout<<"输入一个值："；
13                cin>>num;
14                // 判断变量num的值是否大于0且小于8
15                if ((num > 0) && (num < 8))
16                {
17                    throw 1;     // 当变量num的值大于0且小于8时，抛出一个类型为整数的异常
18                }
```

```
19                 // 判断变量num的值的平方和是否大于100
20             if (num*num>100)
21             {
22                 throw "平方和大于100"; // 当变量num的值的平方和大于100时，抛出一个类型为字符
      串的异常
23             }
24          }
25      catch(int ex1)                // 捕捉类型为整数的异常
26          {
27              cout<<"执行最内层的catch区块。"<<endl;
28          }
29      }
30      catch(const char *str)        // 捕捉类型为字符串的异常
31      {
32          cout<<"执行最外层的catch区块。"<<str<<endl;
33      }
34      cout<<"程序将要结束执行。"<<endl;
35
36      return 0;
37  }
```

执行结果如图16-4所示。

图 16-4

【程序解析】

第15~18行：当变量num的值大于0且小于8时，抛出一个类型为整数的异常。

第20~23行：当变量num的值的平方和大于100时，抛出一个类型为字符串的异常。

第25行：捕捉类型为整数的异常。

第30行：捕捉类型为字符串的异常。

16.1.5　一次捕捉所有异常

如果我们不希望在程序执行时所发生的异常因为找不到匹配的catch区块来处理而导致当前正在执行的程序中断，那么可以使用C++提供的一项不错的功能，一次将所有发生的异常都捕捉到。具体方法是在try区块之后使用"catch(…)"，语法如下：

```
catch(...) {
// 处理所有发生的异常
}
```

【范例程序：CH16_04.cpp】

本范例程序使用catch(…)来捕捉所有的异常情况，不论在try区块内抛出几种异常类型，都可以一次将所有发生的异常捕捉到。

```
01    #include<iostream>
02
03    using namespace std;
04
05    int main()
06    {
07        int num;  // 声明整数变量num
08        cout<<"输入num的值："；
09        cin>>num; // 输入变量num的值
10        try
11        {
12            // 假如变量num的值大于10而小于20，就抛出一个整数类型的异常
13            if ((num > 10) && (num < 20))
14            {
15                throw 1;
16            }
17            // 假如变量num的值小于10，就抛出一个字符类型的异常
18            if (num < 10)
19            {
20                throw '*';
21            }
22        }
23
24        catch(…) // 捕捉所有的异常
25        {
26            cout<<"当前是由catch(…)捕捉到异常。"<<endl;
27        }
28
29        return 0;
30    }
```

执行结果如图16-5所示。

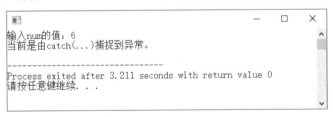

图 16-5

【程序解析】

第13~16行：假如变量num的值大于10而小于20，就抛出一个整数类型的异常。

第18~21行：假如变量num的值小于10，就抛出一个字符类型的异常。

第24~27行：捕捉所有的异常。

16.1.6　重新抛出异常

当我们需要将某些资源释放给其他人来处理异常，或者某个catch区块无法处理所捕捉到的异常时，就必须重新抛出异常。重新抛出异常，只执行一个不带自变量的throw语句即可，如下所示：

```
throw;
```

例如：

```
catch(···)
{
    cout << "an exception was thrown" << endl;
    // 在此将所分配的资源释放并重新抛出异常
throw;
}
```

请注意，当我们在try区块内任何一个catch区块中执行throw语句时，在throw语句之后的所有catch区块将不会执行，而是交给更外一层的catch区块来处理。

【范例程序：CH16_05.cpp】

本范例程序示范当在函数throwex()内的第一个try区块中抛出一个标准链接库类exception的异常（对象）时，这个异常将会被第二个catch区块捕捉到，显示"当前异常控制权在函数throwex的第二层try区块中。"的信息并重新抛出一个异常。一旦执行throw语句，控制权将转移至最外层的try区块（也就是第一个try区块），并由最外层也就是第一层的catch捕捉到，然后显示"第一层try区块，捕捉所有的异常。"的信息。

```
01  #include<iostream>
02
03  using namespace std;
04
05  void throwex()
06  {
07    try                         // 外层的try区块
08    {
09       try {                    // 内层的try区块
10          throw exception();    // 抛出一个异常
11       }
12       catch(exception e)       // 捕捉异常
13       {
14          cout<<"当前异常控制权在函数throwex()的第二层try区块中。"<<endl;
15          throw;                // 重新抛出一个异常
16       }
17     }
18    catch(···)                  // 捕捉所有的异常
19    {
20       cout<<"第一层try区块，捕捉所有的异常。"<<endl;
21    }
22  }
23
24  int main()
25  {
26    try {
27       throwex();                   // 调用函数throwex()
28       cout<<"在函数main()内的try区块。"<<endl;
29    }
30    catch(exception e)          // 捕捉异常
31    {
32       cout<<"当前异常控制权在主函数main()中。"<<endl;
33    }
34    cout<<"程序将要结束执行。"<<endl;
```

```
35
36    return 0;
37 }
```

执行结果如图16-6所示。

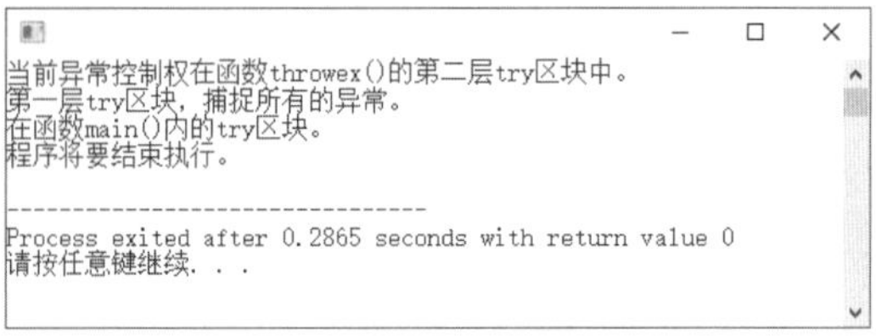

图 16-6

【程序解析】

第05~22行：定义函数throwex()。

第10行：抛出一个标准链接库类exception的异常（对象）。

第15行：重新抛出一个异常。

第31~34行：由于外层的try区块并没有抛出异常，因此并不会执行第31~34行的程序代码。

16.2　认识模板功能

模板（Template）如同日常生活中所使用的一个模具，将原料送进模具后，即可产生由这种原料组成的成品，假如还要产生不同原料的成品，只要再放入不同的原料即可。模板提供了参数化类型（Parameterized Type）的功能，这个功能的最大作用在于将函数或类中通用的类型视为一种参数，当使用模板创建函数或类时，只需将特定的数据类型（如int或float）代入即可产生该特定类型的函数或类，所以模板的设计概念也被称为泛型程序设计或泛型编程（Generic Programming）。

16.2.1　模板分类

在C++语言中，模板有两种，分别为函数模板（Function Template）与类模板（Class Template）。不论是函数模板还是类模板的设计，都是把相同程序代码的函数集中编写在一起，对于函数模板或类模板中的数据类型部分，则以模板形式参数（Template Formal Parameter）来替代。当程序调用函数模板或类模板时，会根据传递参数的数据类型把模板形式参数替换成该参数的数据类型，以创建此函数模板或类的程序实例（Instance）。

16.2.2　函数模板

函数重载（Function Overloading）的优点是可定义多个功能相同但参数行不同的同名称函数，缺点是仍然需要在各个重载函数中编写相似的程序代码。例如在下面的范例程序中使用函数重载来计算多项式func(n)=n*n+3*n+5的值，其中n可为整数或浮点数。

```
int func(int n)                      // 参数类型是int类型的func函数
{
    int result;                      // 声明int类型的变量result
    result = n * n + 3 * n + 5;      // 执行n*n+3*n+5运算并将结果赋给result
```

```
    return result;                          // 返回运算后的结果result
}
float func(float n)                         // 参数类型是float类型的func函数
{
    float result;                           // 声明float类型的变量result
    result = n * n + 3 * n + 5;             // 执行n*n+3*n+5运算并将结果赋给result
    return result;                          // 返回运算后的结果result
}
```

从上面程序中的两个func函数可以发现除了函数的参数类型与返回类型不同外，程序代码几乎完全相同，这是函数重载美中不足的地方。因此，对于这种只有数据类型不同，但却具有相似程序代码的函数，可以采用函数模板的方式来改写。也就是说，如果使用函数模板，只需要编写一个程序模块，就可以实现执行不同数据类型参数的各种同名函数的功能。

C++中的函数模板实际上就是一种程序模块，一旦定义后，在函数调用期间，编译器会根据函数的参数类型来产生相对应的函数实现代码，进而调用该函数的实现代码来实现程序的具体功能，如图16-7所示。

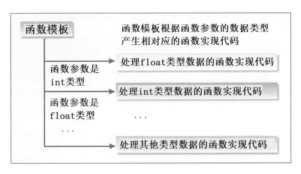

图 16-7

16.2.3　声明函数模板

函数模板可以用来定义通用的函数：先使用通用的数据类型定义此函数，再根据需要给定不同的数据类型，例如int、char或double等。也就是说，函树模板就是把具有相同程序代码的函数集中编写成一个函数，并把各个函数不同数据类型的部分改以模板形式参数来替代，即通过传递不同数据类型的参数来定义具体的函数。函数模板声明和定义的语法如下：

```
template <class 模板形式参数1, class 模板形式参数2,…>

返回值的数据类型 函数名称(参数1，参数2,…)
{
    // 程序语句
}
```

相关说明如下：

（1）template是C++语言的关键字，用来声明该函数为函数模板。

（2）关键字class在这里并不是用来定义类的意思，而是用来声明模板形式参数。

（3）模板形式参数可以自行命名，命名规则与变量的命名规则相同。

（4）如果要在函数模板中定义多个模板形式参数，只需在每个模板形式参数间以逗号","分隔开即可。在进行函数调用时，可在参数行传递多个不同的数据类型。

了解了函数模板的声明和定义语法后，下面来编写一个完整的函数模板来取代16.2.2节的func
重载函数，示例代码如下：

```cpp
template<class T>

T func(T n)
{
    T result;
    result = n * n + 3 * n + 5;
    return result;
}
```

【范例程序：CH16_06.cpp】

本范例程序使用模板函数来实现计算多项式func(n)=n*n+3*n+5的函数，让func()函数可根据不
同的数据类型实现相同的函数功能。通过这个简单的范例，我们可以初步体会到模板函数在程序编
写上的弹性，从而避免函数重载时必须重复编写相同程序代码的缺点。

```cpp
01   #include <iostream>
02
03   using namespace std;
04
05   template<class T>                        // 声明和定义func函数模板
06   T func(T n)
07   {
08       T result;                            // 声明result为T类型变量
09       result = n * n + 3 * n + 5;          // 计算n*n+3*n+5，并将结果赋给result
10       return result;                       // 返回计算后的结果result
11   }
12
13   int main()
14   {
15       cout<<"func(10) = ";
16       cout<<func(10)<<endl;                // 输出func(10)的计算结果
17       cout<<"func(12.5f) = ";
18       cout<<func(12.5f)<<endl;             // 输出func(12.5f)的计算结果
19
20       return 0;
21   }
```

执行结果如图16-8所示。

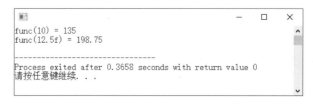

图 16-8

【程序解析】

第05~11行：定义和声明func函数模板，该模板的功能是计算n*n+3*n+5，返回计算后的结果，
并且参数的类型与函数返回值的类型相同。

第16、18行：第16行输出func(10)的计算结果，即135，而第18行输出func(12.5f)的计算结果，即198.75。

16.2.4　非类型参数的函数模板

非类型参数（Nontype Parameter）表示在函数模板的参数行中含有基本数据类型（如int、float等）。定义如下：

```
template <class 模板参数1, 基本数据类型 模板参数2,…>
返回值的类型 函数名称(参数)
{
    // 程序语句
}
```

非类型参数又可称为固定类型的参数，它们可以是int或long等数据类型，此类参数的作用在于传递参数给函数而不会变更它的数据类型。以下举出两个模板参数行的示例：

```
<class T1, class T2>         // 有两个类型参数的参数行
<class myType,int num>       // 有一个类型参数与一个非类型参数的参数行
```

参考下面的示例程序代码，array_size已经定义为int类型，调用show()函数时只要指定另一个参数arrayType的数据类型即可：

```
emplate <class arrayType, int array_size>

void show(arrayType  (&array)[array_size])
{
    int i;
    cout<<"array_size = "<<array_size<<endl;
    for(i=0; i<array_size; i++)
    {
        cout<<"array["<<i<<"]="<<array[i]<<"\t";
    }
    cout<<endl;
}
```

【范例程序：CH16_07.cpp】

本范例程序示范实现非类型参数的函数模板，其中声明和定义了函数模板showArray，它的array_size定义为整数类型，所以可以直接用于showArray参数行。

```
01   #include <iostream>
02
03   using namespace std;
04
05   template <class arrayType,int array_size>     // 声明和定义包含非类型参数的函数模板
06   void showArray(arrayType (&array)[array_size]) // 不需要加数据类型
07   {
08       int i;
09       cout<<"template非类型参数: "<<endl;
10       cout<<"array_size="<<array_size<<endl<<endl;
11       for(i=0; i<array_size; i++)
12       {
13           cout<<"array["<<i<<"]="<<array[i]<<endl;    // 输出数组元素的内容
14       }
```

```
15      cout<<endl;
16  }
17  int main()
18  {
19      int a[]={20,23,56,77,88};           // 声明整数数组
20      showArray(a);                       // 调用模板的函数
21
22      return 0;
23  }
```

执行结果如图16-9所示。

图 16-9

【程序解析】

第05行：声明和定义包含非类型参数的函数模板。

第06行：不需要加数据类型，直接加变量名称。

第13行：输出数组元素的内容。

16.3　类模板

在设计类时，也会遇到以相同程序代码处理不同类型数据的问题。因此，模板的概念也可以应用于类，而且通常应用于容器类（Container Class），例如堆栈、队列、数组、链表等，套用模板之后，这些类就可以包含多种数据类型，而不需要再重复定义同样的类。

16.3.1　声明类模板

在设计类时，将数据类型以模板参数取代，在使用时再指定数据类型，这个类被称为类模板（Class Template）。在程序中，将会根据创建对象时所指定的数据类型来产生适用于该数据类型的类。类模板声明和定义的语法如下：

```
template <class 模板形式参数1, class 模板形式参数2,…>
class 类名称
{
    // 程序语句
};
```

类模板声明和定义的语法与函数模板声明和定义的语法类似，而声明的模板形式参数可用于类内的成员数据与成员函数。另外，若类成员函数定义在类外部，则必须附加对应的类模板声明与范围解析运算符"::"，语法如下：

```
template <class 模板形式参数>
class 类名称
{
    模板参数 函数名称();
}
template <class 模板形式参数,…>
返回值类型 类名称<模板参数>::函数名称()
{
    // 程序语句
}
```

声明和定义好类模板后，就可以用类模板来创建对象了，语法如下：

```
类名称<数据类型> 对象名称;   // 创建对象
```

或

```
类名称<数据类型> 对象名称();     // 此对象名称为对象及构造函数的合并声明
```

需要注意的是，上述类模板对象的类型声明必须在类名称后加上数据类型，并用尖括号"<>"括起来，意思是指定模板参数的数据类型，示例如下：

```
function<int> func1(10);
function<float> func2(9.8);
function<char> func3('z');
```

从上述程序代码可知，由于类模板会在声明对象时通过传递的数据类型来替换类中的模板形式参数，因此使用类模板来处理数据，设计程序时将更有弹性。

【范例程序：CH16_08.cpp】

本范例程序将简单实现一个类模板，不同的数据类型将使成员函数产生不同的运行结果。

```
01   #include <iostream>
02
03   using namespace std;
04
05   template <class type>
06   class function                       // 定义模板类
07   {
08     private:
09       type y;
10     public:
11       function(type x) {y=x;}          // 代入模板形式参数
12       void show()
13       {
14           cout<<"y = "<<y<<endl;
15       }
16   };
17
18   int main()
19   {
20       function<int> func1(10);         // 对象名称与对象及构造函数的合并声明
21       func1.show();
22       function<float> func2(9.8);      // 对象名称与对象及构造函数的合并声明
23       func2.show();
24       function<char> func3('z');       // 对象名称与对象及构造函数的合并声明
```

```
25      func3.show();
26
27      return 0;
28  }
```

执行结果如图16-10所示。

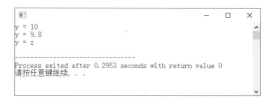

图 16-10

【程序解析】

第06~16行：定义类模板。

第11行：代入模板形式参数。

第20、22、24行：对象名称与对象及构造函数
的合并声明。

注意，类模板成员函数定义在类模板之外时，就必须要加上数据类型，并在类名称之后加上
<模板形式参数>，这样才能表示它是类模板的成员函数。

16.3.2 堆栈类模板

堆栈（Stack）结构在计算机领域的应用相当广泛，时常被用来解决计算机领域中的各种问题，
例如前面谈到的递归调用、子程序的调用。堆栈的应用在日常生活中也随处可见，如大楼电梯、货
架的货品等都类似于堆栈的数据结构原理。从数据结构（Data Structure）的视角来看，堆栈的特性
为后进先出（Last In First Out，LIFO）。堆栈是一种抽象数据类型，具有下列特性：

（1）只能从堆栈的顶端存取数据。

（2）数据的存取遵循后进先出的原则。

堆栈的后进先出的概念其实就如同吃自助餐时餐盘
在桌面上一个一个叠放，在取用时先拿最上面的餐盘，
如图16-11所示，这是典型的堆栈概念的应用。

将堆栈的特性采用类模板来设计，则在程序中可以
根据传递数据类型的不同来产生该数据类型的堆栈实现
代码。

图 16-11

在堆栈的数据结构中，将每一个元素放入堆栈顶端，称为压入（push），而从堆栈顶端取出元
素，则称为弹出（pop）。堆栈压入和弹出的操作过程如图16-12和图16-13所示。

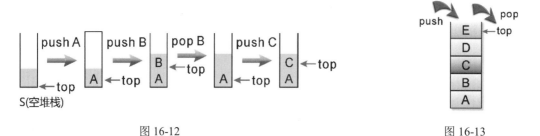

图 16-12

图 16-13

堆栈具有5种基本运算，如表16-1所示。

表 16-1　堆栈的 5 种基本操作

基本操作	说　　　明
Create	创建一个空堆栈
Push	把数据压入堆栈顶端，并返回新堆栈
Pop	从堆栈顶端弹出数据，并返回新堆栈
Empty	判断堆栈是否为空堆栈，是则返回true，否则返回false
Full	判断堆栈是否已满，是则返回true，否则返回false

【范例程序：CH16_09.cpp】

　　本范例程序中的类模板MyStack将以堆栈数据结构的方式来存储所输入的不同类型的数据。对于类中的成员函数，只要是与输入数据类型有关的部分（如push()函数与pop()函数的参数），都使用模板形式参数取代。如此一来，若要在程序中建立不同数据类型的堆栈，则只需在创建对象时指定数据类型即可。

```
01   #include <iostream>
02   using namespace std;
03
04   // 把类模板的类型参数Type默认指定为int类型，把非类型参数的类型定义为int，默认值为5
05   template <class Type = int, int size = 5>
06   class Stack                      // 定义类模板
07   {
08     private:
09       Type st[size];               // 声明一个数组作为堆栈的存储空间
10       int top;                     // 指向堆栈顶端的游标
11     public:
12       Stack()
13       {
14           top = -1;
15       }
16       void push(Type data);        // 将数据压入堆栈
17       Type pop();                  // 将数据从堆栈弹出
18   };
19   template < class Type, int size >
20   void Stack< Type, size > :: push ( Type data )
21   {
22       st[ ++top ] = data;
23   }
24   template < class Type, int size >
25   Type Stack<Type, size> :: pop()
26   {
27       return st[ top-- ];
28   }
29
30   int main()
31   {
32       Stack<> stk_1;                  // 创建一个堆栈对象，并使用它的默认值
33       Stack<const char*, 4> stk_2;    // 创建一个堆栈对象，它的类型为字符串，大小为4
34       stk_1.push( 11 );
35       stk_1.push( 22 );
36       stk_1.push( 33 );
37       cout << "stack_1 [1] = " << stk_1.pop() << endl;
```

```
38        cout << "stack_1 [2] = " << stk_1.pop() << endl;
39        cout << "stack_1 [3] = " << stk_1.pop() << endl;
40        cout << endl;
41        stk_2.push( "第一名" );
42        stk_2.push( "第二名" );
43        stk_2.push( "第三名" );
44        cout << "stack_2 [1] = " << stk_2.pop() << endl;
45        cout << "stack_2 [2] = " << stk_2.pop() << endl;
46        cout << "stack_2 [3] = " << stk_2.pop() << endl;
47        cout << endl;
48
49        return 0;
50    }
```

执行结果如图16-14所示。

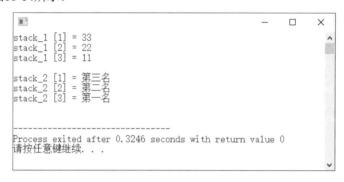

图 16-14

【程序解析】

第05行：把类模板的类型参数Type默认指定为int类型，把非类型参数的类型定义为int，默认值为5。

第09行：声明一个数组作为堆栈的存储空间，它的数据类型为Type，大小为size。

第16行：声明成员函数push()，该函数用于将数据压入堆栈。

第17行：声明成员函数pop()，该函数用于将数据从堆栈弹出。

第20~23行：定义成员函数push()，必须加上模板类的声明以及范围运算符"::"。

第32行：创建一个堆栈对象，并使用它的默认值。

第33行：创建一个堆栈对象，它的类型为字符串，大小为4。

16.3.3　非类型参数的类模板

在声明类模板时，除了声明用来替换数据类型的模板形式参数外，也可以同时声明非类型的模板参数，如整数、浮点数、字符、字符串等，其作用是可以在定义对象时指定类中的常数值。当使用非类型参数来定义类模板时，可指定固定大小的类模板，就像指定数组元素的个数一样（指定数组的大小）。

在前面的范例程序CH16_09.cpp的类模板MyStack声明中，可通过非类型模板形式参数来指定类模板MyStack内数组元素的个数，示例语句如下：

```
template <class T, int N>
class MyStack
{
  private:
    T Sdata[N];
    int sp;
  public:
    ...

}
```

基于上面修改过的MyStack类模板，可以在声明对象时指定该类所拥有的堆栈空间，示例如下：

```
MyStack<int, 10> iStack;
// int数据类型的堆栈，可存放的堆栈空间为10个元素
MyStack<double, 3> dStack;
// double数据类型的堆栈，可存放的堆栈空间为3个元素
```

【范例程序：CH16_10.cpp】

本范例程序在声明对象时，除了指定此对象的数据类型外，也可通过常数值的传递同时指定对象内的数组元素个数与堆栈空间，然后计算所有元素的总和。

```
01    #include <iostream>              // 包含头文件 <iostream>
02
03    using namespace std;
04
05    template <class T, int N>        // 声明模板形式参数T，非类型的模板参数N
06    class CalAdd                      // 定义类模板CalAdd
07    {
08      private:
09        T Total;                      // 定义模板形式参数T的变量Total
10        T Num[N];                     // 定义模板形式参数T的数组Num[]
11
12      public:
13        CalAdd() { Total=0; }         // CalAdd类的构造函数
14        void InNum();
15        void AddNum();
16        void ShowResult();
17    };
18
19    template <class T, int N> void CalAdd<T, N> :: InNum()      // 成员函数InNum()
20    {  // 将输入的数据存入数组Num[]中
21        for (int count=0; count < N; count++)
22        {
23          cout << "输入数据：";
24      cin >> Num[count];
25        }
26    }
27
28    template <class T, int N> void CalAdd<T, N> :: AddNum()      // 成员函数AddNum()
29    {  // 计算数组Num[]中元素值的总和
30      for (int count=0; count < N; count++)
31          Total+=Num[count];
32    }
33
34    template <class T, int N>
```

```
35    void CalAdd<T, N> :: ShowResult()                  // 成员函数ShowResult()
36    {   // 显示计算结果
37        AddNum();
38        for (int count=0; count < N; count++)
39        {
40            cout << Num[count];
41            if ( count < (N-1) ) cout << " + ";
42        }
43        cout << " = " << Total << endl;
44    }
45
46    int main()
47    {
48        CalAdd<int, 4> iCal;                            // 使用模板类CalAdd创建int数据类型对象iCal
49        CalAdd<double, 5> dCal;                         // 使用模板类CalAdd创建double数据类型对象dCal
50
51        cout << "<计算4个int数据类型数据的总和>" << endl;
52        iCal.InNum();
53        iCal.ShowResult();                              // 显示计算结果
54
55        cout << "<计算5个double数据类型数据的总和>" << endl;
56        dCal.InNum();
57        dCal.ShowResult();                              // 显示计算结果
58
59        return 0;
60    }
```

执行结果如图16-15所示。

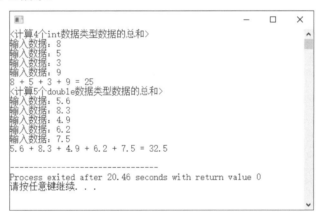

图 16-15

【程序解析】

第06~17行：声明模板类CalAdd，包含模板形式参数T，数据类型固定参数N。这样在创建对象时，可以同时指定该对象的数组元素的个数。

第30、31行：计算数组Num[]中元素值的总和。

第48行：使用模板类CalAdd创建int数据类型对象iCal，且数组的元素个数为4。

第49行：使用模板类CalAdd创建double数据类型对象dCal，且数组的元素个数为5。

第53、57行：分别显示计算结果。

16.4　上机编程实践

（1）请设计一个C++程序，包括一个模板函数Cal_Num( )，允许传入两个不同数据类型的参数进行四则运算。

解答▶ 可参考范例程序ex16_01.cpp。

（2）请设计一个C++程序，使用范围解析运算符"::"将类成员函数定义在类模板之外，设置立方体的长、宽、高，最后计算立方体的体积。

解答▶ 可参考范例程序ex16_02.cpp。

（3）请设计一个C++程序，使用函数模板的方式求出不同数据类型的数组的元素值总和。

```
int i_ray[5]={ 10, 20, 30, 40, 50 };
double d_ray[5]={ 40.5, 33.44, 57.65, 89.77, 99.0 };
```

解答▶ 可参考范例程序ex16_03.cpp。

（4）请设计一个C++程序，实现类模板Circle，并可通过在创建对象时所指定的数据类型来建立对应的函数，用于计算圆的面积及圆的周长。

解答▶ 可参考范例程序ex16_04.cpp。

（5）请设计一个C++程序，使用类模板创建对象来输出所要显示的不同类型的数据。

解答▶ 可参考范例程序ex16_05.cpp。

（6）请设计一个C++程序，使用类模板来实现一个链表，链表类会将所有节点链接起来。

解答▶ 可参考范例程序ex16_06.cpp。

（7）请设计一个C++程序，使用非类型参数的类模板，可以在创建对象时同时指定对象内数组元素的个数，并计算数组所有元素的总和。

解答▶ 可参考范例程序ex16_07.cpp。

（8）请设计一个C++程序，其中定义模板函数Cal_Num()，允许传入两个不同数据类型的参数进行四则运算。

解答▶ 可参考范例程序ex16_08.cpp。

 **本章习题**

问答与实践题（参考答案见附录A）

（1）例如定义函数模板sum如下：

```
template<class T>
T sum(T n1,T n2)
{
    return n1 + n2;
}
```

请问以下程序代码有什么错误？

```
int main()
{
    int ret1 = sum(10.2f,20);
    cout<<ret1<<endl;
}
```

（2）当异常被抛出时，程序的控制权会如何转移？

（3）试简述一次捕捉所有异常的方法。

（4）试简述泛型程序设计。

（5）请写出类模板声明的语法。

（6）为什么派生类所继承的基类后面需要加"<数据类型>"？

（7）请举例说明模板函数的声明和定义语句。

（8）如果要设计3个int数据类型数值的平方和或3个double数据类型数值的平方和，以模板函数来设计，该函数的声明和定义的语法是怎样的？

（9）C++中最常见到的异常情况有哪些？

（10）一旦程序抛出异常，程序的控制权可以再回到原来的抛出位置吗？

（11）异常处理区块的排列顺序是否会影响如何处理某个异常？

（12）使用catch(…)来捕捉所有的异常，有什么优点和缺点？

（13）当我们使用new来分配易失性存储器而发生错误时，需要调用一个可以处理后续问题的函数，这个函数的工作有哪些？

（14）一个try区块可以对应多个catch区块，但是有什么先决条件？

（15）在嵌套try区块中，若内外层catch区块都未能捕捉到异常，该异常情况最后会如何处理？

（16）请说明非类型参数模板中的非类型参数有什么作用？

（17）类模板对象的类型声明必须在类名称后加上数据类型，并用尖括号"<>"括起来，它的作用是什么？

（18）下面为一个完整的程序，在编译时发生了错误，请修正错误以使该程序能顺利通过编译。

```
01 #include <iostream>
02 using namespace std;
03 template <class T>
04 class func
05 {
06   public:
07     T a;
08     T b;
09 };
10 //----- 类模板继承 -----//
11
12 class templ_func : public func
13 {
14   public:
15     void show();
16 };
17 //---------------------------
```

```
18 template <class T>
19 void templ_func<T>::show()
20 {
21     cout<<"这是类模板继承…"<<endl;
22 }
23 //---------------------------
24 int main()
25 {
26     // 类模板继承
27     templ_func<int> templ_obj;
28     templ_obj.show();
29     return 0;
30 }
```

（19）请回答下列问题是正确还是错误，如果错误请说明理由：

① 模板函数的友元函数必须是一个模板函数。

② 一个模板函数可将另一个模板函数用相同的函数名称加以重载。

第 17 章

大话标准模板函数库

所谓标准模板函数库（Standard Template Library，STL），可以看成是一些容器的集合，从本质上说它是C++标准库的一个重要组成部分，也是C++程序开发标准函数库的一部分，它包含容器（Container）、算法、仿函数（Functor）、迭代器等组件。因为标准模板函数库是用模板来实现的，所以适用于各种数据类型，可以为程序设计人员省下开发众多函数的大量时间，因为可以直接使用标准模板函数库提供的模板函数。本章将陆续介绍标准模板函数库的重要组件，并分门别类地介绍一些重要算法的原理及其主要特点。

容器是标准模板函数库最主要的组成部分，分为向量（Vector）、双端队列（Deque）、列表（List）、队列（Queue）、堆栈（Stack）、集合（Set）、多重集合（Multiset）、映射（Map）、多重映射（Multimap）等。仿函数又被称为函数对象（Function Object），也是标准模板函数库的组件之一，通过仿函数能拓展算法的功能，大部分算法都有仿函数的版本。迭代器（Iterator）是一种接口，主要用于在容器对象（Container，例如堆栈、队列）中遍历（Traverse）的对象。

本章中有些语法采用了最新标准，为了确保本章的所有程序都能正常编译和运行，请务必在使用编译器时加入"-std=c++11"命令。在Dev-C++中，若要确保编译时将"-std=c++11"标志传递给编译器，则必须在Dev-C++集成开发环境中依次选择"工具"→"编译选项"菜单选项，并在打开的窗口中勾选"编译时加入以下命令"复选框，如图17-1所示。

图 17-1

17.1　认识向量容器

向量容器（vector）的功能和数组的功能有点类似，我们可以把它看成一个动态数组，它的优点是在声明时不用确定容量的大小，还可以直接存取某一个索引值对应的内容值，不过它的缺点是在删除内部的某一笔数据时较不方便，因此效率相对不佳。下面是向量容器几种常见的基本功能：

- push_back：把一个值加到向量容器的后端。

- pop_back：从向量容器后端弹出一个值。
- size：获取向量容器当前的长度。
- []：获取向量容器某个位置的值（通过索引值来获得）。

【范例程序：vector1.cpp】

本范例程序实现存储float数据类型的向量容器，然后显示该容器的长度（大小）以及容器中每个位置所存储的浮点数。

```
01  #include <vector>
02  #include <iostream>
03  using namespace std;
04
05  int main(){
06      vector<float> vec;        // 创建存储float数据类型的向量容器
07
08      vec.push_back(1.2);
09      vec.push_back(1.4);
10      vec.push_back(1.8);
11
12      cout<< "容器长度 = "<<vec.size() <<endl;
13      for(int i=0 ; i<vec.size() ; i++){
14          cout<<vec[i] <<endl;
15      }
16  }
```

执行结果如图17-2所示。

图 17-2

【范例程序：vector2.cpp】

本范例程序实现在向量容器中存入5个3的倍数值后再逐一输出。

```
01  #include <vector>
02  #include <iostream>
03  using namespace std;
04
05  int main(){
06      vector<int> vec;
07
08      for(int i=0 ; i<5 ; i++){
09          vec.push_back(i * 3);
10      }
11
12      for(int i=0 ; i<vec.size() ; i++){
13          cout<<vec[i]<<" ";
```

```
14        }
15        cout<<endl;
16    }
```

执行结果如图17-3所示。

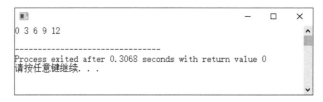

图 17-3

【范例程序：vector3.cpp】

本范例程序将0、2、4、6、8存入向量容器中，再移除向量容器后端的值两次，最后输出容器内剩下的整数。

```
01    #include <vector>
02    #include <iostream>
03    using namespace std;
04
05    int main(){
06        vector<int> vec;
07
08        for(int i=0 ; i<5 ; i++){
09            vec.push_back(i * 2);
10        }
11
12        vec.pop_back();      // 从容器中弹出8
13        vec.pop_back();      // 从容器中弹出6
14
15        for(int i=0 ; i<vec.size() ; i++){
16            cout<<vec[i] <<endl;
17        }
18    }
```

执行结果如图17-4所示。

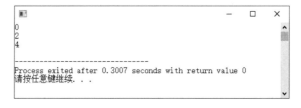

图 17-4

17.2　堆栈的实现

在第16章中我们提到过堆栈是一组相同数据类型数据的组合，对堆栈的所有操作均在堆栈的顶端进行，堆栈还具有后进先出（Last In First Out，LIFO）的特性。接下来我们将使用标准模板函数库中现成的函数来实现堆栈，不过要使用这些堆栈算法相关的函数，必须先包含"<stack>"头文件。

【范例程序：stack1.cpp】

本范例程序使用标准模板函数库所提供的push()、top()和pop()函数来示范数据入栈和出栈的操作。

```cpp
01   #include <stack>
02   #include <iostream>
03
04   using namespace std;
05
06   int main(){
07      stack<int> s;
08
09      s.push(99);
10      s.push(52);
11      s.push(95);
12    s.push(87);
13      s.push(66);
14      cout<<s.top() <<endl;
15      s.pop();
16      cout<<s.top() <<endl;
17   }
```

执行结果如图17-5所示。

图 17-5

【范例程序：stack2.cpp】

本范例程序把0~50（不含50）中5的倍数压入堆栈，接着将堆栈的内容按序从顶端弹出，直到堆栈为空集合。

```cpp
01   #include <iostream>
02   #include <stack>
03   using namespace std;
04
05   int main()
06   {
07      stack<int> stack;
08      for (int i=0; i< 10; i++)
09          stack.push(5*i);
10
11      cout<< "将堆栈内容按序弹出：";
12      while (!stack.empty())
13      {
```

```
14          cout<<stack.top() << ' ';
15          stack.pop();
16      }
17      cout<<endl;
18  }
```

执行结果如图17-6所示。

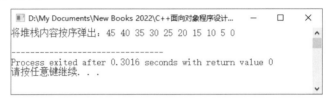

图 17-6

17.3 队列的实现

队列（Queue）和堆栈都是有序列表，都属于抽象数据类型，不过队列数据的插入与删除操作发生在队列的两端，并且具有先进先出（First In First Out，FIFO）的特性。队列的概念就好比乘坐火车时买票的队伍，先到的人自然可以优先买票，买完票后就从队伍前端离去准备乘坐火车，而队伍的后端又陆续有新的乘客加入，如图17-7所示。

堆栈只需要一个 top 指针（或称为游标）指向堆栈顶端，堆栈因为首尾两端都会有数据进出的操作，所以必须记录堆栈的队首与队尾，如图 17-8 所示使用了 front 与 rear 这两个指针来分别指向堆栈的队首和队尾。

图 17-7

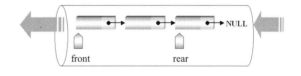

图 17-8

队列具有5种基本操作，如表17-1所示。

表 17-1 堆栈的 5 种基本操作

基本操作	说　　　　明
create	创建空队列
add	将新数据加入队列的末尾，返回新队列
delete	删除队列前端的数据，返回新队列
front	返回队列前端的数据
empty	若队列为空集合，则返回true，否则返回false

比较常见的队列类型包括单向队列、双向队列和优先队列。下面将使用标准模板函数库来分

别示范单向队列和双向队列的实现过程。要使用这些队列算法相关的函数，必须先包含"<queue>"头文件。

17.3.1　单向队列

使用队列容器（queue）的优点是可以快速从队首取值，缺点是只能操作队首和队尾。下面是队列容器头文件中定义的基本函数。

- front()：返回队首的值。
- back()：返回队尾的值。
- push()：把一个值加到队尾。
- pop()：从队首取出一个值。
- size()：获取队列的长度。

【范例程序：queue1.cpp】

本范例程序示范队列容器头文件中的push()、front()、back()、pop()和size()等函数的使用。

```
01  #include <iostream>
02  #include <queue>
03  using namespace std;
04
05  int main(){
06      queue<char> q;
07      q.push('a');
08      q.push('b');
09      q.push('c');
10
11      cout<<q.back() <<endl;       // 返回并输出队尾的值
12      cout<<q.front() <<endl;      // 返回并输出队首的值
13
14      q.pop();
15      cout<<q.size() <<endl;       // 已从队列取出一个值，队列的长度会减少1
16  }
```

执行结果如图17-9所示。

图 17-9

【范例程序：queue2.cpp】

本范例程序将10以内的偶数（包括0）存入队列中，再从队首按序输出队列中的各数（0 2 4 6 8）。

```
01  #include <iostream>
02  #include <queue>
```

```
03  using namespace std;
04
05  int main(){
06      queue<int> q;
07
08      for(int i=0 ; i<5 ; i++){
09          q.push(i * 2);
10      }
11
12      while(q.size() != 0){
13          cout<<q.front() <<endl;
14          q.pop();
15      }    // 按序输出队列中的各数
16  }
```

执行结果如图17-10所示。

图 17-10

17.3.2　双向队列

双向队列（Double Ended Queue，Deque）是一种有序列表，不过数据的插入与删除可在队列首尾任意一端进行，与单向队列相比，双向队列更加灵活一些。双向队列示意图如图17-11所示。

具体来说，双向队列就是允许队列两端中的任意一端具备删除或插入功能，而且左右两端的队列，队首与队尾指针都是朝队列中央移动。通常，双向队列的应用可以分为两种：一种是数据只能从一端插入，但是可以从两端取出；另一种是数据可以从两端插入，但是只能从一端取出。

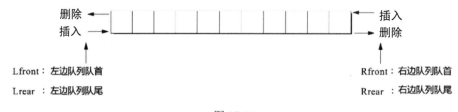

图 17-11

【范例程序：queue3.cpp】

本范例程序实现双向队列从两端插入数据，并使用"[]"运算符变更队列中指定位置所存放的数值，最后从这个双向队列自前向后遍历队列中的各个元素。

```
01  // 用deque<>实现双向队列
02  #include <iostream>
03  #include <deque>
04  using namespace std;
```

```
05
06  int main()
07  {
08      deque<int>deq;
09      deq.push_back(1);
10      deq.push_back(2);
11      deq.push_front(3);
12      deq.push_front(4);
13      deq.push_back(5);
14      deq.push_back(6);
15      deq.push_front(7);
16      deq.push_front(8);
17
18      deq[1] = 100;
19      deq[7] = 200;
20
21      cout<< "当前双向队列中元素的个数为: " <<deq.size() <<endl;
22      cout<< "双向队列自前向后各个元素的内容按序为: "<<endl;
23      for (int i=0;i<deq.size();i++) {
24          cout<<deq[i]<<endl;
25      }
26  }
```

执行结果如图17-12所示。

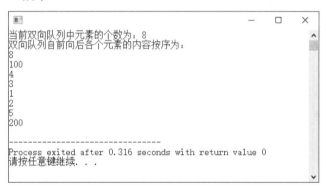

图 17-12

17.4　认识集合

此处集合（Set）就是数学上的集合，集合中不会包含重复的元素，而且集合中的元素具有无序的特性，使用集合的这个特性就能从一组数据中直接滤掉重复的数据。类似于数学中集合的运算，C++也支持并集、交集、差集等集合运算。不过集合只有键（Key）而没有值（Value），在集合中提供了几个基本函数，例如insert()函数可以将指定数据类型的数值加入集合，如果要将某一个指定数据类型的数值从集合中删除，则可以调用erase()函数，如果要检查某个数是否在集合中，则可以调用count()函数。

使用集合除了操作相当容易之外，还可以帮助我们快速检查集合中有没有某个元素。接下来，我们就以字符串类型为例，示范如何把字符串加入集合以及如何把某个字符串从集合中删除，还会示范如何调用count()函数来检查某个字符串是否在集合中。

【范例程序：set1.cpp】

本范例程序通过模板来实现集合中的insert()、erase()和count()功能。

```
01   #include <set>
02   #include <iostream>
03   #include <string>
04   using namespace std;
05
06   int main(){
07       set<string> s;
08
09       s.insert("Python");
10       s.insert("C language");
11       s.insert("Java");
12       s.insert("C++");
13       s.insert("C#");
14
15       Cout << s.count("Java") << endl;            // 如果该字符串在集合中，则会输出1
16       Cout << s.count("C language") << endl;      // 如果该字符串不在集合中，则会输出0
17
18       s.erase("C language");                      // 从集合中删除指定的字符串
19       cout<<s.count("C language") <<endl;         // 如果该字符串不在集合中，则会输出0
20   }
```

执行结果如图17-13所示。

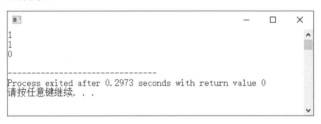

图 17-13

标准模板函数库的集合中的3个函数set_union()（获取两个集合的并集）、set_intersection()（获取两个集合的交集）、set_difference()（获取两个集合的差集）的参数一样，以set_union()函数为例，它的参数格式如下：

```
set_union(x1.begin(), x1.end(), x2.begin(), x2.end(), inserter(x, x.end()))
```

前两个参数是集合x1的头尾，而后依次是集合x2的头尾，最后一个参数就是将集合x1和集合x2取并集后存入集合x中。

17.4.1 并集 set_union

A和B为两个集合，由在集合A或在集合B中的元素组成的新集合称为A与B的并集。本小节将以实例示范如何获取两个集合的并集。

【范例程序：set2.cpp】

本范例程序用标准模板函数库set集合中的set_union()来获取两个集合的并集。

```
01    #include <iostream>
02    #include <set>
03    #include <algorithm>
04    using namespace std;
05
06    int main()
07    {
08       set<int> a,b,c;
09       for(int i=1;i<5;i++)   // a: 1 2 3 4
10          a.insert(i);
11
12       for(int i=3;i<8;i++)   // b: 3 4 5 6 7
13          b.insert(i);
14
15       set_union(a.begin(),a.end(),b.begin(),b.end(),inserter(c,c.begin()));
16       // c: 1 2 3 4 5 6 7
17
18       for(int i=1;i<=10;i++) {
19          cout<<c.count(i) <<endl;   // 如果该元素在集合中，则会输出1
20       }
21
22       return 0;
23    }
```

执行结果如图17-14所示。

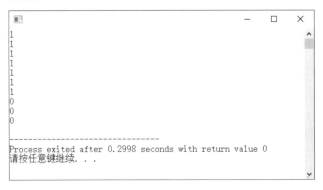

图 17-14

17.4.2　交集 set_intersection

A和B为两个集合，由在集合A且在集合B中的元素组成的新集合称为A与B的交集。本小节将以实例示范如何获取两个集合的交集。

【范例程序：set3.cpp】

本范例程序用标准模板函数库set集合中的set_intersection()来获取两个集合的交集。

```
01    #include <iostream>
02    #include <set>
03    #include <algorithm>
04    using namespace std;
05
06    int main()
```

```
07  {
08      set<int> a,b,c;
09      for(int i=1;i<5;i++)   // a: 1 2 3 4
10          a.insert(i);
11
12      for(int i=3;i<8;i++)   // b: 3 4 5 6 7
13          b.insert(i);
14
15      set_intersection(a.begin(),a.end(),b.begin(),b.end(),inserter(c,c.begin()));
16      // 交集  c: 3 4
17
18      for(int i=1;i<=10;i++) {
19          cout<<c.count(i) <<endl;  // 如果该元素在集合中, 则会输出1
20      }
21
22      return 0;
23  }
```

执行结果如图17-15所示。

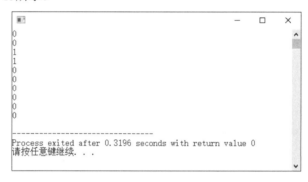

图 17-15

17.4.3 差集 set_difference

A和B为两个集合，由在集合A但不在集合B中的元素组成的新集合称为A与B的差集，以符号A–B来表示。本小节将以实例示范如何获取两个集合的差集。

【范例程序：set4.cpp】

本范例程序用标准模板函数库set集合中的set_difference()来获取两个集合的差集。

```
01  #include <iostream>
02  #include <set>
03  #include <algorithm>
04  using namespace std;
05
06  int main()
07  {
08      set<int>a,b,c;
09      for(int i=1;i<5;i++)   // a: 1 2 3 4
10          a.insert(i);
11
12      for(int i=3;i<8;i++)   // b: 3 4 5 6 7
13          b.insert(i);
```

```
14
15      set_difference(a.begin(),a.end(),b.begin(),b.end(),inserter(c,c.begin()));
16      //差集  c: 1 2
17
18      for(int i=1;i<=10;i++) {
19          cout<<c.count(i) <<endl;  // 如果该元素在集合中，则会输出1
20      }
21
22      return 0;
23  }
```

执行结果如图17-16所示。

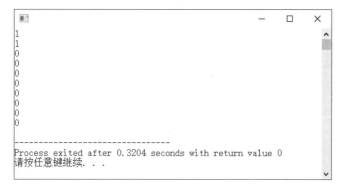

图 17-16

【范例程序：set5.cpp】

　　本范例程序示范集合的综合操作，包括集合元素的加入、删除集合中指定的元素以及清除集合中所有的元素。

```
01  #include <iostream>
02  #include <set>                              // set<>容器模板
03  using namespace std;
04
05  void printSet(const set<int>&my_set)    // 用来打印集合元素
06  {
07      Cout << "当前集合的元素个数 = " <<my_set.size()<<endl;
08      Cout << "集合中所有元素的内容如下: "<<endl;
09      for (int element :my_set)
10      cout<< element << ' ';
11      cout<<endl;
12  }
13
14  int main()
15  {
16      set<int>my_set;
17
18      // 45和18各重复两次加入集合，但是集合中只会保留一个
19      my_set.insert(10);
20      my_set.insert(45);
21      my_set.insert(18);
22      my_set.insert(36);
23      my_set.insert(21);
```

```
24        my_set.insert(18);
25        my_set.insert(45);
26        my_set.insert(66);
27
28        printSet(my_set);              // 集合中的元素个数为6
29        cout<<endl;
30
31        my_set.erase(18);              // 从集合中删除指定的元素
32        printSet(my_set);              // 集合中的元素个数为5
33        cout<<endl;
34
35        my_set.erase(66);              // 从集合中删除指定的元素
36        printSet(my_set);              // 集合中的元素个数为4
37        cout<<endl;
38
39        my_set.clear();                // 删除集合中所有的元素
40        printSet(my_set);              // 集合中的元素个数为0
41    }
```

执行结果如图17-17所示。

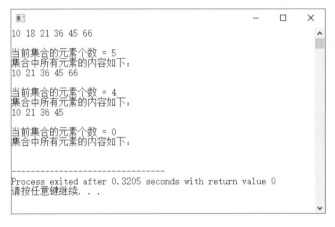

图 17-17

17.5　映射

映射（Map）是标准模板函数库的一种容器，它的元素具有一对一的映射关系，映射内部的数据结构是有序的数据，这种数据结构非常适合进行数据查询，因此如果数据插入的工作相当频繁，就非常适合选用容器来实现。在映射中，每一个元素都由键（Key）和值（Value）构成，也就是所谓的键－值对（Key-Value Pair）。映射的三种特性为元素没有顺序性、键值不可重复与可以改变元素的内容。

映射就像一个映射表，其中的每一个元素由两部分组成。第一部分称为键，每个键只能在映射中出现一次，通常映射都是通过键进行查询并获取对应的值的；第二部分称为键映射的值。可以修改值而不能修改键。映射的键和值可以是任何数据类型的数据，包括用户自定义的数据类型，创建映射对象后，我们可以通过键来获取对应的值，例如每个人的身份证号与姓名就存在着一对一的映射关系。

【范例程序：map1.cpp】

本范例程序实现从字符串映射到字符串的一对一映射。

```
01  #include <map>
02  #include <iostream>
03  using namespace std;
04
05  int main(){
06      map<string, string> m;          // 从字符串映射到字符串
07
08      m["zoo"] = "动物园";
09      m["car"] = 小汽车";
10      cout << m["zoo"] << endl;
11      cout << m["car"] << endl;
12  }
```

执行结果如图17-18所示。

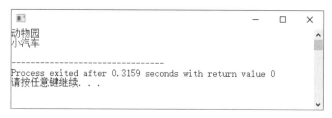

图 17-18

【范例程序：map2.cpp】

本范例程序实现从字符串映射到整数的一对一映射，并调用count()函数来判断所传入的字符串（作为键）是否有映射的值。

```
01  #include <map>
02  #include <iostream>
03  using namespace std;
04
05  int main(){
06
07      map<int, string> m;
08      m[1] = "spring";
09      m[2] = "summer";
10      m[3] = "fall";
11      m[4] = "winter";
12
13      for (int i=1;i<=4;i++) {
14          cout<<"m["<<i<<"]= "<<m[i]<<endl;
15      }
16
17      cout << m.count(2) << endl;          // 如果有映射的值，则会输出1
18      cout << m.count(5) << endl;          // 如果没有映射的值，则会输出0
19  }
```

执行结果如图17-19所示。

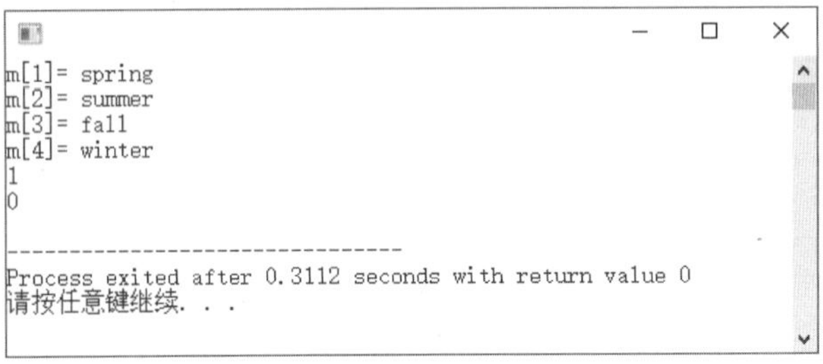

图 17-19

17.6 STL 排序的实现

排序（Sorting）算法可以说是最常使用的一种算法，它的目标是将一组数据按照递增或递减的方式重新进行排序。用于排序的依据称为键（Key）。现有多种排序算法，包括冒泡排序法、快速排序法、合并排序法、选择排序法等。不过，由于C++的标准模板函数库提供了sort()函数来排序，因此我们直接通过sort()函数来示范各种排序的使用。

17.6.1 sort()函数——从小到大升序排序

要使用sort()函数来进行升序排序，过程相当简单，先包含头文件"<algorithm>"，默认为从小到大升序排序，sort()的基本用法如下：

```
vector<int> v;
...
sort(v.begin(), v.end());
```

【范例程序：sort1.cpp】

本范例程序实现数组排序，首先声明一个已初始化数值的传统数组，再调用sort()函数进行排序，sort()函数在默认情况下进行从小到大的升序排序。

```
01    #include <iostream>
02    #include <algorithm>
03    using namespace std;
04
05    int main() {
06        int arr[] = {58, 95, 83, 36, 77, 18, 24, 63, 98, 85};
07        cout<< "数组内数值原始的排列顺序: " <<endl;
08        for (int i = 0; i< 10; i++) {
09            cout<< arr[i] <<" ";
10        }
11        cout<<endl<<endl;
12        sort(arr, arr+10);
13        cout<< "数组内容以默认方式进行从小到大升序排序的结果: " <<endl;
14        for (int i = 0; i< 10; i++) {
15            cout<<arr[i] << " ";
16        }
17        cout<<endl;
18
19        return 0;
20    }
```

执行结果如图17-20所示。

图 17-20

17.6.2　sort()函数——从大到小降序排序

上一小节示范了如何调用sort()函数从小到大进行排序，那么如何实现从大到小降序排序呢？本小节将示范使用<functional>提供的比较函数对象，只要在sort()函数的第三个参数传入比较模板函数对象，就可以轻松实现从大到小降序排序，<functional>提供的比较模板函数对象分别如下：

- less<Type>：小于，i+1索引位置的值小于i索引位置的值就进行交换（升序）。
- less_equal<Type>：小于或等于，i+1索引位置的值小于或等于i索引位置的值就进行交换（升序）。
- greater<Type>：大于，i+1索引位置的值大于i索引位置的值就进行交换（降序）。
- greater_equal<Type>：大于或等于，i+1索引位置的值大于或等于i索引位置的值就进行交换（降序）。
- equal_to<Type>：等于，i+1索引位置的值等于i索引位置的值就进行交换。
- not_equal_to<Type>：不等于，i+1索引位置的值不等于i索引位置的值就进行交换。

使用sort()进行升序和降序的语法如下：

升序：

```
sort(begin, end, less<Type>());
```

降序：

```
sort(begin, end, greater<Type>());
```

【范例程序：sort2.cpp】

本范例程序实现数组排序，首先声明一个已初始化数值的传统数组，再调用sort()函数且在第三个参数传入greater<int>()来实现从大到小降序排序。

```
01  #include <iostream>
02  #include <algorithm>
03  #include <functional>
04  using namespace std;
05
06  int main() {
07      int arr[] = {58, 95, 83, 36, 77, 18, 24, 63, 98, 85};
08      cout<< "数组内数值原始的排列顺序: " <<endl;
09      for (int i = 0; i< 10; i++) {
10          cout<<arr[i] << " ";
```

```
11       }
12       cout << endl << cndl;
13       sort(arr, arr+10, greater<int>());
14       cout<< "数组内容以指定方式进行从大到小降序排序的结果: " <<endl;
15       for (int i = 0; i< 10; i++) {
16           cout<<arr[i] << " ";
17       }
18       cout<<endl;
19
20       return 0;
21   }
```

执行结果如图17-21所示。

图 17-21

17.6.3   向量容器的从小到大升序排序

前面两个范例程序都是介绍和示范对传统数组进行排序，接下来介绍对向量容器内的数值进行排序，将向量容器代入sort()函数进行排序，我们可以采用"sort(v.begin(), v.end());"的方式，最后会得到从小到大排序的结果。

【范例程序：sort3.cpp】

本范例程序用sort()函数实现向量容器内数值的从小到大排序。

```
01   #include <iostream>
02   #include <algorithm>
03   #include <vector>
04   using namespace std;
05
06   int main() {
07       vector<int> v = {58, 95, 83, 36, 77, 18, 24, 63, 98, 85};
08       cout<< "向量容器内数值原始的排列顺序: " <<endl;
09       for (int i = 0; i<v.size(); i++) {
10           cout<< v[i] << " ";
11       }
12       cout<<endl<<endl;
13
14       // 第一种方式
15       sort(v.begin(), v.begin()+10);
16       cout<< "第一种方式从小到大升序排序的结果: " <<endl;
17       for (int i = 0; i<v.size(); i++) {
18           cout<< v[i] << " ";
19       }
20       cout<<endl<<endl;
```

```
21
22        // 第二种方式
23        sort(v.begin(), v.end());
24        cout<< "第二种方式从小到大升序排序的结果: " <<endl;
25        for (int i = 0; i<v.size(); i++) {
26            cout<< v[i] << " ";
27        }
28        cout<<endl;
29
30        return 0;
31    }
```

执行结果如图17-22所示。

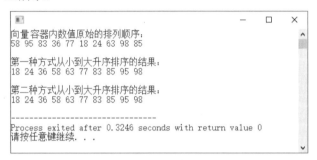

图 17-22

17.6.4　向量容器的从大到小降序排序

其实sort()函数也可以使用自定义排序方式来进行排序，接下来介绍使用自定义排序规则，也就是调用decrease_sort()函数作为比较函数，对向量容器内的值按照从大到小自定义的规则排序。

【范例程序：sort4.cpp】

本范例程序使用自定义的排序规则对向量容器内的值进行从大到小的排序。

```
01    #include <iostream>
02    #include <algorithm>
03    #include <vector>
04    using namespace std;
05
06    bool decrease_sort(int a, int b) {
07        return a > b;    // 从大到小降序排序
08    }
09
10    int main() {
11        int arr[] = {58, 95, 83, 36, 77, 18, 24, 63, 98, 85};
12        vector<int>v(arr, arr+10);
13
14        cout<< "向量容器内数值原始的排列顺序: " <<endl;
15        for (int i = 0; i<v.size(); i++) {
16            cout<< v[i] << " ";
17        }
18        cout<<endl<<endl;
19
20        sort(v.begin(), v.end(), decrease_sort);
```

```
21
22       cout<< "从大到小降序排序的结果: " <<endl;
23       for (int i = 0; i<v.size(); i++) {
24           cout<< v[i] << " ";
25       }
26       cout<<endl;
27
28       return 0;
29   }
```

执行结果如图17-23所示。

向量容器内数值原始的排列顺序:
58 95 83 36 77 18 24 63 98 85

从大到小降序排序的结果:
98 95 85 83 77 63 58 36 24 18

Process exited after 0.3192 seconds with return value 0
请按任意键继续. . .

图 17-23

17.6.5　自定义结构的排序

本小节将介绍自定义结构的排序方式，下面的范例程序中有个book结构，它的内部字段有书名与价格，我们将对书籍的价格按从贵到便宜进行排序，一开始先初始化书籍的书名与价格，接着调用sort()函数返回排序的结果。

【范例程序：sort5.cpp】

本范例程序实现自定义结构的排序，对书籍的价格按从贵到便宜进行排序。

```
01   #include <iostream>
02   #include <algorithm>
03   #include <string>
04   using namespace std;
05
06   struct book {
07       string booktitle;
08       int price;
09   };
10
11   bool mycompare(book s1, book s2){
12       return s1.price> s2.price;
13   }
14
15   int main() {
16       book st[4];
17       st[0].booktitle = "Python程序设计实践从入门到精通 Step by Step";
18       st[0].price = 59;
19       st[1].booktitle = "AI时代: 高中生也能轻松学会计算思维与算法——使用C++";
20       st[1].price = 45;
21       st[2].booktitle = "C++程序设计与计算思维实践: 轻松掌握面向对象设计技巧的16堂课（第二版）";
22       st[2].price = 56;
```

```
23      st[3].booktitle = "图解数据结构：使用Python（第二版）";
24      st[3].price = 50;
25
26      sort(st, st+4, mycompare);
27
28      cout<< "按照书籍价格从贵到便宜的方式进行排序的结果：" <<endl;
29      for (int i = 0; i<4 ;i++) {
30          cout<<st[i].booktitle<< "  " <<st[i].price << "元" <<endl;
31      }
32
33      return 0;
34  }
```

执行结果如图17-24所示。

图 17-24

17.7　使用标准模板函数库实现查找

在数据处理过程中，能否在最短的时间内查找到所需要的数据是值得信息从业人员关心的一个问题。所谓查找（或称为搜索），是指从数据文件中找出满足某些条件的记录，就像我们要从文件柜中找所需的文件一样，如图17-25所示。用来查找的条件称为键（Key），就如同排序所用的键一样。我们在通讯录中查找某个人的电话号码时，这个人的姓名就成为在通讯录中查找电话号码的键。通常影响查找时间长短的主要因素包括算法的选择、数据存储的方式和结构。查找算法有很多，比较常见的查找算法有顺序法、二分查找法、插值法、斐波那契法等，我们将直接使用C++的标准模板函数库提供的find()函数来示范各种查找法的使用。

图 17-25

17.7.1　调用 find()函数实现查找

下面的范例程序示范调用find()函数在向量容器内查找目标数值，find()函数的第一个参数与第二个参数用于指定查找范围，第三个参数用于指定要查找的数值。如果到向量容器的最后一个元素都没有查找到目标数值，最后输出提示信息"没有找到指定的数值！"。

【范例程序：search1.cpp】

本范例程序首先声明一个已初始化数值的向量容器，再调用find()函数在向量容器内进行查找，然后输出找到的数值在向量容器内的索引位置，如果没有找到，则输出没有找到的提示信息。

```
01    #include <iostream>
02    #include <vector>
03    #include <algorithm>
04
05    using namespace std;
06
07    int main() {
08        vector<int> v = {10,23,34,56,67,78,90};
09
10        // 第一种情况：查找数值34
11        vector<int>::iterator it = find(v.begin(), v.end(), 34);
12        if (it != v.end())
13            cout<< "找到目标数值 " << *it << ", 它在向量容器中的位置为 " << distance(v.begin(),
    it) << "。\n";
14        else
15            cout<< "没有找到目标数值 34! \n";
16
17      cout<<endl;
18        // 第二种情况：查找数值95
19        it = find(v.begin(), v.end(),95);
20        if (it != v.end())
21            cout<< "找到目标数值 " << *it << ", 它在向量容器中的位置为 " << distance(v.begin(),
    it) << "。\n";
22        else
23            cout<< "没有找到目标数值 95! \n";
24
25        return 0;
26    }
```

执行结果如图17-26所示。

图 17-26

17.7.2   调用 find_if()函数进行查找

下面的范例程序示范调用find_if()函数在向量容器内查找目标数值，功能与find()函数类似，差别在于find_if()函数的第三个参数是放入谓词（pred），这里的谓词是指会返回bool数据类型的仿函数。例如要查找的数值100并没有在这个向量容器内，我们示范自己编写的hundred谓词。

【范例程序：search2.cpp】

本范例程序调用find_if()函数在向量容器内查找目标数值。

```
01    #include <iostream>
02    #include <vector>
03    #include <algorithm>
04
05    using namespace std;
```

```
06
07  template<typename T>
08  bool hundred(T value) {
09      return value == 100;
10  }
11
12  int main() {
13      vector<int> v;
14      v.push_back(80);
15      v.push_back(90);
16      v.push_back(95);
17      v.push_back(100);
18      v.push_back(92);
19
20      // 第一种情况
21      cout<<"第一种情况";
22      vector<int>::iterator it = find_if(v.begin(), v.end(), hundred<int>);
23      if (it != v.end())
24          cout<< "找到目标数值 " << *it <<endl;
25      else
26          cout<< "没有找到目标数值 100! \n";
27
28      cout<<endl;
29      // 第二种情况
30      cout<<"第二种情况";
31      v.pop_back();     // 弹出92
32      v.pop_back();     // 弹出100
33
34      it = find_if(v.begin(), v.end(), hundred<int>);
35      if (it != v.end())
36          cout<< "找到目标数值 " << *it <<endl;
37      else
38          cout<< "没有找到目标数值 100! \n";
39
40      return 0;
41  }
```

执行结果如图17-27所示。

图 17-27

17.7.3　调用 binary_search()函数进行二分查找

如果要查找的数据已经事先排好序了，则可以使用二分查找法来进行查找。二分查找法是将数据分割成两等份，再比较键值与中间值的大小，如果键值小于中间值，则可确定要查找的数据在前半部分，否则在后半部分。如此分割数次，直到找到或确定不存在为止。例如，在已排序的数列（2, 3, 5, 8, 9, 11, 12, 16, 18）中要查找值11，步骤如下：

步骤 **01** 与第 5 个数值 9 比较，如图 17-28 所示。

图 17-28

步骤 **02** 因为 11＞9，所以和后半部分的中间值 12 比较，如图 17-29 所示。

图 17-29

步骤 **03** 因为 11＜12，所以和前半部分的中间值 11 比较，如图 17-30 所示。

图 17-30

步骤 **04** 因为 11=11，表示找到了（查找完成），如果不相等，则表示没有找到。

下面的范例程序调用binary_search()在向量容器内查找目标数值，不过在进行二分查找前，必须先对向量容器内的数值进行排序（此例中是按照默认的方式进行从小到大的升序排序）。

【范例程序：binary_search.cpp】

本范例程序调用binary_search()函数实现二分查找。

```
01  #include <iostream>
02  #include <algorithm>
03  #include <vector>
04  using namespace std;
05
06  bool myfunction (int i,int j) { return (i<j); }
07
08  int main () {
09      int num[] = {90,12,23,45,67,84,92,83,66};
10      vector<int> v(num,num+9);
11
12      // 按默认的方式进行从小到大的升序排序
13      sort (v.begin(), v.end());
14
15      cout<< "查找目标数值 92…";
16      if (binary_search (v.begin(), v.end(), 92))
17          cout<< "找到了! \n"; else cout<< "没有找到! \n";
18
19      // 第3个参数提供仿函数的方式进行排序
20      sort (v.begin(), v.end(), myfunction);
21
22      cout<< "查找目标数值 100…";
23      if (binary_search (v.begin(), v.end(), 6, myfunction))
24          cout<< "找到了! \n"; else cout<< "没有找到! \n";
25
```

```
26        return 0;
27    }
```

执行结果如图17-31所示。

图 17-31

17.8　标准模板函数库链表的实现

链表（Linked List）是由许多相同数据类型的数据项按特定顺序排列而成的线性表。链表的特性是其各个数据项在计算机内存中的位置是不连续且随机存放的。其优点是数据的插入或删除都相当方便，有新数据插入就向系统申请一块内存空间，数据被删除后，就可以把这块内存空间还给系统，插入和删除都不需要移动大量的数据。其缺点是设计数据结构时较为麻烦，另外在查找数据时也无法像静态数据（如数组）那样可以随机读取，必须按序查找，直到找到该数据为止。

日常生活中有许多链表的抽象运用，例如可以把单向链表想象成火车，有多少人就接多少节车厢，当假日人多需要较多车厢时，就可以多接些车厢，人少时就把车厢数量减少，十分具有弹性，如图17-32所示。像游乐场中的摩天轮就是一种环形链表的应用，可以根据需要增加或减少座舱的数量。

图 17-32

17.8.1　forward_list()——单向链表

遍历（Traverse）单向链表的过程就是使用指针运算来访问链表中的每个节点。如果我们要遍历已建立了3个节点的单向链表，就可使用存取指针ptr来作为链表的读取游标，一开始是ptr指向链表的头节点（简称链表头），每次读完链表的一个节点，就将ptr往下一个节点移动（指向下一个节点），直到ptr指向NULL为止，如图17-33所示。

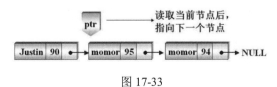

图 17-33

下面的范例程序以forward_list（前向列表）来追踪单向链表的内容，forward_list是C++标准模板库提供的，就其实际作用而言，forward_list是一种序列容器，也被称为前向列表，是一种线性表。

forward_list允许在线性表内的任何位置进行插入或删除某一元素的操作。它是一种可以用来实现单向链表的容器。单向链表的特性是可以将所包含的每个节点存储在位置不连续的内存空间中，这与数组不同，数组的所有元素必须存储在位置连续的一整块内存空间中。

在使用forward_list容器之前必须将"<forward_list>"头文件包含进来，预处理指令如下：

```
#include <forward_list>
```

标准模板函数库中的forward_list与list的不同之处在于，forward_list只能前向遍历下一个元素，而列表可以双向遍历下一个元素和前一个元素，因此列表会增加记录元素位置所需的存储空间。

使用list容器之前必须将"<list>"头文件包含进来，预处理指令如下：

```
#include <list>
```

【范例程序：linkedlist1.cpp】

本范例程序使用标准模板函数库的forward_list实现单向链表的赋值操作。

```
01   #include <iostream>
02   #include <forward_list>
03
04   using namespace std;
05
06   int main(void) {
07      forward_list<int> list1 = {80,90,76,54,100};
08      forward_list<int> list2;
09
10      list2.assign(list1.begin(), list1.end());
11
12      cout<< "链表包含的元素: " <<endl;
13
14      for (auto it = list2.begin(); it != list2.end(); ++it)
15         cout<< *it <<endl;
16
17      return 0;
18   }
```

执行结果如图17-34所示。

图 17-34

接下来的范例程序示范如何调用clear()函数清除链表的内容，empty()函数用来判断链表是否为空链表。

【范例程序：linkedlist2.cpp】

本范例程序使用标准模板函数库的forward_list来实现将链表内容清空。

```
01  #include <iostream>
02  #include <forward_list>
03
04  using namespace std;
05
06  int main(void) {
07      forward_list<int>fl = {65, 54,76,89,96,88,94};
08
09      if (!fl.empty())
10          cout<< "在清空链表内容前，链表不能是空链表。" <<endl;
11
12      fl.clear();
13
14      if (fl.empty())
15      cout<< "在下达清除链表内容的指令后，链表变成空链表。" <<endl;
16
17      return 0;
18  }
```

执行结果如图17-35所示。

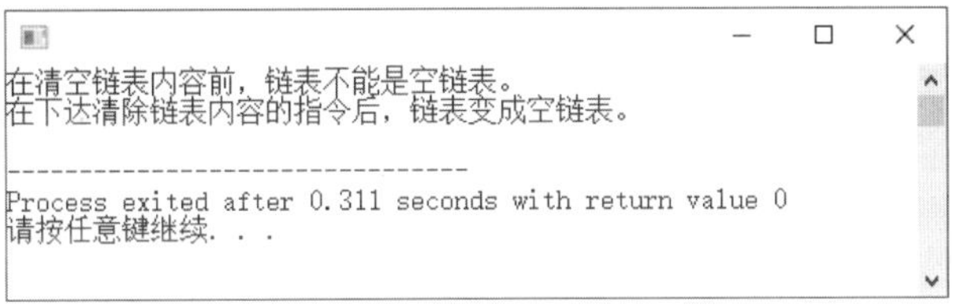

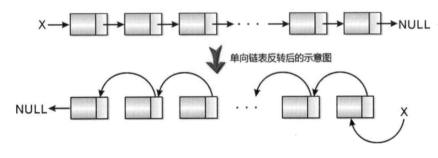

图 17-35

17.8.2　单向链表的反转

了解了单向链表节点的删除和插入之后，读者会发现在这种具有方向性的链表结构中增删节点是一件相当容易的事。而要从头到尾输出整个单向链表也不难，但是如果要反转过来输出单向链表，就需要某些技巧了。单向链表中的节点特性是知道下一个节点的位置，却无从得知它的上一个节点的位置。如果要将单向链表反转，则必须使用3个指针变量，如图17-36所示。

图 17-36

接下来我们将使用标准模板函数库中的列表容器来示范如何将链表内的元素进行反转。事实上，列表容器是一个双向链表，可以高效地插入和删除链表节点。使用列表容器之前必须把"<list>"头文件包含进来，预处理指令如下：

```
#include <list>
```

【范例程序：reverse.cpp】

本范例程序使用标准模板函数库的列表容器来实现链表的反转。

```
01   #include <iostream>
02   #include <list>
03
04   using namespace std;
05
06   int main(void) {
07       list<int> l = {1, 2, 3, 4, 5};
08
09       cout<< "原链表的内容: " <<endl;
10
11       for (auto it = l.begin(); it != l.end(); ++it)
12           cout<< *it <<endl;
13
14       l.reverse();
15
16       cout<< "反转后的链表内容: " <<endl;
17
18       for (auto it = l.begin(); it != l.end(); ++it)
19           cout<< *it <<endl;
20
21       return 0;
22   }
```

执行结果如图17-37所示。

图 17-37

17.8.3   调用 insert()函数将指定元素插入链表

在单向链表中插入新节点，如同在一列火车中加入新的车厢，有3种情况：加到第一个节点（第一节车厢）之前、加到最后一个节点（最后一节车厢）之后以及加到此链表中间任一位置（中间任何一节车厢）。接下来，利用图解方式进行说明：

- 新节点插入第一个节点之前，即成为此链表的首节点：只需把新节点的指针指向链表原来的第一个节点，再把链表头指针指向新节点即可，如图17-38所示。
- 新节点插入最后一个节点之后，即成为此链表的尾节点：只需把链表的最后一个节点的指针指向新节点，新节点的指针再指向NULL即可，如图17-39所示。

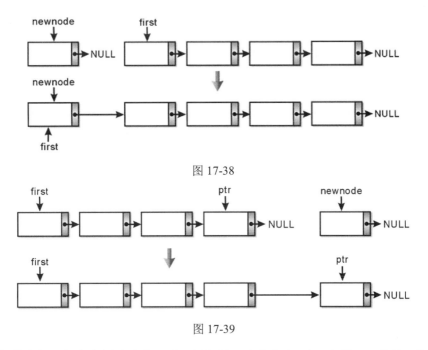

图 17-38

图 17-39

- 将新节点插入链表中间的某个位置：例如插入的节点在X与Y之间，只要将X节点的指针指向新节点，新节点的指针指向Y节点即可，如图17-40和图17-41所示。

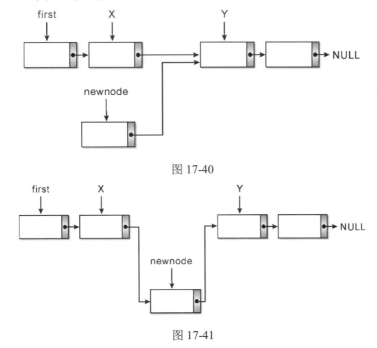

图 17-40

图 17-41

接下来我们并不会实际编写在单向链表插入新节点的程序代码，而是直接调用标准模板函数库的insert()函数在链表末尾插入新的节点。

【范例程序：insert.cpp】

本范例程序调用标准模板函数库的insert()函数将指定元素插入链表。

```
01  #include <iostream>
02  #include <list>
03
04  using namespace std;
05
06  int main(void) {
07      list<int> l;
08
09      for (int i = 0; i< 10; ++i)
10          l.insert(l.end(), 5+i*5);
11
12      cout<< "链表内元素的内容如下: " <<endl;
13
14      for (auto it = l.begin(); it != l.end(); ++it)
15          cout<< *it <<endl;
16
17      return 0;
18  }
```

执行结果如图17-42所示。

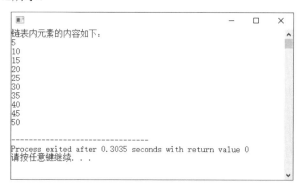

图 17-42

17.8.4　两个列表进行合并排序

标准模板函数库的merge()函数可以将两个已排序好的列表进行合并，合并得到的新列表就是已排序好的列表。接下来的例子将示范如何调用merge()方法将两个已排序好的列表进行合并排序。

【范例程序：merge.cpp】

本范例程序调用标准模板函数库的merge()函数将两个已排序好的列表进行合并。

```
01  #include <iostream>
02  #include <list>
03
04  using namespace std;
05
06  int main(void) {
07      list<int> l1 = {11, 24,33, 45, 66};
08      list<int> l2 = {5, 12, 18, 34, 43,76};
09
10      cout<< "列表1: " <<endl;
11      for (auto it = l1.begin(); it != l1.end(); ++it)
```

```
12      cout<< *it <<" ";
13
14    cout<<endl;
15
16    cout<< "列表2: " <<endl;
17     for (auto it = l2.begin(); it != l2.end(); ++it)
18        cout<< *it <<" ";
19
20    cout<<endl;
21
22     l2.merge(l1);
23
24    cout<< "将上述两个列表进行合并排序: " <<endl;
25
26     for (auto it = l2.begin(); it != l2.end(); ++it)
27    cout<< *it <<" ";
28
29    cout<<endl;
30
31     return 0;
32  }
```

执行结果如图17-43所示。

图 17-43

17.8.5　列表内容交换——swap()函数

许多应用程序在进行数据排序时，经常需要交换两个变量的数值，为了完成这一操作，需要自行编写函数。例如，当需要交换两个变量的整数值时，必须编写如下函数：

```
void swap(int &a, int &b)
{
    int temp = a;
    a = b;
    b = temp;
}
```

当需要交换两个变量的浮点数时，必须编写如下函数：

```
void swap(float&a, float&b)
{
    int temp = a;
    a = b;
    b = temp;
}
```

针对上述数据类型不同但操作相同的函数，我们可以使用同一个模板函数来表示：

```
template<class T>
void swap(T &a, T &b)
{
    T temp = a;
    a = b;
    b = temp;
}
```

事实上，在标准模板函数库中已具备swap()函数的功能。另外，针对在两个列表（列表容器）中存储的元素，可以直接调用swap()函数将这两个列表的内容进行互换。

【范例程序：swap.cpp】

本范例程序使用标准模板函数库提供的swap()函数将两个列表中的内容进行互换，之后将互换后的两个列表再进行第二次互换，于是两个列表的内容又恢复到列表原始的内容。

```
01   #include <iostream>
02   #include <list>
03
04   using namespace std;
05
06   int main(void) {
07       list<int> l1 = {54, 56, 67,78};
08       list<int> l2 = {16, 23, 36, 47, 55};
09
10       cout<< "列表1的原始内容: " <<endl;
11       for (auto it = l1.begin(); it != l1.end(); ++it)
12           cout<< *it <<" ";
13       cout<<endl;
14
15       cout<< "列表2的原始内容: " <<endl;
16       for (auto it = l2.begin(); it != l2.end(); ++it)
17           cout<< *it <<" ";
18       cout<<endl;
19
20       l1.swap(l2);
21
22       cout<< "列表1在互换后的内容: " <<endl;
23       for (auto it = l1.begin(); it != l1.end(); ++it)
24           cout<< *it <<" ";
25       cout<<endl;
26
27       cout<< "列表2在互换后的内容: " <<endl;
28       for (auto it = l2.begin(); it != l2.end(); ++it)
29           cout<< *it <<" ";
30       cout<<endl;
31
32       l2.swap(l1);
33       cout<< "经过两次互换，列表1又恢复到原始内容: " <<endl;
34       for (auto it = l1.begin(); it != l1.end(); ++it)
35           cout<< *it <<" ";
36       cout<<endl;
37
```

```
38       cout<< "经过两次互换，列表2又恢复到原始内容: " <<endl;
39       for (auto it = l2.begin(); it != l2.end(); ++it)
40           cout<< *it <<" ";
41       cout<<endl;
42
43       return 0;
44    }
```

执行结果如图17-44所示。

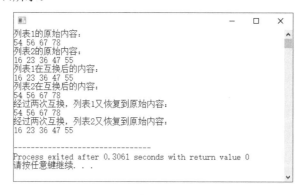

图 17-44

17.9　上机编程实践

（1）请设计一个C++程序来实现存储int数据类型的向量容器，并显示容器的长度以及容器中每一个位置所存放的整数，如图17-45所示。

图 17-45

解答▶ 可参考范例程序ex17_01.cpp。

（2）请设计一个C++程序来实现在容器中存入10个5的倍数，而后逐一输出，此处规定最小的5的倍数不能是0，如图17-46所示。

图 17-46

解答▶ 可参考范例程序ex17_02.cpp。

（3）请设计一个C++程序把0~100中的13的倍数存入堆栈，接着将堆栈内容按序从堆栈顶端弹出，直到堆栈为空集合，如图17-47所示。

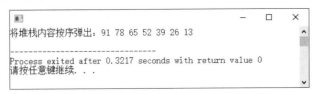

图 17-47

解答▶ 可参考范例程序ex17_03.cpp。

（4）请设计一个C++程序将100以内的5的倍数（包括0）加入队列，再从队首按序取出并输出，如图17-48所示。

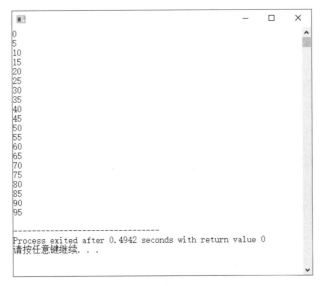

图 17-48

解答▶ 可参考范例程序ex17_04.cpp。

（5）请设计一个C++程序来实现传统数组排序，按从大到小的降序排序，数组的原始内容为（1,3,5,7,9,2,4,6,8,10），如图17-49所示。

图 17-49

解答▶ 可参考范例程序ex17_05.cpp。

本章习题

问答与实践题（参考答案见附录A）

（1）容器是标准模板函数库最主要的组成部分，请列举出至少5种容器数据类型。

（2）请简述向量容器的功能及优缺点。

（3）请问下面的程序代码输出结果是什么？

```
01  #include <vector>
02  #include <iostream>
03  using namespace std;
04
05  int main(){
06      vector<int>vec;
07
08      for(int i=0 ; i<5 ; i++){
09          vec.push_back(i * 2);
10      }
11
12      for(int i=0 ; i<vec.size() ; i++){
13          cout<<vec[i]<<" ";
14      }
15      cout<<endl;
16  }
```

（4）请简述堆栈的功能特性。

（5）请简述队列的功能特性。

（6）请简述双向队列的功能特性。

（7）请简述集合的功能特性。

（8）请简述映射容器（map）的功能特性。

（9）请简述<functional>提供的比较模板函数。

第 18 章

解析树结构及图结构

树结构是一种日常生活中应用相当广泛的非线性结构，如图18-1所示。树结构及其算法在程序中的建立与应用大多使用链表来处理，因为链表的指针用来处理树相当方便，只需改变指标即可。此外，也可以使用数组这样的连续内存来表示二叉树。使用数组或链表各有利弊，本章将介绍常见的相关算法。

图除了被应用于数据结构中的最短路径搜索、拓扑排序外，还能应用于系统分析中以时间为评核标准的计划评审技术（Program Evaluation and Review Technique，PERT），另外像研发中的IC板设计、生活中的交通网络规划等都是关于图的应用。如何计算两点之间最短距离的问题就可以转化为在图结构中要处理的问题，采用Dijkstra这种图论算法能够快速寻找出两个点之间的最短路径，如果没有Dijkstra算法，现代交通网络的运营效率必将大打折扣，如图18-2所示。

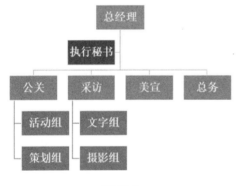

图 18-1

图 18-2

18.1 树结构

树（Tree）是由一个或一个以上的节点（Node）组成的。树中存在一个特殊的节点，称为树根（Root）。树中每个节点都是由一些数据和指针组合而成的记录。除了树根外，树中其余节点可分为 $n \geqslant 0$ 个互斥的集合，即 $T_1, T_2, T_3, \cdots, T_n$，其中每一个子集合本身也是一种树结构，即此根节点的子树。在图 18-3 中，A 为根节点，B、C、D、E 均为 A 的子节点。

二叉树与树，尽管都是树，但是有差异，二叉树（又称为 Knuth 树）是一个由有限节点组成的集合。此集合可以为空集合，或者由一个树根及其左右两个子树组成。简单地说，二叉树最多只能有两个子节点，就是度数小于或等于 2。二叉树的数据结构如图 18-4 所示。

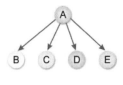

图 18-3

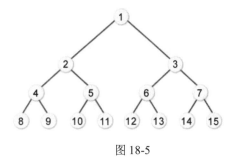

图 18-4

二叉树和一般树的不同之处整理如下：

（1）树不可为空集合，但是二叉树可以。

（2）树的度数为 $d \geq 0$，但二叉树的节点度数为 $0 \leq d \leq 2$。

（3）树的子树间没有次序关系，二叉树有。

由于二叉树的应用相当广泛，因此衍生出了许多特殊的二叉树结构。

1. 满二叉树

如果二叉树的高度为 h，树的节点数为 2^h-1，$h \geq 0$，就称此树为满二叉树（Fully Binary Tree），如图18-5所示。

图 18-5

2. 完全二叉树

完全二叉树（Complete Binary Tree）的高度为 h，所含的节点数小于 2^h-1，但其节点的编号方式如同高度为 h 的满二叉树一样，从左到右、从上到下的顺序一一对应。这种定义如果不画图比较难理解，为了更好地理解什么是完全二叉树，在这里增加一种完全二叉树的补充定义：如果一棵二叉树只有最下面两层上的节点的度数小于2，并且最下面一层的节点都集中在该层最左边的若干位置上，符合这样要求的二叉树就是完全二叉树（图18-6左图符合这样的定义，右图则不符合）。

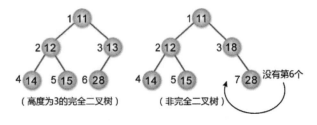

图 18-6

18.1.1　用数组来实现二叉树

使用有序的一维数组来表示和实现二叉树，可将此二叉树假想成一棵满二叉树，而且第 k 层具有 2^{k-1} 个节点，它们按序存放在这个一维数组中。首先来看使用一维数组建立二叉树的方法（见图 18-7）以及索引值的设置（见表 18-1）。

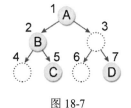

图 18-7

表 18-1　索引值的设置

索引值	1	2	3	4	5	6	7
内容值	A	B			C		D

从图18-7可以看出此一维数组中的索引值有以下关系：

（1）左子树的索引值是父节点的索引值乘以 2。

（2）右子树的索引值是父节点的索引值乘以 2 加 1。

接下来看以一维数组建立二叉树的实例，实际上就是建立一棵二叉查找树。这是一种很好的排序应用模式，因为在建立二叉树的同时数据就经过了初步的比较判断，并按照二叉树的建立规则来存放数据。二叉查找树具有以下特点：

（1）可以是空集合，若不是空集合，则节点上一定要有一个键。

（2）每一个树根的键值必须大于左子树的键。

（3）每一个树根的键值必须小于右子树的键。

（4）左右子树也是二叉查找树。

（5）树的每个节点的键值都不相同。

【范例程序：tree_array.cpp】

本范例程序按序输入一棵二叉树节点的数据（6, 3, 5, 9, 7, 8, 4, 2），并建立一棵满二叉树，最后输出存储此二叉树的一维数组。

```
01   #include <iostream>
02   using namespace std;
03
04   class tree                                  // 定义节点链表结构
05   {
06     public:
07       int data;                               // 节点数据
08       class tree *left,*right;                // 节点左指针及右指针
09   };
10   typedef class tree node;
11   typedef node *btree;
12   void Inorder(btree ptr);
13   int main(void)
14   {
15     int i,level;
16     int data[]={6,3,5,9,7,8,4,2};             // 数组的原始内容
17     int btree[16]={0};                        // 存放二叉树的数组
18     cout<<"数组的原始内容: "<<endl;
19     for (i=0;i<8;i++)
20        cout<<"["<<data[i]<<"] ";
21     cout<<endl;
22     for(i=0;i<8;i++)                          // 把数组中的原始值逐一对比
23     {
24        for(level=1;btree[level]!=0;)
25        // 比较树根和数组内的值
26        {
27           if(data[i]>btree[level])
28              // 如果数组内的值大于树根的值，则往右子树比较
29              level=level*2+1;
30           else  // 如果数组内的值小于或等于树根的值，则往左子树比较
31              level=level*2;
32        }  // 如果子树节点的值不为0，则再与数组内的值比较一次
```

```
33           btree[level]=data[i];              // 把数组值放入二叉树
34      }
35      cout<<"二叉树的内容: "<<endl;
36      for (i=1;i<16;i++)
37           cout<<"["<<btree[i]<<"] ";
38      cout<<endl;
39      return 0;
40  }
41
42  void Inorder(btree ptr)
43  {
44      if(ptr!=NULL)
45      {
46           Inorder(ptr->left);                 // 遍历左子树
47           cout<<"["<<ptr->data<<"]";          // 遍历树根并输出树根的值
48           Inorder(ptr->right);                // 遍历右子树
49      }
50  }
```

执行结果如图18-8所示。

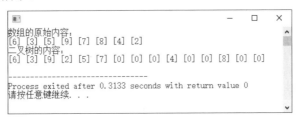

图 18-8

一维数组中存放的值和所建立的二叉树对应的关系如图18-9所示。

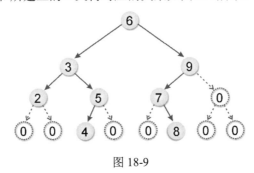

图 18-9

18.1.2　用链表来实现二叉树

使用链表来表示二叉树的好处是节点的增加与删除操作相当容易，缺点是很难找到父节点，除非在每一个节点多增加一个指向父节点的指针。

【范例程序：tree_linkedlist.cpp】

本范例程序按序输入一棵二叉树节点的数据，利用链表来建立二叉树。

```
01  #include <iostream>
02  #include <cstdlib>
```

```
03  #include <iomanip>
04  #define ArraySize 10
05  using namespace std;
06
07  class Node                               // 二叉树的节点声明
08  {
09    public:
10      int value;                           // 节点数据
11      struct Node *left_Node;              // 指向左子树的指针
12      struct Node *right_Node;             // 指向左右子树的指针
13  };
14  typedef class Node TreeNode;             // 定义新的二叉树节点数据类型
15  typedef TreeNode *BinaryTree;            // 定义新的二叉树链结数据类型
16  BinaryTree rootNode;                     // 二叉树的根节点的指针
17
18  // 将指定的值加入二叉树中适当的节点
19  void Add_Node_To_Tree(int value)
20  {
21      BinaryTree currentNode;
22      BinaryTree newnode;
23      int flag=0;                          // 用来记录是否插入新的节点
24      newnode=(BinaryTree) malloc(sizeof(TreeNode));
25      // 建立节点内容
26      newnode->value=value;
27      newnode->left_Node=NULL;
28      newnode->right_Node=NULL;
29      // 如果为空的二叉树，则将新的节点设置为根节点
30      if(rootNode==NULL)
31          rootNode=newnode;
32      else
33      {
34          currentNode=rootNode;            // 指定一个指针指向根节点
35          while(!flag)
36          if (value<currentNode->value)
37          {                                // 在左子树
38              if(currentNode->left_Node==NULL)
39              {
40                  currentNode->left_Node=newnode;
41                  flag=1;
42              }
43              else
44                  currentNode=currentNode->left_Node;
45          }
46          else
47          {   // 在右子树
48              if(currentNode->right_Node==NULL)
49              {
50                  currentNode->right_Node=newnode;
51                  flag=1;
52              }
53              else
54                  currentNode=currentNode->right_Node;
55          }
56      }
57  }
58
```

```
59   int main(void)
60   {
61      int tempdata;
62      int content[ArraySize];
63      int i=0;
64
65      rootNode=(BinaryTree) malloc(sizeof(TreeNode));
66      rootNode=NULL;
67      cout<<"请连续输入10笔数据: "<<endl;
68      for(i=0;i<ArraySize;i++)
69      {
70          cout<<"请输入第"<<setw(1)<<(i+1)<<"笔数据: ";
71          cin>>tempdata;
72          content[i]=tempdata;
73      }
74      for(i=0;i<ArraySize;i++)
75          Add_Node_To_Tree(content[i]);
76      cout<<"完成以链表的方式建立二叉树! ";
77      cout<<endl;
78      return 0;
79   }
```

执行结果如图18-10所示。

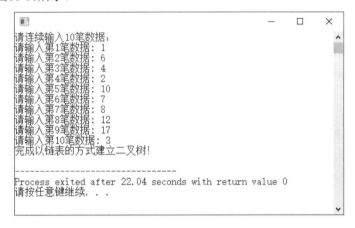

图 18-10

18.1.3　二叉树节点的插入

二叉树节点的插入和搜索相似，重点是插入后仍要保持二叉搜索树的特性。如果插入的节点已经在二叉树中，就没有插入的必要，而搜索失败时，就是键要插入的位置，只要多加一条if条件判断表达式即可。当搜索到目标键时，输出"二叉树中有此节点了！"，如果找不到，则将此节点加入此二叉树中，示例语句如下：

```
if((search(ptr,data))!= NULL)      // 查找二叉树
    cout<<"二叉树中有此节点了! "<<data<<endl;
else
{
    ptr=creat_tree(ptr,data);      // 将此键加入此二叉树
    inorder(ptr);
}
```

18.1.4 二叉树节点的删除

二叉树节点的删除操作稍为复杂，可分为以下3种情况：

（1）删除的节点为树叶：只要将其相连的父节点指向NULL即可。

（2）删除的节点只有一棵子树，如图18-11所示，若要删除节点1，则将节点1的右指针字段的内容赋给其父节点的左指针字段。

（3）删除的节点有两棵子树，如图18-11所示，若要删除节点4，有两种方式，虽然结果不同，但都符合二叉树的特性。

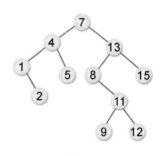

图 18-11

① 找出中序立即先行者（Inorder Immediate Predecessor），就是将要删除节点的左子树中的最大者向上提，在此即为图18-11中的节点2，简单来说，就是从该节点的左子树往右寻找，直到右指针为NULL，这个节点就是中序立即先行者。

② 找出中序立即后继者（Inorder Immediate Successor），就是把要删除节点的右子树中的最小者向上提，在此即为图18-11中的节点5，简单来说，就是从该节点的右子树往左寻找，直到左指针为NULL，这个节点就是中序立即后继者。

18.1.5 二叉树的遍历

所谓二叉树的遍历（Binary Tree Traversal），最简单的说法就是"访问树中所有的节点各一次"，并且在遍历后将树中的数据转化为线性关系。以图 18-12 所示的一个简单的二叉树节点来说，每个节点都可分为左、右两个分支，所以可以有 ABC、ACB、BAC、BCA、CAB、CBA 一共6种遍历方法。

1. 中序遍历

中序遍历（Inorder Traversal）是"左中右"的遍历顺序，也就是从树的左侧逐步向下方移动，直到无法移动，再访问此节点，并向右移动一个节点。如果无法再向右移动，就返回上层的父节点，并重复左、中、右的步骤进行。

（1）遍历左子树。

（2）遍历（或访问）树根。

（3）遍历右子树。

如图18-13所示的二叉树的中序遍历结果为FDHGIBEAC。

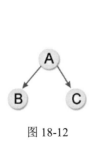

图 18-12

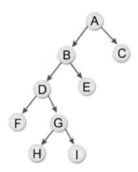

图 18-13

2. 后序遍历

后序遍历（Postorder Traversal）是"左右中"的遍历顺序，就是先遍历左子树，再遍历右子树，最后遍历（或访问）根节点，反复执行此步骤。

（1）遍历左子树。

（2）遍历右子树。

（3）遍历树根。

如图18-14所示的二叉树的后序遍历的结果为FHIGDEBCA。

3. 前序遍历

前序遍历（Preorder Traversal）是"中左右"的遍历顺序，也就是先从根节点遍历，再往左方移动，当无法继续时，再向右方移动，接着重复执行此步骤。

（1）遍历（或访问）树根。

（2）遍历左子树。

（3）遍历右子树。

如图18-15所示的二叉树的前序遍历的结果为ABDFGHIEC。

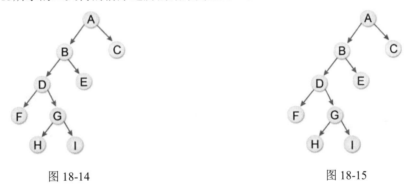

图 18-14　　　　　　　　　　　　　　图 18-15

【范例程序：tree_traversal.cpp】

本范例程序按序输入一棵二叉树节点的数据（7, 4, 1, 5, 16, 8, 11, 12, 15, 9, 2），然后输出此二叉树的前序遍历、中序遍历和后序遍历的结果。

```
01   #include <iostream>
02   #include <iomanip>
03   using namespace std;
04
05   class tree                        // 定义节点链表结构
06   {
07     public :
08       int data;                     // 节点数据
09     class tree *left,*right;        // 节点左指针和右指针
10   };
11   typedef class tree node;
12   typedef node *btree;
13   btree creat_tree(btree,int);
```

```cpp
14    void pre(btree);
15    void in(btree);
16    void post(btree);
17
18    int main(void)
19    {
20        int arr[]={7,4,1,5,16,8,11,12,15,9,2};        // 数组的原始内容
21        btree ptr=NULL; // 声明树根
22        cout<<"[数组的原始内容]"<<endl;
23        for (int i=0;i<11;i++)                        // 建立二叉树，并将二叉树的内容打印出来
24      {
25          ptr=creat_tree(ptr,arr[i]);
26            cout<<"["<<setw(2)<<arr[i]<<"] ";
27      }
28        cout<<endl;
29        cout<<"[二叉树的内容]"<<endl;
30        cout<<"前序遍历的结果："<<endl;              // 输出前、中、后序遍历的结果
31        pre(ptr);
32        cout<<endl;
33        cout<<"中序遍历的结果："<<endl;
34        in(ptr);
35        cout<<endl;
36        cout<<"后序遍历的结果："<<endl;
37        post(ptr);
38        cout<<endl;
39        return 0;
40    }
41
42    btree creat_tree(btree root,int val)        // 定义二叉树的子程序
43    {
44        btree newnode,current,backup;            // 声明一个新节点newnode来存放数组中的数据
45        newnode = new node;                      // current和backup用于暂存指针
46        newnode->data=val;                       // 指定新节点的数据及左右指针
47        newnode->left=NULL;
48        newnode->right=NULL;
49        if (root==NULL)                          // 如果root为空值，则把新节点返回当作树根
50        {
51            root=newnode;
52            return root;
53        }
54        else                                     // 如果root不是树根，则建立二叉树
55        {
56            for(current=root;current!=NULL;)     // current复制root，以保留当前的树根值
57            {
58                backup=current; // 保留父节点
59                if(current->data > val)          // 比较树根节点和新节点的数据
60                    current=current->left;
61                else
62                    current=current->right;
63            }
64            if(backup->data >val)                // 把新节点和树根链接起来
65                backup->left=newnode;
66            else
67                backup->right=newnode;
68        }
69        return root;                             // 返回树指针
```

```
70   }
71
72   void pre(btree ptr)                        // 前序遍历
73   {
74       if (ptr != NULL)
75       {
76            cout<<"["<<setw(2)<<ptr->data<<"] ";
77            pre(ptr->left);
78            pre(ptr->right);
79       }
80   }
81
82   void in(btree ptr)                         // 中序遍历
83   {
84       if (ptr != NULL)
85       {
86           in(ptr->left);
87           cout<<"["<<setw(2)<<ptr->data<<"] ";
88           in(ptr->right);
89       }
90   }
91
92   void post(btree ptr)                       // 后序遍历
93   {
94       if (ptr != NULL)
95       {
96           post(ptr->left);
97           post(ptr->right);
98           cout<<"["<<setw(2)<<ptr->data<<"] ";
99       }
100  }
```

本例的原始二叉树示意图如图18-16所示。执行结果如图18-17所示。

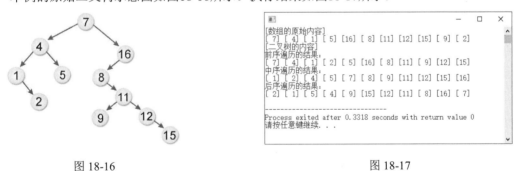

图 18-16　　　　　　　　　　　　　　　　　　　　图 18-17

18.2　图结构

图是由顶点和边组成的集合，通常用 $G=(V, E)$ 来表示，其中 V 是所有顶点组成的集合，而 E 代表所有边组成的集合。图的种类有两种：一种是无向图，另一种是有向图。无向图以（V_1, V_2）表示其边，有向图则以<V_1,V_2>表示其边。

无向图是一种边没有方向的图，即同一条边上的两个顶点没有次序关系，例如（V_1,V_2）与（V_2,V_1）代表的是相同的边，如图18-18所示。

$V=\{A, B, C, D, E\}$

$E=\{(A, B), (A, E), (B, C), (B, D), (C, D), (C, E), (D, E)\}$

有向图（Digraph）是一种每一条边都可使用有序对$<V_1,V_2>$来表示的图，并且$<V_1,V_2>$与$<V_2,V_1>$表示两个方向不同的边，而$<V_1,V_2>$是指以V_1为尾端指向头部的V_2，如图18-19所示。

图 18-18   图 18-19

$V=\{A, B, C, D, E\}$

$E=\{<A, B>, <B, C>, <C, D>, <C, E>, <E, D>, <D, B>\}$

18.2.1 图的常用数据表示法

知道图的各种定义与概念后，有关图的数据表示法就越显重要了。常用来表示图的数据结构的方法有很多，本节将介绍两种表示法。

1. 邻接矩阵法

图 A 有 n 个顶点，以 $n \times n$ 的二维矩阵来表示。此矩阵的定义如下：

对于一个图 $G = (V, E)$，假设有 n 个顶点，$n \geqslant 1$，则可以将 n 个顶点的图使用一个 $n \times n$ 的二维矩阵来表示。假如 $A(i, j) = 1$，则表示图中有一条边(V_i, V_j)存在，反之 $A(i, j) = 0$，则不存在边(V_i, V_j)。

下面来看一个范例，请以邻接矩阵法表示如图 18-20 所示的无向图。

由于图 18-20 中有 5 个顶点，因此使用 5×5 的二维数组存放该图。在该图中，先找和顶点 1 相邻的顶点有哪些，再把和顶点 1 相邻的顶点坐标填入 1。

与顶点 1 相邻的有顶点 2 和顶点 5，得到如图 18-21 所示的表格。

其他顶点以此类推，可以得到邻接矩阵，如图 18-22 所示。

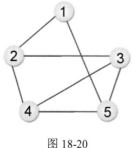
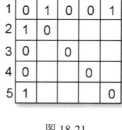
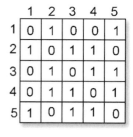

图 18-20   图 18-21   图 18-22

2. 邻接链表法

前面介绍的邻接矩阵法的优点是通过矩阵的运算可以对许多特别的问题求解。要在图中加入新边时，这个表示法的插入与删除相当简易。不过考虑到稀疏矩阵空间浪费的问题，因此可以考虑更有效的方法，就是邻接链表法（Adjacency List）。这种表示法就是将一个 n 行的邻接矩阵表示

成 *n* 个链表。这种表示法比邻接矩阵节省空间，缺点是如果有新边加入图中或从图中删除边，就要修改相关的链接，较为麻烦费时。

Vertex	Link

图 18-23

首先将图的 *n* 个顶点作为 *n* 个链表头，每个链表中的节点表示它们和链表头节点之间有边相连。每个节点的数据结构如图18-23所示。

在无向图中，因为对称的关系，若有 *n* 个顶点和 *m* 个边，则形成 *n* 个链表头及 2*m* 个节点；若在有向图中，则有 *n* 个链表头及 *m* 个顶点。因此，在邻接链表中，求所有顶点的度数所需的时间复杂度为 $O(n+m)$。现在分别讨论图18-24中的两个范例，看如何使用邻接链表法来表示。

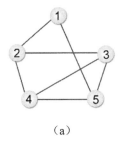
（a）

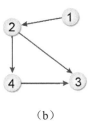
（b）

图 18-24

首先来看图 18-24（a），5 个顶点使用 5 个链表头，V_1 链表代表顶点 1，与顶点 1 相邻的顶点有 2 和 5，以此类推，如图 18-25 所示。

再来看有向图 18-24（b）的情况，4 个顶点使用 4 个链表头，V_1 链表代表顶点 1，与顶点 1 相邻的顶点有 2，以此类推，如图 18-26 所示。

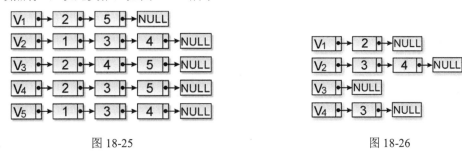

图 18-25　　　　　　　　　　　　　　　　图 18-26

18.2.2　图的遍历——深度优先遍历法

图的最佳用途是用来表示相关联的数据关系，我们知道树的遍历目的是访问树的每一个节点一次，而图的遍历目的是用来判断图是否连通，可能会重复经过某些顶点和边线。通过图的遍历可以判断该图是否连通，并找出连通单元和路径。图的遍历方法有两种：深度优先遍历法和广度优先遍历法。

我们先来了解图的遍历的定义：

已知一个图 $G=(V,E)$，存在某一顶点 $v \in V$，我们希望从 v 开始，通过此节点相邻的节点去遍历 G 中的其他节点，这就称为图的遍历。也就是从某一个顶点 V_1 开始，遍历可以经过 V_1 到达的顶点，接着遍历下一个顶点，直到全部的顶点遍历完毕为止。

深度优先遍历（Depth First Search，DFS）有点类似于树的前序遍历，就是从图的某一顶点开始遍历，被遍历过的顶点就做上已遍历的记号，接着遍历此顶点的所有相邻且未被遍历的顶点中的任意一个顶点，并做上已遍历的记号，再以该点为新的起点继续进行深度优先遍历。

这种图的遍历方法结合了递归和堆栈两种数据结构的技巧，由于此方法会造成无限循环，因此必须加入一个变量，判断该点是否已经遍历完毕。下面以图18-27为例来看这种方法的遍历过程。

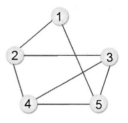

图 18-27

步骤 01 以顶点1为起点，将相邻的顶点2和顶点5压入堆栈，如图18-28所示。

步骤 02 从堆栈顶部弹出顶点 2，将与顶点 2 相邻且未被遍历过的顶点 4 和顶点 3 压入堆栈，如图 18-29 所示。

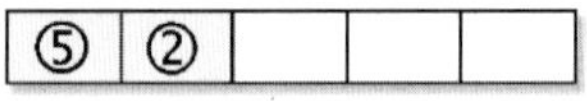

| ⑤ | ② | | | | |

图 18-28

| ⑤ | ④ | ③ | | | |

图 18-29

步骤 03 从堆栈顶部弹出顶点 3，将与顶点 3 相邻且未被遍历过的顶点 5 和顶点 4 压入堆栈，如图 18-30 所示。

步骤 04 从堆栈顶部弹出顶点 4，将与顶点 4 相邻且未被遍历过的顶点 5 压入堆栈，如图 18-31 所示。

| ⑤ | ④ | ⑤ | ④ | | |

图 18-30

| ⑤ | ④ | ⑤ | ⑤ | | |

图 18-31

步骤 05 从堆栈顶部弹出顶点 5，将与顶点 5 相邻且被未遍历过的顶点压入堆栈，我们可以发现与顶点 5 相邻的顶点全部被遍历过了，所以无须再压入堆栈，如图 18-32 所示。

步骤 06 将堆栈内的值弹出并判断是否已经遍历过了，直到堆栈内无节点可遍历为止，如图 18-33 所示。

| ⑤ | ④ | ⑤ | | | |

图 18-32

| | | | | | |

图 18-33

深度优先遍历的顺序为顶点1、顶点2、顶点3、顶点4、顶点5。

【范例程序：dfs.cpp】

存储图的边数据的数组如下：

```
int data[20][2]={{1,2},{2,1},{1,3},{3,1},
                 {2,4},{4,2},{2,5},{5,2},
                 {3,6},{6,3},{3,7},{7,3},
                 {4,5},{5,4},{6,7},{7,6},
                 {5,8},{8,5},{6,8},{8,6}};
```

本范例程序示范深度优先遍历法的实现。

```
01  #include <iostream>
02  using namespace std;
03
04  class list
05  {
06    public:
07      int val;
08      class list *next;
09  };
```

```
10    typedef class list node;
11    typedef node *link;
12    class list* head[9];
13    void dfs(int);
14    int run[9];
15
16    int main(void)
17    {
18        link ptr,newnode;
19        // 声明存储图的边的数组并赋初值
20        int data[20][2]={{1,2},{2,1},{1,3},{3,1},
21                         {2,4},{4,2},{2,5},{5,2},
22                         {3,6},{6,3},{3,7},{7,3},
23                         {4,5},{5,4},{6,7},{7,6},
24                         {5,8},{8,5},{6,8},{8,6}};
25
26        for (int i=1;i<=8;i++)               // 共有8个顶点
27        {
28            run[i]=0;                        // 把所有顶点设置成尚未遍历过
29            head[i]= new node;
30            head[i]->val=i;                  // 设置各个链表头的初值
31            head[i]->next=NULL;
32            ptr=head[i];                     // 设置指针指向链表头
33            for(int j=0;j<20;j++)            // 20条边
34            {
35                if(data[j][0]==i)            // 如果起点和链表头相等，则把顶点加入链表
36                {
37                    newnode =new node;
38                    newnode->val=data[j][1];
39                    newnode->next=NULL;
40                    do
41                    {
42                        ptr->next=newnode;   // 加入新节点
43                        ptr=ptr->next;
44                    } while(ptr->next!=NULL);
45                }
46            }
47        }
48        cout<<"图的邻接链表的内容: "<<endl;     // 打印出图的邻接链表的内容
49        for(int i=1;i<=8;i++)
50        {
51            ptr=head[i];
52            cout<<"顶点 "<<i<<"=> ";
53            ptr = ptr->next;
54            while(ptr!=NULL)
55            {
56                cout<<"["<<ptr->val<<"] ";
57                ptr=ptr->next;
58            }
59            cout<<endl;
60        }
61        cout<<"以深度优先遍历法遍历过的顶点: "<<endl;   // 输出以深度优先遍历法遍历过的顶点
62        dfs(1);
63        cout<<endl;
64    }
65
```

```
66   void dfs(int current)                    // 深度优先遍历法的子程序
67   {
68       link ptr;
69       run[current]=1;
70       cout<<"["<<current<<"] ";
71       ptr=head[current]->next;
72       while(ptr!=NULL)
73       {
74           if (run[ptr->val]==0)            // 如果顶点尚未遍历，就进行深度优先遍历法的递归调用
75               dfs(ptr->val);
76           ptr=ptr->next;
77       }
78   }
```

执行结果如图18-34所示。

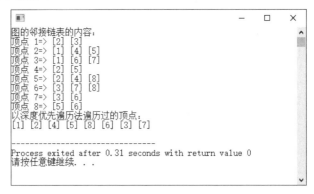

图 18-34

18.2.3　图的遍历——广度优先遍历法

之前谈到的深度优先遍历是使用堆栈和递归的技巧来遍历图，而广度优先遍历（Breadth First Search，BFS）则是使用队列和递归技巧来遍历图，也是从图的某一顶点开始遍历，被遍历过的顶点就做上已遍历的记号，接着遍历此顶点的所有相邻且未被遍历的顶点中的任意一个顶点，并做上已遍历的记号，再以该点为新的起点继续进行广度优先遍历。下面以图18-35为例来看广度优先遍历的过程。

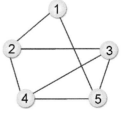

图 18-35

步骤 01　以顶点 1 为起点，将与顶点 1 相邻且未被遍历过的顶点 2 和顶点 5 加入队列，如图 18-36 所示。注意左边是队首，右边是队尾。

步骤 02　从队首取出顶点 2，将与顶点 2 相邻且未被遍历过的顶点 3 和顶点 4 加入队列，如图 18-37 所示。

图 18-36　　　　　　　　　　　　　图 18-37

步骤 03　从队首取出顶点 5，将与顶点 5 相邻且未被遍历过的顶点 3 和顶点 4 加入队列，如图 18-38 所示。

步骤 04　从队首取出顶点 3，将与顶点 3 相邻且未被遍历过的顶点 4 加入队列，如图 18-39 所示。

图 18-38 　　　　　　　　　　　　　　　图 18-39

步骤 05　从队首取出顶点 4，将与顶点 4 相邻且未被遍历过的顶点加入队列中，我们会发现与顶点 4 相邻的顶点全部被遍历过了，所以无须再加入队列，如图 18-40 所示。

步骤 06　将队列内的值取出并判断是否已经遍历过了，直到队列内无节点可遍历为止，如图 18-41 所示。

图 18-40 　　　　　　　　　　　　　　　图 18-41

广度优先遍历的顺序为顶点1、顶点2、顶点5、顶点3、顶点4。

【范例程序：bfs.cpp】

存储图的边数据的数组如下：

```
int Data[20][2] = {{1,2},{2,1},{1,3},{3,1},
                   {2,4},{4,2},{2,5},{5,2},
                   {3,6},{6,3},{3,7},{7,3},
                   {4,5},{5,4},{6,7},{7,6},
                   {5,8},{8,5},{6,8},{8,6} };
```

本范例程序示范广度优先遍历法的实现。

```
01   // 广度优先遍历法
02   #include <iostream>
03   #include <cstdlib>
04   #define MAXSIZE 10              // 定义队列的最大容量
05   using namespace std;
06
07   int front=-1;                  // 指向队首
08   int rear=-1;                   // 指向队尾
09   struct list                    // 声明图的顶点结构
10   {
11       int x;                     // 顶点数据
12       struct list *next;         // 指向下一个顶点的指针
13   };
14   typedef struct list node;
15   typedef node *link;
16
17   struct GraphLink
18   {
19       link first;
20       link last;
21   };
22   int run[9];                    // 用来记录各顶点是否遍历过
23   int queue[MAXSIZE];
24   struct GraphLink Head[9];
25
26   void print(struct GraphLink temp)
27   {
28       link current=temp.first;
29       while(current!=NULL)
```

```
30          {
31  cout<<"["<<current->x<<"]";
32          current=current->next;
33      }
34  cout<<endl;
35  }
36  void insert(struct GraphLink *temp,int x)
37  {
38      link newNode;
39  newNode=new node;
40  newNode->x=x;
41  newNode->next=NULL;
42      if(temp->first==NULL)
43      {
44          temp->first=newNode;
45          temp->last=newNode;
46      }
47      else
48      {
49          temp->last->next=newNode;
50        temp->last=newNode;
51      }
52  }
53  // 把数据加入队列
54  void enqueue(int value)
55  {
56      if(rear>=MAXSIZE) return;
57      rear++;
58      queue[rear]=value;
59  }
60  // 从队列取出数据
61  int dequeue()
62  {
63      if(front==rear) return -1;
64      front++;
65      return queue[front];
66  }
67  // 广度优先遍历法
68  void bfs(int current)
69  {
70      link tempnode;                      // 临时的节点指针
71      enqueue(current);                   // 将第一个顶点存入队列
72      run[current]=1;                     // 将遍历过的顶点设定为1
73      cout<<"["<<current<<"]";            // 输出已遍历过的顶点
74      while(front!=rear) {                // 判断当前是否为空队列
75          current=dequeue();              // 将顶点从队列中取出
76          tempnode=Head[current].first;   // 先记录当前顶点的位置
77          while(tempnode!=NULL)
78          {
79              if(run[tempnode->x]==0)
80              {
81                  enqueue(tempnode->x);
82                  run[tempnode->x]=1;     // 记录已遍历过的顶点
83                  cout<<"["<<tempnode->x<<"]";
84              }
85              tempnode=tempnode->next;
```

```
86            }
87        }
88    }
89
90    int main(void)
91    {
92        // 声明存储图的边的数组并赋初值
93        int Data[20][2] = { {1,2},{2,1},{1,3},{3,1},
94                            {2,4},{4,2},{2,5},{5,2},
95                            {3,6},{6,3},{3,7},{7,3},
96                            {4,5},{5,4},{6,7},{7,6},
97                            {5,8},{8,5},{6,8},{8,6} };
98        int DataNum;
99        int i,j;
100       cout<<"图的邻接链表的内容: "<<endl;              // 输出图的邻接链表的内容
101       for( i=1 ; i<9 ; i++ )
102       {   // 共有8个顶点
103           run[i]=0;                                 // 把所有顶点设置成尚未遍历过
104           cout<<"顶点"<<i<<"=>";
105           Head[i].first=NULL;
106           Head[i].last=NULL;
107           for( j=0 ; j<20 ;j++)
108           {
109               if(Data[j][0]==i)
110               {  // 如果起点和链表头相等，则把顶点加入链表
111                   DataNum = Data[j][1];
112                   insert(&Head[i],DataNum);
113               }
114           }
115           print(Head[i]);                           // 输出图的邻接链表的内容
116       }
117       cout<<"以广度优先遍历法遍历过的顶点: "<<endl;   // 输出以广度优先遍历法遍历过的顶点
118       bfs(1);
119       cout<<endl;
120       return 0;
121   }
```

执行结果如图18-42所示。

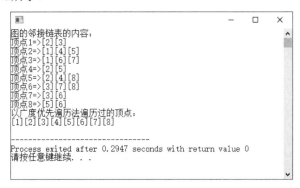

图 18-42

18.2.4　Kruskal 算法

Kruskal算法又称为K氏法，是将各边按权值从小到大排列，接着从权值最小的边开始建立最小

成本生成树，如果加入的边会造成回路，则舍弃不用，直到加入 *n*-1 条边为止。这个方法看起来似乎不难，下面我们直接来看如何以 K 氏法得到如图18-43 所示的图对应的最小成本生成树。

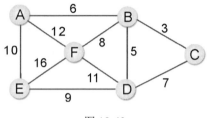

图 18-43

步骤 **01**　把所有边的成本列出，并从小到大排序，如表 18-2 所示。

表 18-2　所有边的成本

起始顶点	终止顶点	成　　本
B	C	3
B	D	5
A	B	6
C	D	7
B	F	8
D	E	9
A	E	10
D	F	11
A	F	12
E	F	16

步骤 **02**　选择成本最低的一条边作为建立最小成本生成树的起点，如图 18-44 所示。

步骤 **03**　按步骤 01 建立的表格，按序加入边，如图 18-45 所示。

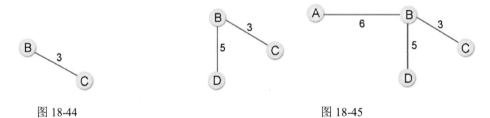

图 18-44　　　　　　　　　　　　　　　　　图 18-45

步骤 **04**　因为 *C*—*D* 加入会形成回路，所以直接跳过，如图 18-46 所示。

步骤 **05**　完成图如图 18-47 所示。

图 18-46　　　　　　　　　　　　　　　　　图 18-47

【范例程序：Kruskal.cpp】

以下使用一个二维数组存储并排序K氏法的成本表，本范例程序示范求出最小成本生成树。

```
int data[10][3]={{1,2,6},{1,6,12},{1,5,10},
                 {2,3,3},{2,4,5},{2,6,8},
                 {3,4,7},{4,6,11},{4,5,9},{5,6,16}};
```

```
01    // 求出最小成本生成树
02    #include <iostream>
03    #define VERTS     6                    // 图的顶点数
04    using namespace std;
05    class edge                             // 声明边的结构
06    {
07      public:
08        int from,to;
09        int find,val;
10        class edge* next;
11    };
12    typedef class edge node;
13    typedef node* mst;
14    void mintree(mst head);
15    mst findmincost(mst head);
16    int v[VERTS+1];
17
18    int main(void)
19    {
20        int data[10][3]={{1,2,6},{1,6,12},          // 成本表数组
21                         {1,5,10},{2,3,3},
22                         {2,4,5},{2,6,8},{3,4,7},{4,6,11},
23                         {4,5,9},{5,6,16}};
24        mst head,ptr,newnode;
25        head=NULL;
26        cout<<"建立图的链表: "<<endl;
27        for(int i=0;i<10;i++)                        // 建立图的链表
28        {
29            for(int j=1;j<=VERTS;j++)
30            {
31                if(data[i][0]==j)
32                {
33                    newnode = new node;
34                    newnode->from=data[i][0];
35                    newnode->to=data[i][1];
36                    newnode->val=data[i][2];
37                    newnode->find=0;
38                    newnode->next=NULL;
39                    if(head==NULL)
40                    {
41                        head=newnode;
42                        head->next=NULL;
43                        ptr=head;
44                    }
45                    else
46                    {
47                        ptr->next=newnode;
```

```
48                        ptr=ptr->next;
49                   }
50               }
51           }
52       }
53       ptr=head;
54       while(ptr!=NULL)                    // 输出图的链表
55       {
56           cout<<"起始顶点 ["<<ptr->from<<"]\t终止顶点 ["
57               <<ptr->to<<"]\t路径长度 ["<<ptr->val<<"]";
58           cout<<endl;
59           ptr=ptr->next;
60       }
61       cout<<"建立最小成本生成树: "<<endl;
62       mintree(head);                      //建立最小成本生成树
63       delete newnode;
64  }
65  mst findmincost(mst head)               // 查找成本最小的边
66  {
67       int minval=100;
68       mst ptr,retptr;
69       ptr=head;
70       while(ptr!=NULL)
71       {
72           if(ptr->val<minval && ptr->find==0)
73           {                              // 假如ptr->val的值小于minval
74               minval=ptr->val;           // 就把ptr->val设为最小值
75               retptr=ptr;                // 并且把ptr记录下来
76           }
77           ptr=ptr->next;
78       }
79       retptr->find=1;                    // 将retptr设为已找到的边
80       return retptr;                     // 返回retptr
81  }
82  void mintree(mst head)                  // 最小成本生成树子程序
83  {
84       mst ptr,mceptr;
85       int result=0;
86       ptr=head;
87
88       for(int i=0;i<=VERTS;i++)
89           v[i]=0;
90
91       while(ptr!=NULL)
92       {
93           mceptr=findmincost(head);
94           v[mceptr->from]++;
95           v[mceptr->to]++;
96           if(v[mceptr->from]>1 && v[mceptr->to]>1)
97           {
98               v[mceptr->from]--;
99               v[mceptr->to]--;
100              result=1;
101          }
102          else
103              result=0;
```

```
104        if(result==0)
105          cout<<"起始顶点 ["<<mceptr->from<<"]\t终止顶点 ["
106             <<mceptr->to<<"]\t路径长度 ["<<mceptr->val<<"]"<<endl;
107        ptr=ptr->next;
108     }
109 }
```

执行结果如图18-48所示。

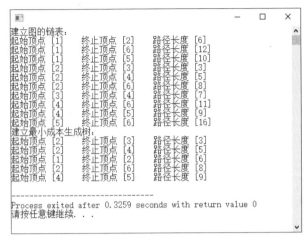

图 18-48

18.2.5　Dijkstra 算法

一个顶点到多个顶点的最短路径通常使用Dijkstra算法求得。Dijkstra算法如下：

假设 $S = \{V_i \mid V_i \in V\}$，且 V_i 在已发现的最短路径中，其中 $V_0 \in S$ 是起始顶点。

假设 $w \notin S$，定义DIST(w)是从 V_0 到w的最短路径，这条路径除了w外必属于S，且有以下几点特性：

（1）如果 u 是当前所找到最短路径的下一个节点，则 u 必属于 V–S 集合中最小成本的边。

（2）若 u 被选中，将 u 加入 S 集合中，则会产生当前从 V_0 到 u 的最短路径，对于 $w \notin S$，DIST(w)被改变成 DIST(w)←Min{DIST(w), DIST(u) + COST(u, w)}。

从上述算法中，可以推演出如下步骤：

步骤 01

```
G = (V, E)
D[k] = A[F, k],其中k从1到N
S = {F}
V = {1,2,…,N}
```

- D为一个N维数组，用来存放某一顶点到其他顶点的最短距离。
- F表示起始顶点。
- $A[F, I]$为顶点F到I的距离。
- V是网络中所有顶点的集合。
- E是网络中所有边的组合。
- S也是顶点的集合，其初始值是S={F}。

步骤 02 从 V-S 集合中找到一个顶点 x，使 $D(x)$ 的值为最小值，并把 x 放入 S 集合中。

步骤 03 按下列公式：

$$D[I] = \min(D[I], D[x] + A[x, I])$$

其中 $(x, I) \in E$ 用来调整 D 数组的值，I 是指 x 的相邻各顶点。

步骤 04 重复执行步骤 02，一直到 V-S 是空集合为止。

现在来看一个例子，在图18-49中找出顶点5到各顶点之间的最短路径。

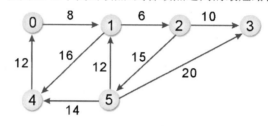

图 18-49

首先从顶点5开始，找出顶点5到各顶点之间最小的距离，到达不了的顶点则以∞表示。步骤如下：

步骤 01 $D[0] = \infty$，$D[1]=12$，$D[2] = \infty$，$D[3] = 20$，$D[4] = 14$。在其中找出值最小的顶点并加入 S 集合中。

步骤 02 $D[0] = \infty$，$D[1] = 12$，$D[2] = 18$，$D[3] = 20$，$D[4] = 14$。$D[4]$ 最小，加入 S 集合中。

步骤 03 $D[0] = 26$，$D[1] = 12$，$D[2] = 18$，$D[3] = 20$，$D[4] = 14$。$D[2]$ 最小，加入 S 集合中。

步骤 04 $D[0] = 26$，$D[1]=12$，$D[2] = 18$，$D[3] = 20$，$D[4] = 14$。$D[3]$ 最小，加入 S 集合中。

步骤 05 加入最后一个顶点即可得到表 18-3。

表18-3　加入最后一个顶点

步　骤	S	0	1	2	3	4	5	选　择
1	5	∞	12	∞	20	14	0	1
2	5, 1	∞	12	18	20	14	0	4
3	5, 1, 4	26	12	18	20	14	0	2
4	5, 1, 4, 2	26	12	18	20	14	0	3
5	5, 1, 4, 2, 3	26	12	18	20	14	0	0

从顶点5到其他各顶点的最短距离为：

- 顶点5-顶点0：26。
- 顶点5-顶点1：12。
- 顶点5-顶点2：18。
- 顶点5-顶点3：20。
- 顶点5-顶点4：14。

【范例程序：Dijkstra.cpp】

本范例程序以Dijkstra算法求出图中顶点1到全部图的所有顶点间的最短路径。范例图的成本数组如下：

```
int Path_Cost[7][3] = { {1, 2, 10},
                        {2, 3, 20},
                        {2, 4, 25},
                        {3, 5, 18},
                        {4, 5, 22},
                        {4, 6, 95},
                        {5, 6, 77} };
```

```
01   // Dijkstra算法（图中单个顶点到全部顶点的最短路径）
02   #include <iostream>
03   #include <cstdlib>
04   #include <iomanip>
05   #define SIZE   7
06   #define NUMBER 6
07   #define INFINITE  99999              // 无穷大
08   using namespace std;
09   int Graph_Matrix[SIZE][SIZE];        //图形数组
10   int distance[SIZE];                  // 路径长度
11
12   // 建立图
13   void BuildGraph_Matrix(int *Path_Cost)
14   {
15      int Start_Point;                  // 边的起点
16      int End_Point;                    // 边的终点
17      int i, j;
18      for ( i = 1; i < SIZE; i++ )
19         for ( j = 1; j < SIZE; j++ )
20            if ( i == j )
21               Graph_Matrix[i][j] = 0;   // 对角线设为0
22            else
23               Graph_Matrix[i][j] = INFINITE;
24      // 存入图的边
25      i=0;
26      while(i<SIZE)
27      {
28         Start_Point = Path_Cost[i*3];
29         End_Point = Path_Cost[i*3+1];
30         Graph_Matrix[Start_Point][End_Point]=Path_Cost[i*3+2];
31         i++;
32      }
33   }
34   // 输出图
35   void printGraph_Matrix()
36   {
37      int i, j;
38      for ( i = 1; i < SIZE; i++ )
39      {
40         cout<<"vex"<<i;
41         for ( j = 1; j < SIZE; j++ )
```

```
42              if ( Graph_Matrix[i][j] == INFINITE )
43                  cout<<setw(5)<<'x';
44              else
45                  cout<<setw(5)<<Graph_Matrix[i][j];
46          cout<<endl;
47      }
48  }
49  // 单个顶点到全部顶点的最短距离
50  void shortestPath(int vertex1, int vertex_total)
51  {
52      extern int distance[SIZE];    // 声明为外部变量
53      int shortest_vertex = 1;       // 记录最短距离的顶点
54      int shortest_distance;         // 记录最短距离
55      int goal[SIZE];                // 用来记录该顶点是否被选取
56      int i,j;
57      for ( i = 1; i <= vertex_total; i++ )
58      {
59          goal[i] = 0;
60          distance[i] = Graph_Matrix[vertex1][i];
61      }
62      goal[vertex1] = 1;
63      distance[vertex1] = 0;
64      cout<<endl;
65      for (i=1; i<=vertex_total-1; i++ )
66      {
67          shortest_distance = INFINITE;
68          // 找出最短距离
69          for (j=1;j<=vertex_total;j++ )
70              if (goal[j]==0&&shortest_distance>distance[j])
71              {
72                  shortest_distance=distance[j];
73                  shortest_vertex=j;
74              }
75          goal[shortest_vertex] = 1;
76          // 计算开始顶点到各顶点最短距离
77          for (j=1;j<=vertex_total;j++ )
78          {
79              if ( goal[j] == 0 &&
80                  distance[shortest_vertex]+Graph_Matrix[shortest_vertex][j]
81                  <distance[j])
82              {
83                  distance[j]=distance[shortest_vertex]
84                  +Graph_Matrix[shortest_vertex][j];
85              }
86          }
87      }
88  }
89  // 主程序
90  int main(void)
91  {
92      extern int distance[SIZE];     // 声明为外部变量
93      int Path_Cost[7][3] = { {1, 2, 10},
94                              {2, 3, 20},
95                              {2, 4, 25},
96                              {3, 5, 18},
97                              {4, 5, 22},
```

```
98                              {4, 6, 95},
99                              {5, 6, 77} };
100     int j;
101     BuildGraph_Matrix(&Path_Cost[0][0]);
102     cout<<"================================"<<endl;
103     cout<<"此图的邻接矩阵如下: "<<endl;
104     cout<<"================================"<<endl;
105     cout<<"顶点 vex1 vex2 vex3 vex4 vex5 vex6"<<endl;
106     printGraph_Matrix();            // 显示图
107     shortestPath(1,NUMBER);         // 找出最短路径
108     cout<<"================================"<<endl;
109     cout<<"顶点1到各顶点最短距离的最终结果"<<endl;
110     cout<<"================================"<<endl;
111     for (j=1;j<SIZE;j++)
112        cout<<"顶点1到顶点"<<setw(2)<<j<<"的最短距离 = "
113             <<setw(3)<<distance[j]<<endl;
114     cout<<endl;
115     return 0;
116 }
```

执行结果如图18-50所示。

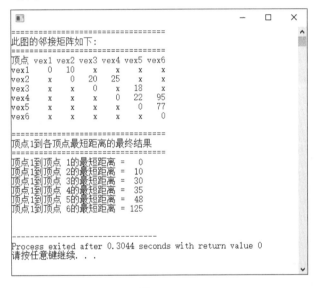

图 18-50

18.2.6　Floyd 算法

由于 Dijkstra 算法只能求出某一顶点到其他顶点的最短距离，因此如果想求出图中任意两个顶点甚至所有顶点间最短的距离，就必须使用 Floyd 算法。

Floyd算法的定义如下：

（1）$A^k[i][j] = \min\{A^{k-1}[i][j], A^{k-1}[i][k]+A^{k-1}[k][j]\}$，$k \geq 1$，$k$ 表示经过的顶点，$A^k[i][j]$ 为从顶点 i 到 j 经由 k 顶点的最短路径。

（2）$A^0[i][j] = COST[i][j]$（A^0 等于 COST），A^0 为顶点 i 到 j 间的直通距离。

（3）$A^n[i,j]$ 代表 i 到 j 的最短距离，A^n 便是我们所要求出的最短路径成本矩阵。

这样看起来，Floyd算法似乎相当复杂难懂，下面直接以实例来说明该算法。试以Floyd算法求得如图18-51所示的各顶点间的最短路径，具体步骤如下：

步骤 01 找到 $A^0[i][j] = COST[i][j]$，A^0 为不经任何顶点的成本矩阵。若没有路径，则以∞（无穷大）来表示，如图 18-52 所示。

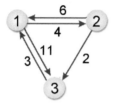

A^0	1	2	3
1	0	4	11
2	6	0	2
3	3	∞	0

图 18-51   图 18-52

步骤 02 找出 $A^1[i][j]$ 从 i 到 j，经由顶点 1 的最短距离，并填入矩阵：

```
A¹[1][2] = min{A⁰[1][2], A⁰[1][1] + A⁰[1][2]} = min{4, 0+4} = 4
A¹[1][3]= min{A⁰[1][3], A⁰[1][1] + A⁰[1][3]} = min{11, 0+11} = 11
A¹[2][1] = min{A⁰[2][1], A⁰[2][1] + A⁰[1][1]} = min{6, 6+0} = 6
A¹[2][3] = min{A⁰[2][3], A⁰[2][1] + A⁰[1][3]} = min{2, 6+11} = 2
A¹[3][1] = min{A⁰[3][1], A⁰[3][1] + A⁰[1][1]} = min{3, 3+0} = 3
A¹[3][2] = min{A⁰[3][2], A⁰[3][1] + A⁰[1][2]} = min{∞, 3+4} = 7
```

按序求出各顶点的值后可以得到 A^1 矩阵，如图 18-53 所示。

步骤 03 求出 $A^2[i][j]$ 经由顶点 2 的最短距离。

```
A²[1][2] = min{A¹[1][2], A¹[1][2] + A¹[2][2]} = min{4, 4+0} = 4
A²[1][3] = min{A¹[1][3], A¹[1][2] + A¹[2][3]} = min{11, 4+2} = 6
```

按序求其他各顶点的值可得到 A^2 矩阵，如图 18-54 所示。

步骤 04 求出 $A^3[i][j]$ 经由顶点 3 的最短距离。

```
A³[1][2] = min{A²[1][2], A²[1][3] + A²[3][2]} = min{4, 6+7} = 4
A³[1][3] = min{A²[1][3], A²[1][3]+A²[3][3]} = min{6, 6+0} = 6
```

按序求其他各顶点的值可得到 A^3 矩阵，如图 18-55 所示。

步骤 05 所有顶点间的最短路径如矩阵 A^3 所示。

从上例可知，一个加权图若有 n 个顶点，则此方法必须执行 n 次循环，逐一产生 $A^1, A^2, A^3, \cdots, A^n$ 个矩阵。

A^1	1	2	3
1	0	4	11
2	6	0	2
3	3	7	0

A^2	1	2	3
1	0	4	6
2	6	0	2
3	3	7	0

A^3	1	2	3
1	0	4	6
2	5	0	2
3	3	7	0

图 18-53   图 18-54   图 18-55

【范例程序：Floyd .cpp】

本范例程序以Floyd算法求出图中所有顶点两两之间的最短路径，范例图的邻接矩阵数组如下：

```
int Path_Cost[7][3] = { {1, 2, 10}, {2, 3, 20},
                        {2, 4, 25}, {3, 5, 18},
                        {4, 5, 22}, {4, 6, 95},{5, 6, 77} };
```

```
01  // Floyd算法（求出图中所有顶点两两之间的最短距离）
02  #include <iostream>
03  #include <cstdlib>
04  #include <iomanip>
05  #define SIZE   7
06  #define INFINITE  99999          // 无穷大
07  #define NUMBER 6
08  using namespace std;
09  int Graph_Matrix[SIZE][SIZE];            // 存储图数据的数组
10  int distance[SIZE][SIZE];                // 路径长度数组
11
12  // 建立图
13  void BuildGraph_Matrix(int *Path_Cost)
14  {
15      int Start_Point;              // 边的起点
16      int End_Point;                // 边的终点
17      int i, j;
18      for ( i = 1; i < SIZE; i++ )
19         for ( j = 1; j < SIZE; j++ )
20            if (i==j)
21                Graph_Matrix[i][j] = 0;    // 对角线设为0
22            else
23                Graph_Matrix[i][j] = INFINITE;
24      // 存入图的边
25      i=0;
26      while(i<SIZE)
27      {
28          Start_Point = Path_Cost[i*3];
29          End_Point = Path_Cost[i*3+1];
30          Graph_Matrix[Start_Point][End_Point]=Path_Cost[i*3+2];
31          i++;
32      }
33  }
34
35  // 输出图
36  void printGraph_Matrix()
37  {
38      int i, j;
39      for ( i = 1; i < SIZE; i++ )
40      {
41          cout<<"vex"<<i;
42          for ( j = 1; j < SIZE; j++ )
43             if ( Graph_Matrix[i][j] == INFINITE )
44                cout<<setw(5)<<'x';
45             else
46                cout<<setw(5)<<Graph_Matrix[i][j];
47          cout<<endl;
48      }
49  }
50
51  // 图中单个顶点到全部顶点的最短距离
```

```
52    void shortestPath(int vertex_total)
53    {
54        int i,j,k;
55        extern int distance[SIZE][SIZE];      // 声明为外部变量
56        // 图长度数组初始化
57        for (i=1;i<=vertex_total;i++ )
58            for (j=i;j<=vertex_total;j++ )
59            {
60                distance[i][j]=Graph_Matrix[i][j];
61                distance[j][i]=Graph_Matrix[i][j];
62            }
63        // 使用Floyd算法找出所有顶点两两之间的最短距离
64        for (k=1;k<=vertex_total;k++ )
65            for (i=1;i<=vertex_total;i++ )
66                for (j=1;j<=vertex_total;j++ )
67                    if (distance[i][k]+distance[k][j]<distance[i][j])
68                        distance[i][j] = distance[i][k] + distance[k][j];
69    }
70
71    // 主程序
72    int main(void)
73    {
74        extern int distance[SIZE][SIZE];      // 声明为外部变量
75        int Path_Cost[7][3] = { {1, 2, 10}, {2, 3, 20},
76                                {2, 4, 25}, {3, 5, 18},
77                                {4, 5, 22}, {4, 6, 95}, {5, 6, 77} };
78        int i,j;
79        BuildGraph_Matrix(&Path_Cost[0][0]);
80        cout<<"================================="<<endl;
81        cout<<"此范例图的邻接矩阵如下："<<endl;
82        cout<<"================================="<<endl;
83        cout<<"顶点 vex1 vex2 vex3 vex4 vex5 vex6"<<endl;
84        printGraph_Matrix();                      // 显示图的邻接矩阵
85        cout<<"================================="<<endl;
86        cout<<"所有顶点两两之间的最短距离："<<endl;
87        cout<<"================================="<<endl;
88        shortestPath(NUMBER);                     // 计算所有顶点间的最短路径
89        // 求出两两顶点间的最短路径长度数组后，将它输出
90        cout<<"顶点 vex1 vex2 vex3 vex4 vex5 vex6"<<endl;
91        for ( i = 1; i <= NUMBER; i++ )
92        {
93            cout<<"vex"<<i;
94            for ( j = 1; j <= NUMBER; j++ )
95            {
96                cout<<setw(5)<<distance[i][j];
97            }
98            cout<<endl;
99        }
100       cout<<endl;
101       return 0;
102   }
```

执行结果如图18-56所示。

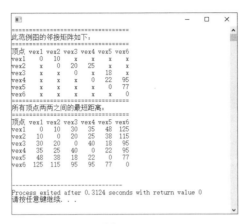

图 18-56

问答与实践题（参考答案见附录A）

（1）如图18-57所示的二叉树的中序法、后序法及前序法表达式分别是什么？

（2）如图18-58所示的二叉运算树的中序法、前序法及后序法表达式分别是什么？

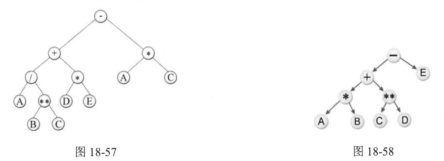

图 18-57　　　　　　　　　　　　　　　　图 18-58

（3）请将A−B*(−C+−3.5)表达式转化为二叉运算树，并求出此表达式的前序法与后序法的表达式。

（4）求出图18-59的DFS与BFS结果。

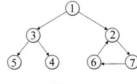

图 18-59

（5）图18-60为图*G*，请以K氏法求出图*G*的最小成本生成树。

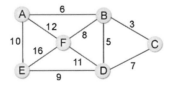

图 18-60

（6）图18-61为图G，使用下面的遍历法求出图G的生成树。

    ① 深度优先法。

    ② 广度优先法。

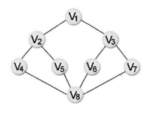

图 18-61

（7）图18-62所列的各棵树都是关于图G的搜索树。假设所有的搜索都始于节点1，试判定每棵树是深度优先搜索树还是广度优先搜索树，或二者都不是。

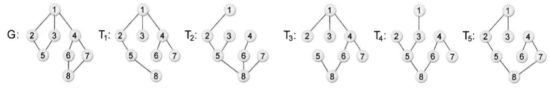

图 18-62

（8）图18-63为图G，求V_1、V_2、V_3任意两个顶点的最短距离，并描述过程。

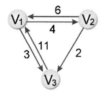

图 18-63

（9）假设在注有各地距离的图上（单行道）求各地之间的最短距离。图18-64为图G。

    ① 利用距离将图 G 的数据存储起来，并写出结果。

    ② 写出最后所得的矩阵，并说明其可表示的各地间的最短距离。

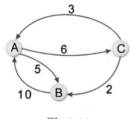

图 18-64

（10）求解一个无向连通图的最小生成树，Kruskal算法的主要方法是什么？试简述。